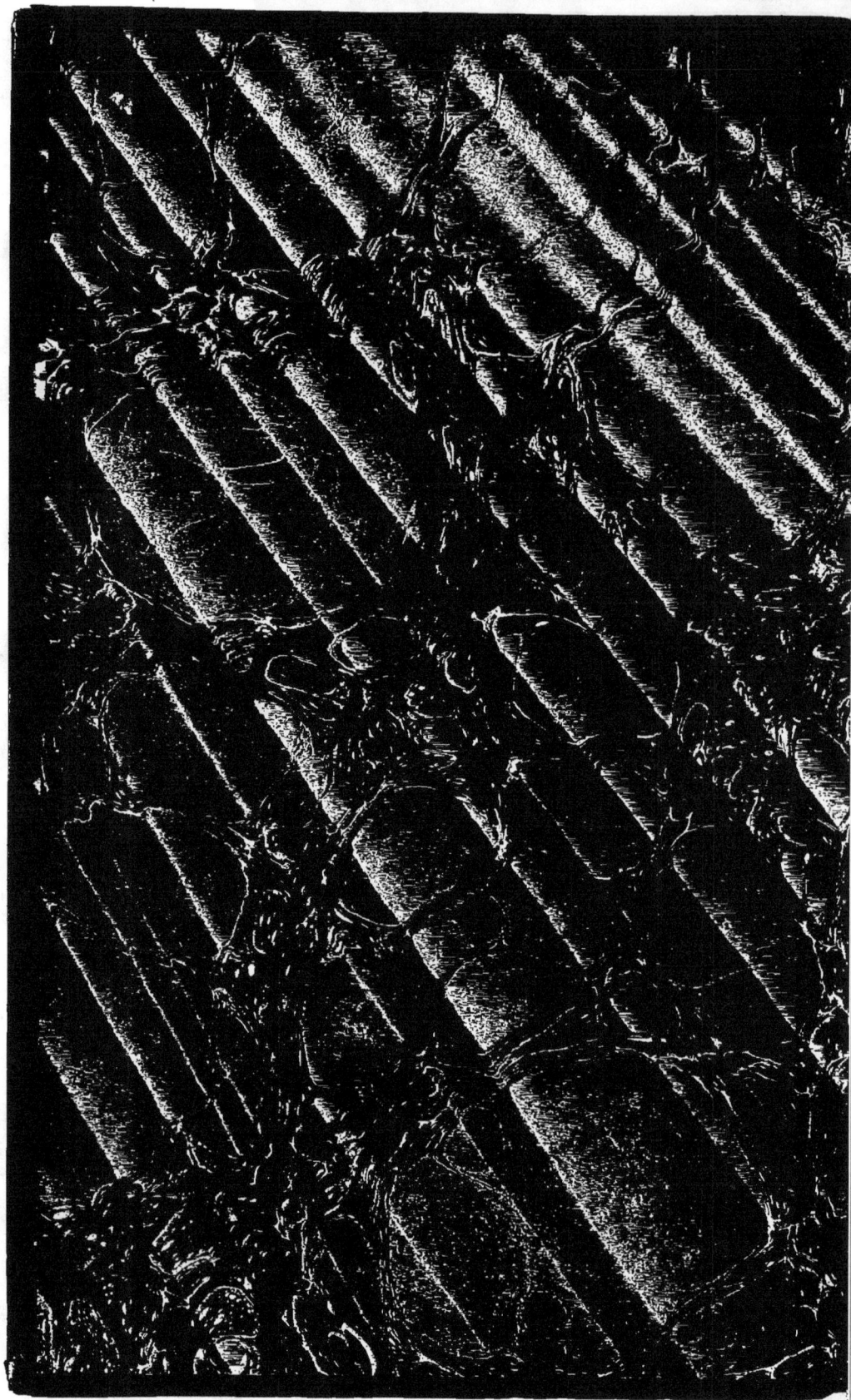

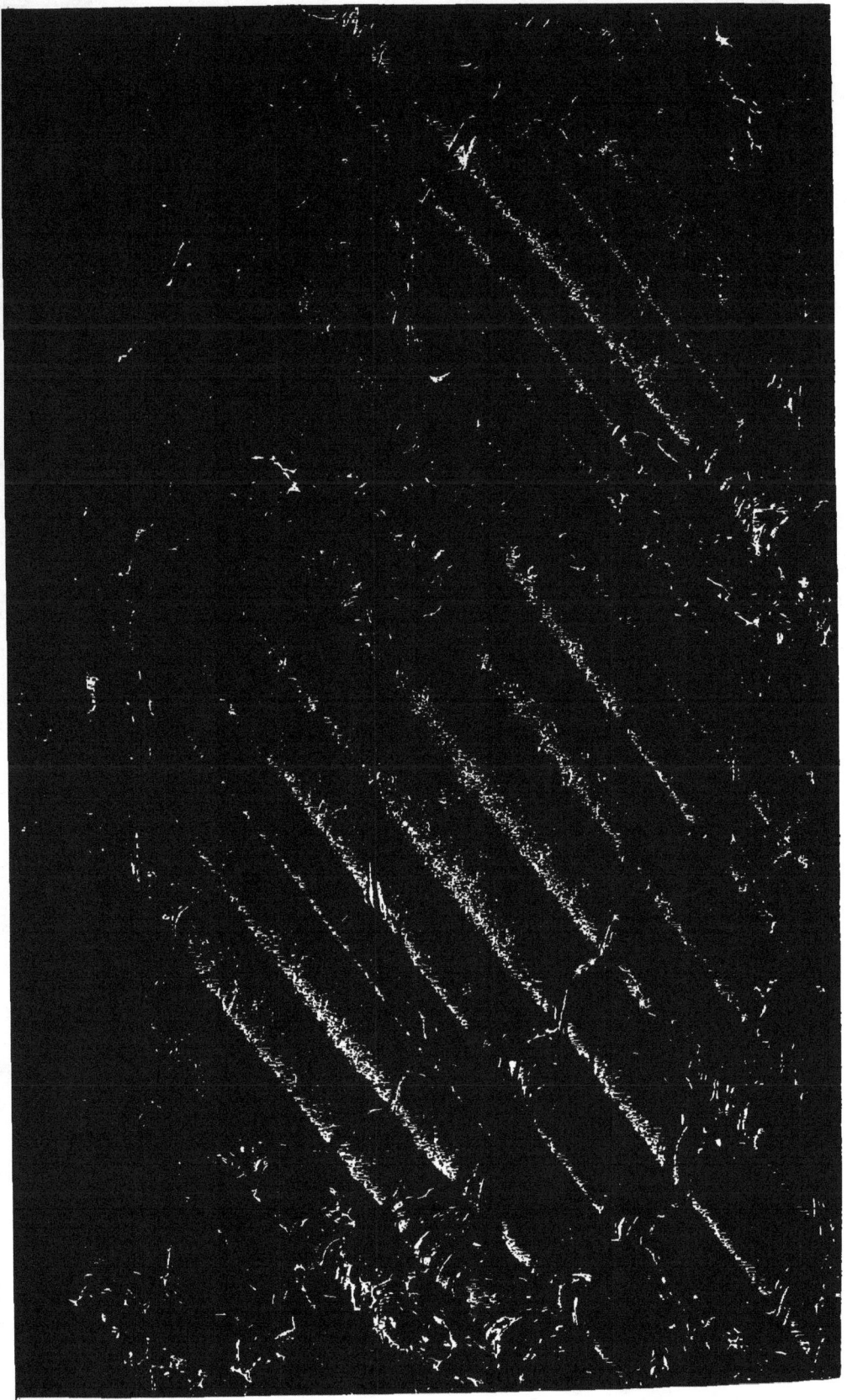

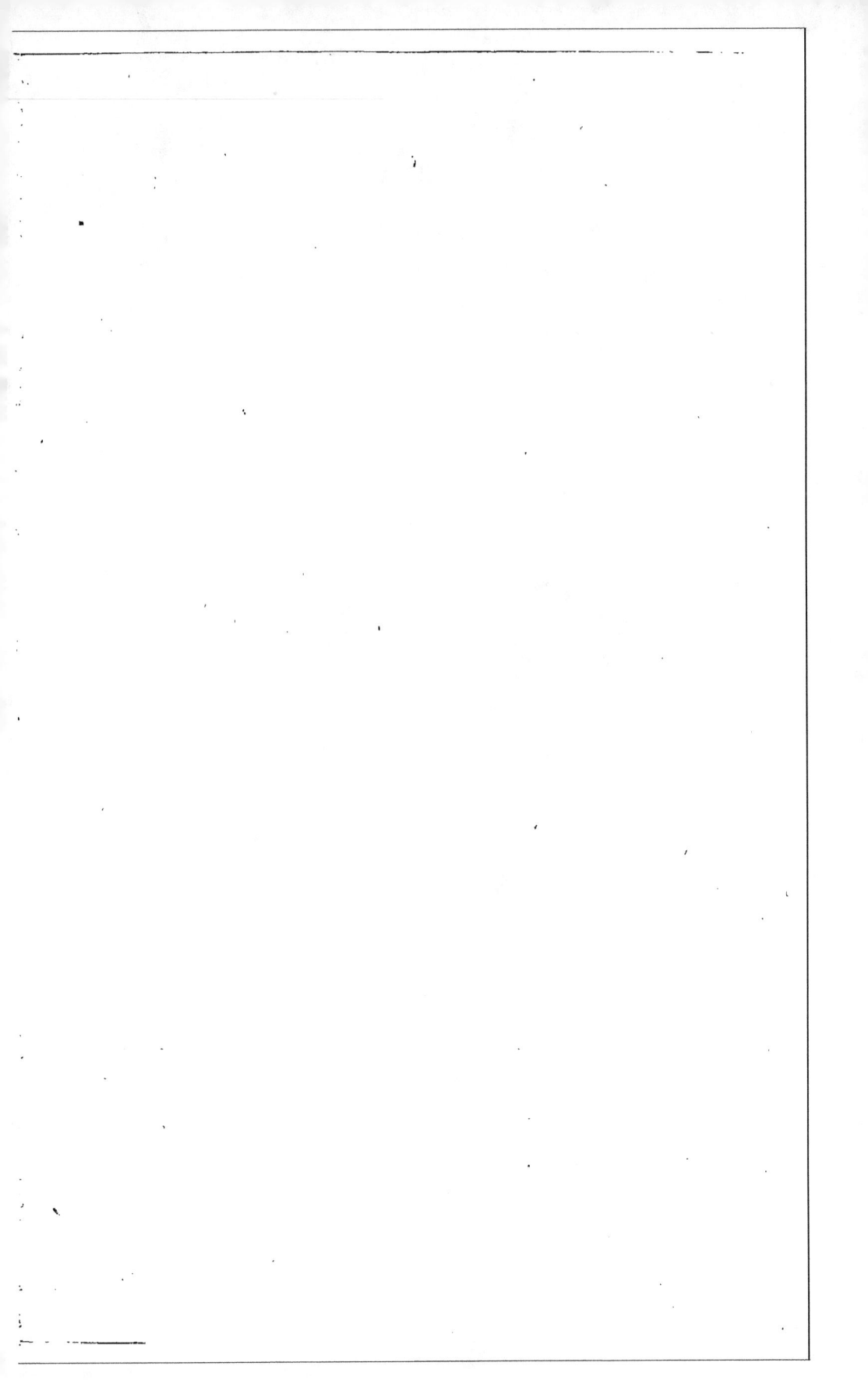

S

Ⓒ

L'ART D'ÉLEVER

LES VERS A SOIE.

La raison commande à l'homme d'étudier l'origine des faits. Il prouve qu'il est sage, s'il cherche dans ses malheurs et ses erreurs les moyens de les réparer.

Le comte DANDOLO.
(*Storia dei Bacchi da seta nel* 1816 , *p.* 8.)

Si je m'adonnais à faire filer la soie, je n'élèverais que des vers de trois mues , et de ceux à cocon blanc.

DANDOLO , *p.* 246.

DE L'IMPRIMERIE DE CRAPELET,
RUE DE VAUGIRARD , N° 9.

Vincent Dandolo,

Né à Venise le 26 Octobre 1758,

Mort le 12 Décembre 1819, à Varèse?

près Milan.

L'ART D'ÉLEVER

LES VERS A SOIE,

THÉO . . .

. . . . RS

P. M. . . . .
Commandant . . . . . de . . . . . ieur,
membre de l'. . . . . .

. . . .

Ravet . . . . pro-
beau

___

aisirs
rent à
t, en

A LYON,
MÊME MAISON DE COMMERCE,
RUE PUITS-GAILLOT, N° 9.

1837.

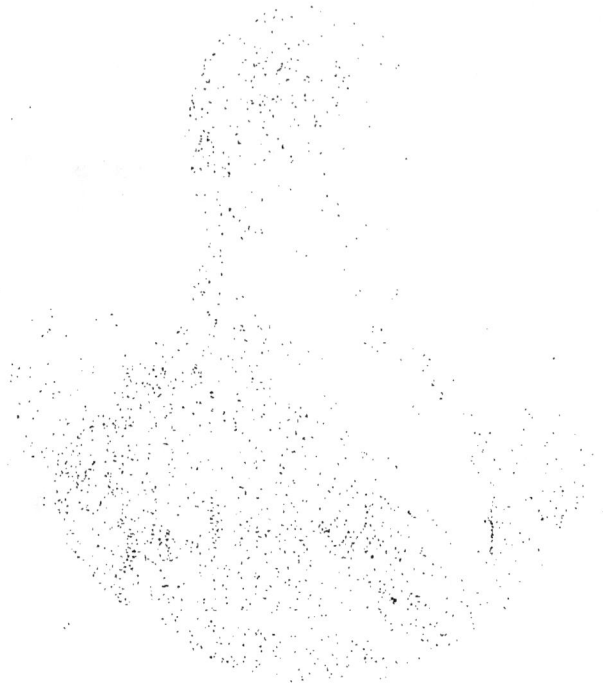

près Milan.

L'ART D'ÉLEVER

LES VERS A SOIE,

POUR OBTENIR CONSTAMMENT

D'UNE QUANTITÉ DONNÉE DE FEUILLES DE MURIER

LA PLUS GRANDE QUANTITÉ POSSIBLE

DE COCONS DE PREMIÈRE QUALITÉ,

ET DE L'INFLUENCE DE CET ART

SUR L'AUGMENTATION ANNUELLE DES RICHESSES DES PARTICULIERS
ET DES NATIONS.

OUVRAGE

DE M. LE COMTE DANDOLO,

Commandeur de l'Ordre de la Couronne de Fer, Chevalier de la Légion d'Honneur,
membre de l'Institut royal des Sciences, Lettres et Arts de Milan, etc., etc.

TRADUIT DE L'ITALIEN

PAR F. PHILIBERT FONTANEILLES.

Quatrième édition,

Revue, corrigée et augmentée de nouvelles notes du traducteur, des nouveaux procédés de M. LABARRAQUE, pour purifier l'air des magnaneries, et enrichie d'un beau
portrait du comte DANDOLO, et de plusieurs planches et tableaux.

« Les arts destinés au luxe des villes et aux plaisirs
des riches s'étudient par principes, ceux qui servent à
sustenter les hommes et à enrichir les états sont, en
général, abandonnés à l'aveugle pratique. »
DANDOLO, p. XVI.

A PARIS,

CHEZ BOHAIRE, LIBRAIRE,

BOULEVARD DES ITALIENS, N° 10, AU COIN DE LA RUE LAFFITTE;

A LYON,

MÊME MAISON DE COMMERCE,

RUE PUITS-GAILLOT, N° 9.

1837.

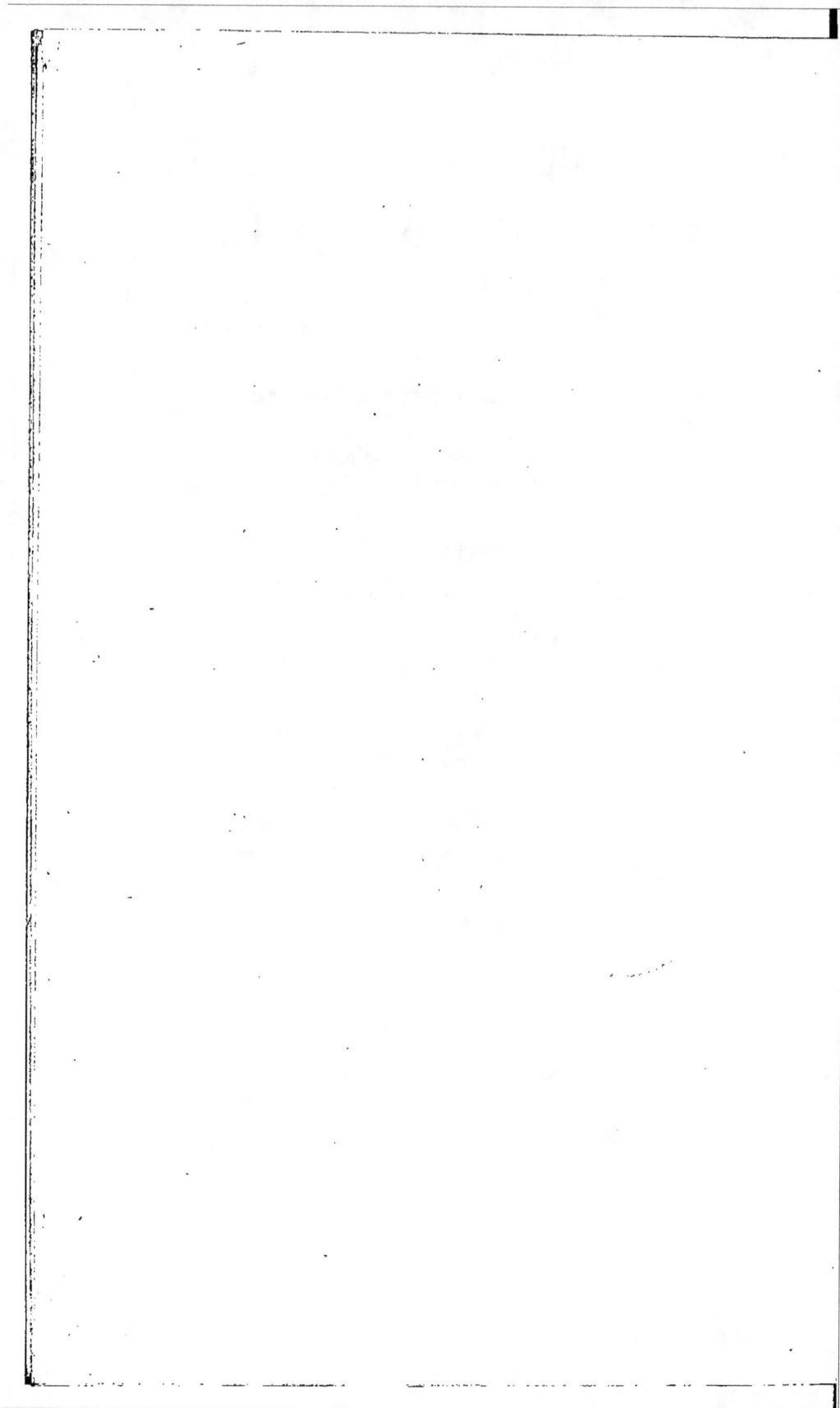

AVERTISSEMENT

DE L'ÉDITEUR,

SUR LA TROISIÈME ÉDITION.

———

Nous ne croyons pas déplacé de dire que la Société royale d'Agriculture de Paris reconnut une si grande utilité à l'ouvrage dont nous présentons une *troisième* édition, qu'elle accorda au traducteur la grande médaille d'or, et le titre flatteur de Membre correspondant.

La rapidité avec laquelle les premières éditions ont été épuisées, quoique l'ouvrage ne soit que d'un intérêt local, serait un titre de confiance suffisant pour faire accueillir celle-ci. Nous ajouterons que le traducteur l'a enrichie de nouvelles notes, et qu'il a fait disparaître des fautes de style qu'une longue habitude de la langue italienne l'avait empêché d'apercevoir.

Nous reproduisons ici un passage de la lettre adressée par S. Ex. le Ministre Secrétaire d'État de l'intérieur au traducteur, qui a été publiée dans la deuxième édition :

« L'ouvrage de M. Dandolo jouit d'une réputation méritée; en le faisant passer dans notre langue, vous aurez contribué à l'amélioration d'une branche importante de notre industrie agricole et manufacturière. Mon prédécesseur, sur la demande du préfet du Rhône, l'a autorisé, il y a un an, à faire l'acquisition de 150 exemplaires de votre traduction, pour être distribués à ses administrés. Il est à désirer que la méthode exposée dans cet ouvrage, d'après les résultats d'une pratique raisonnée, pour obtenir des vers à soie le produit le plus avantageux possible, se propage aussi dans tous les autres départemens où on se livre à l'éducation de ces précieux insectes.

« Recevez, etc.

Le Ministre Secrétaire d'État de l'intérieur,

Signé : « SIMÉON. »

LE TRADUCTEUR.

Ainsi que je l'observe dans ma première édition, l'auteur de l'ouvrage que je présente au public a été un des savans d'Italie qui se sont le plus occupés de faire l'application des sciences physiques aux arts les plus utiles à la société. Persuadé que, pour perfectionner les arts, l'homme instruit dans les sciences physiques doit expérimenter et observer lui-même, il a employé, pendant bien des années, sa fortune et son temps à interroger la nature, et à la forcer à fournir aux arts ruraux les plus grands moyens d'être utiles à la société.

M. le comte Dandolo est très avantageusement connu par les charges importantes qu'il a occupées, ainsi que par des écrits dans les sciences appliquées à l'économie rurale et domestique. Il a composé des traités sur les vins d'Italie, sur le sirop de raisin, sur les pommes de terre, sur l'engrais des terres, sur le mérinos, et sur d'autres sujets intéressans.

Ayant observé que les récoltes de cocons manquaient souvent en Italie, il a voulu lui-même élever des vers à soie pour s'assurer si, comme il l'avait soupçonné, cela dépendait uniquement de la mauvaise manière de les élever. L'expérience l'en a convaincu pendant plusieurs années, et il s'est empressé de le faire connaître au public par cet ouvrage.

Animé du louable désir d'être utile à l'art d'élever les vers à soie, il explique la manière de s'y prendre pour obtenir constamment une grande quantité de très beaux cocons avec moins de feuille qu'on n'a employé jusqu'à ce jour. Il est entré dans de très grands détails. Les personnes éclairées l'accuseront peut-être d'avoir été minutieux ; elles trouveront dans son ouvrage beaucoup de répétitions ; j'avoue que j'ai dû en supprimer quelques unes : cependant, comme M. le comte Dandolo a écrit principalement pour les agriculteurs, et qu'il a eu bien plus en vue d'être utile que de briller, le lecteur impartial se convaincra que ces mêmes détails minutieux et ces répétitions seront avantageux pour celui qui dirigera un établissement de vers à soie, ou qui y travaillera, en ce qu'ils soulageront beaucoup sa mémoire, et lui éviteront de feuilleter l'ouvrage à tout moment.

J'ai vu sur les lieux les grands avantages que présente la nouvelle méthode pratiquée par l'auteur, et j'ai cru être utile à l'industrie française en publiant cette traduction.

Depuis ma première édition, M. le comte Dandolo a publié pendant trois ans de suite, c'est-à-dire en 1816, 1817 et 1818, un grand nombre de nouveaux faits en faveur de la réforme qu'il a portée dans l'art d'élever les vers à soie. Il fit un appel à tous les propriétaires, afin qu'ils lui communiquassent les résultats de leur pratique, soit qu'elle fût d'après sa méthode, soit aussi d'après l'ancienne, et il ne résulta, de quatre-vingt-dix-huit lettres qu'il reçut, qu'une ample confirmation de tout ce qu'il avait enseigné et obtenu.

Il a paru, depuis que j'ai publié cet ouvrage, plusieurs brochures sur le même sujet. Celle de M. Bonafous, qui n'est qu'un extrait trop succinct de ma traduction, me semble la plus utile. Au mois de mai dernier les journaux annoncèrent un gros

volume, dont l'auteur est mon très estimable con=
frère M. le docteur Pitaro, qui réunit à ce titre celui
de littérateur très profond et de praticien distingué,
exerçant la médecine à Paris depuis vingt-cinq ou
trente ans. Je m'empressai d'en prendre connaissance, et je trouvai d'abord que cet écrivain avait
fait une chose très louable de réunir dans un seul
volume les trois arts dont le but est le même. Il avait
eu la modestie de soumettre son manuscrit au comte
Dandolo, qui en fait l'éloge par une lettre insérée
dans l'ouvrage. Les parties qui traitent des mûriers
et des vers à soie doivent inspirer confiance au cultivateur ; mais je n'ai pas trouvé dans l'art d'extraire
la soie l'exposé des grands perfectionnemens acquis
depuis quelques années en Lombardie, et qui dépendent des inventions qu'a faites M. Léonardi pour
l'emploi de la vapeur, et dont l'effet est d'abréger
beaucoup le temps, d'employer moins de bras, et
d'obtenir le fil du cocon plus net. J'ai vu cet automne, à Milan, plusieurs de ces inventions, auxquelles M. Crivelli, autre mécanicien et ingénieur, a
fait encore en ma faveur des perfectionnemens importans. Comme je me propose de publier, dans peu,
l'*Art d'extraire la soie des cocons d'après les
meilleurs procédés connus,* je donnerai le plus
grand détail sur la machine à vapeur de M. Léonardi,
et j'y joindrai toutes les planches qui peuvent servir
à la faire bien exécuter.

L'art de cultiver les mûriers en France n'est point
porté au degré de perfection qu'on observe en Lombardie. Puisque l'éducation des vers à soie fait aujourd'hui de grands progrès, il est essentiel de perfectionner aussi la culture de l'unique arbre qui ali-

mente ces précieux animaux. J'avais parcouru tous
les bons ouvrages que nous avons sur ce sujet, et je
les avais trouvés inférieurs à celui de M. le comte
Verri, de Milan. J'en publiai la traduction en 1826.

Depuis sept à huit ans il a été découvert en Lombardie, par M. le professeur Moretti, un nouveau
mûrier dit *macrophylla*, dont la feuille est plus
grande que celle du mûrier commun; on en compte
déjà plus de vingt mille pieds cultivés sur divers
points de l'Europe. La Société d'horticulture de Paris
a répandu aussi en France de la graine de ce mûrier.
M. Perrottet, botaniste voyageur, vient d'importer
en France une autre espèce de mûrier dit *multicaule*,
qui paraît offrir de plus grands avantages que tous
les autres.

Plusieurs personnes m'ont fait observer que la
planche qui représente les ateliers ne suffit pas à tous
les éducateurs de vers à soie pour qu'ils puissent les
imiter facilement. Afin d'éviter cet inconvénient, je
me transportai, il y a cinq ans, chez le jeune comte
Dandolo, qui a vraiment hérité des sentimens généreux de son père, et je dus à sa complaisance d'a-
voir fait faire en relief un petit modèle de cet atelier.
Je le remis à M. Bohaire, libraire à Lyon, éditeur
propriétaire de cet ouvrage, qui en a fait fabriquer
de semblables pour la commodité de ceux qui n'aiment pas à prendre la peine de faire exécuter les
dandolières d'après la planche.

~~~~~~

A MESSIEURS

LES PASTEURS ET PROPRIÉTAIRES.

———

J'ai examiné comment on élève généralement les vers à soie ; j'ai lu tout ce qui a été écrit de mieux sur cet important sujet ; je m'en suis occupé moi-même, et je me suis convaincu qu'au lieu d'un art fondé sur des principes, et composé de préceptes bien raisonnés, nous n'avons à peu près qu'une aveugle pratique ; que, chez le plus grand nombre de cultivateurs, cette pratique est même entravée par des préventions erronées, très funestes ; et que jusqu'à présent les bons écrivains qui ont traité ce sujet n'ont pu être d'une grande utilité, n'ayant pas eux-mêmes réuni les connaissances scientifiques à une grande expérience. Aucune nation n'a un livre élémentaire qui guide avec facilité et assurance pour obtenir constamment, par les moyens les plus simples et les moins dispendieux, la plus grande quantité de très beaux cocons avec la moindre quantité possible de feuilles de mûrier. Je me suis en conséquence déterminé à publier ce livre.

En voici le plan :

Après avoir émis quelques idées générales sur la famille des chenilles, sur les vers à soie, et sur la feuille du mûrier, afin d'éviter beaucoup de répétitions qui auraient eu lieu dans le cours de l'ouvrage, j'expose le meilleur moyen qu'on doit employer pour faire naître les vers à soie et les transporter où ils doivent être élevés.

vent, par les moyens faciles et très simples que j'indique, augmenter annuellement leurs richesses.

J'ai ajouté des notes, des gravures et des tableaux. Les notes expliquent ce que je n'ai pu dire que brièvement dans le corps de l'ouvrage; les gravures font connaître la construction des ateliers et la forme des ustensiles; et les tableaux servent à mettre en comparaison le soin des vers à soie à différentes températures.

Mon ouvrage n'est pas aussi court que le sont en général ceux qui traitent de cette matière. Ayant eu en vue d'être utile à tous ceux qui élèvent les vers à soie, j'ai cru devoir les guider pas à pas; les faisant passer progressivement d'observation en observation et de pratique en pratique, depuis la préparation des œufs et la naissance des vers jusqu'au moment où le papillon a donné de nouveaux œufs.

Je n'ai pas craint les répétitions toutes les fois que je les ai crues nécessaires, ni d'entrer dans les détails les plus minutieux, tenant compte des opérations au jour le jour, et presqu'à la minute.

Je me suis proposé d'être clair à tel point que, si un Hottentot venait diriger ce genre d'établissement parmi nous, il pourrait parfaitement réussir avec mon livre à la main, et obtenir toujours d'une quantité donnée de feuille le plus grand nombre de très beaux cocons.

J'observe en outre que, quoique cet ouvrage soit composé de quinze chapitres, celui qui lira avec attention et application les préceptes des six qui traitent plus spécialement des vers à soie, sera assez instruit pour les élever avec succès.

Les autres chapitres sont consacrés aux principes

de l'art et à ses relations avec la prospérité publique ; sujet important par lui-même, mais que peuvent se dispenser de connaître ceux qui n'ont d'autres vues que de bien élever les vers à soie.

Au reste, si quelqu'un observait qu'il obtient, sans le secours de cet ouvrage, une bonne récolte de cocons, je l'en féliciterais, lui déclarant que mon intention n'avait pas été d'écrire pour lui ni pour qui que ce soit qui croie en savoir assez sur cette matière.

Personne ne pourra cependant cacher les calamités de l'année 1814, qui ne furent pas nouvelles pour nous, et ne seront pas les dernières, si on continue généralement l'éducation des vers à soie avec les imperfections qui ont eu lieu jusqu'à présent. Je dirai plus, ces calamités seraient presque annuelles, si des causes accidentelles, indépendantes de la volonté de l'homme, ne les diminuaient.

J'ai écrit pour la généralité des Italiens, c'est-à-dire pour tous ceux qui élèvent ou font élever tous les ans des vers à soie, ainsi que pour ceux qui voudront embrasser cette branche d'industrie.

Si, après avoir mis en pratique le méthode que je leur suggère, ils comparent le produit qu'ils en auront obtenu avec celui qu'ils peuvent avoir eu auparavant, ils reconnaîtront la vérité, et me sauront gré de mon zèle et de mes travaux.

Je le répète, je ne prétends pas qu'il soit indispensable de faire tout ce que j'indique. Je crois seulement que celui qui se rapprochera le plus de la méthode que j'ai exposée encourra moins le risque de perdre le fruit des avances qu'il aura faites, et qu'il sera plus fondé à compter sur la bonne issue de son entreprise.

C'est à vous, honorables pasteurs et modestes propriétaires, que j'offre cet ouvrage. De votre zèle et de
vos soins dépend principalement l'avantage que j'ai eu
en vue de procurer à mes concitoyens.

MM. les pasteurs feront connaître ma méthode, et
les propriétaires la mettront en pratique ou la feront
pratiquer par leurs colons, classe intéressante qui enrichit les nations à la sueur de son front, mais qui est
trop attachée aux pratiques anciennes. Ils ne dédai-
gneront pas ce qu'on leur indiquera pour leur avantage, pourvu qu'on se mette à leur portée, et qu'on
cherche à les persuader. C'est le seul moyen de les
conduire au perfectionnement des diverses branches
de l'industrie rurale.

Il y a une considération bien humiliante pour l'esprit humain ; la voici :

Les arts destinés au luxe des villes et aux plaisirs
des riches s'étudient par principes. Ceux qui servent à
sustenter les hommes et à enrichir les états sont, en
général, abandonnés à l'aveugle pratique. Il y a bien
peu de riches éclairés qui pensent à s'instruire des principes et des règles de l'agriculture pour communiquer
leurs lumières et donner une bonne direction à cette
classe nombreuse et estimable qui n'est occupée que de
la culture de la terre.

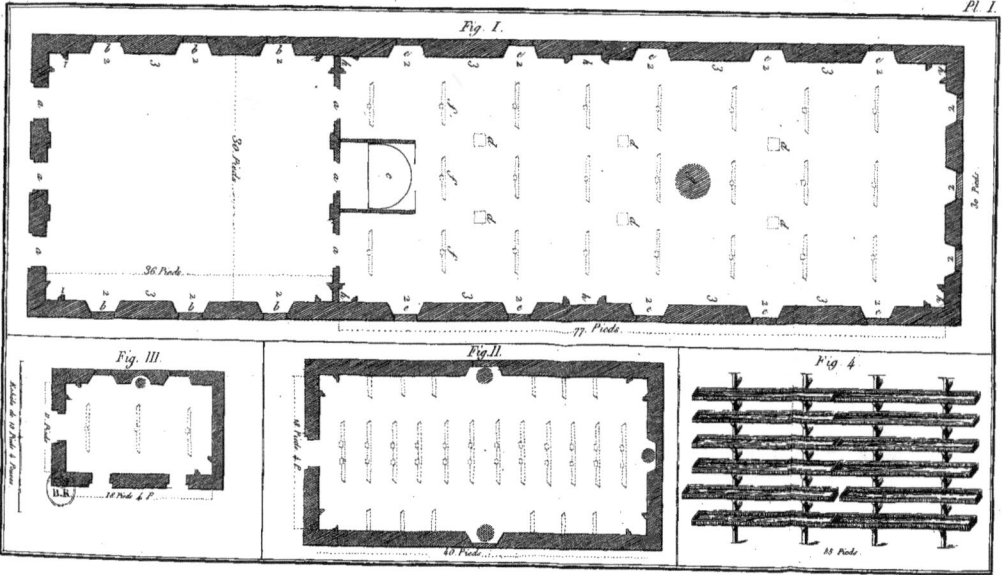

Pl. I.

Fig. I.

Fig. III.

Fig. II.

Fig. 4.

Pl. II.

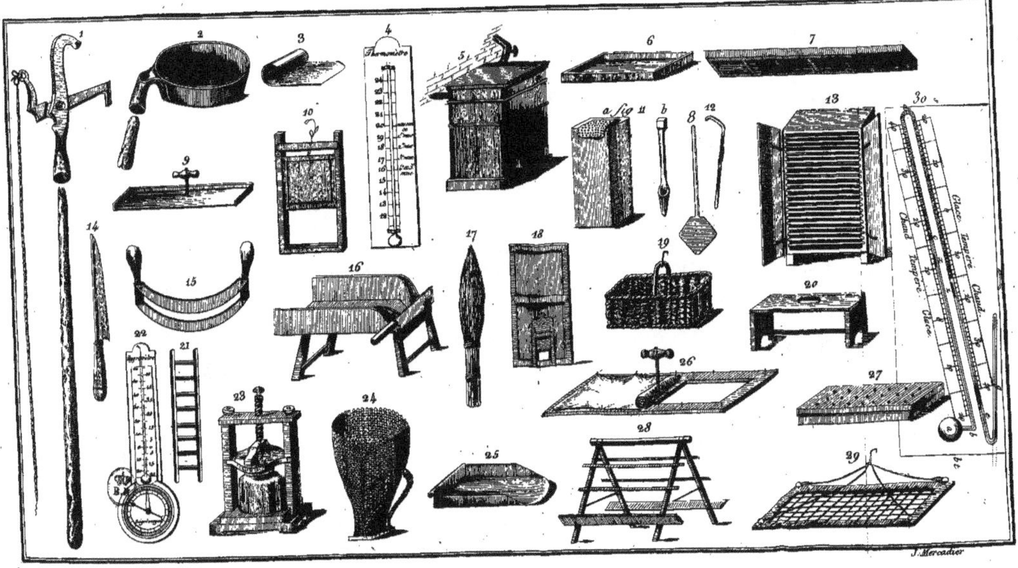

J. Mercadier

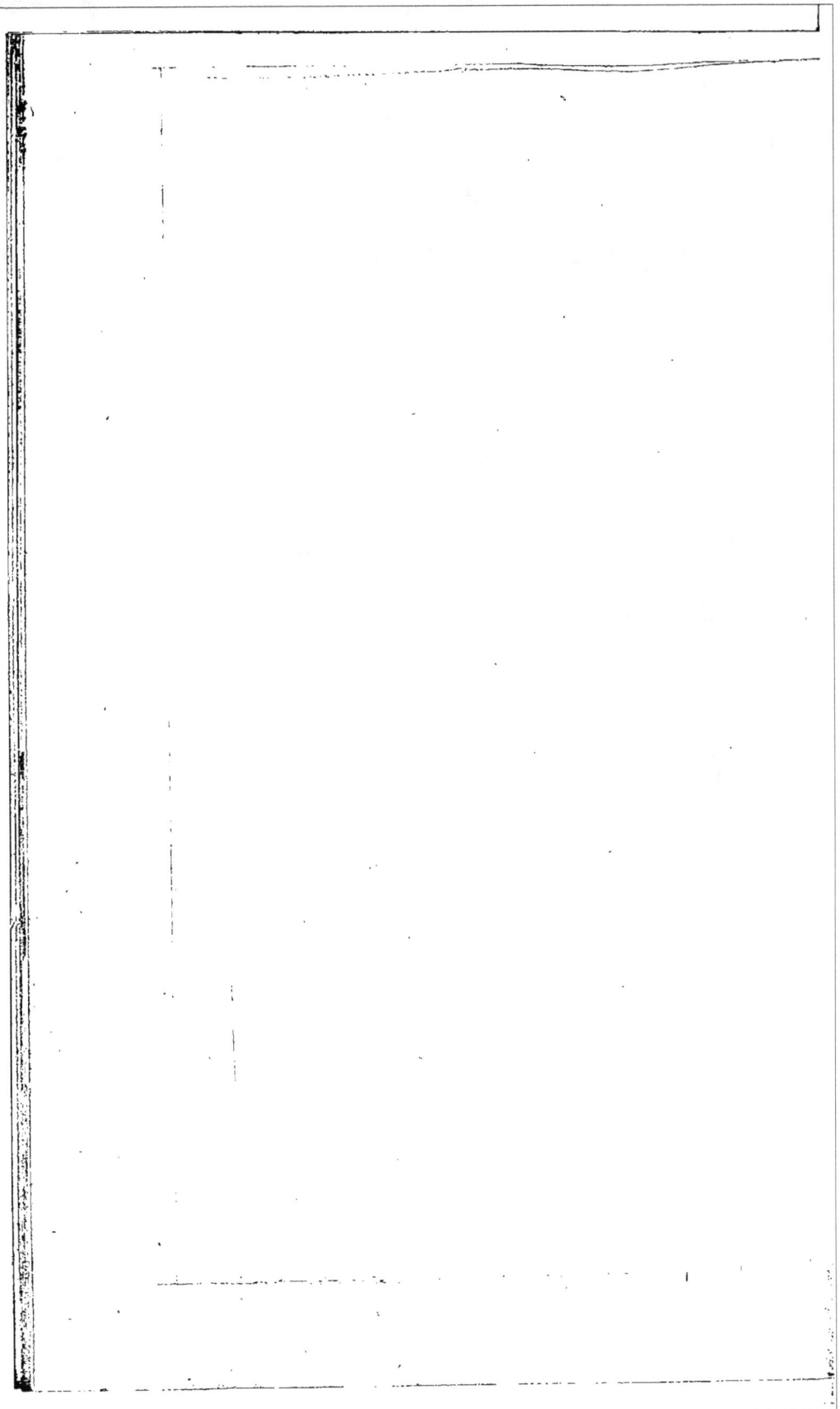

L'ART
D'ÉLEVER LES VERS A SOIE.

CHAPITRE PREMIER.

Des Chenilles en général, parmi lesquelles est compris le ver à soie.

La merveilleuse famille des insectes n'est pas uniquement destinée à procurer des jouissances au naturaliste ; la variété de ses formes, de ses couleurs et de ses armes, ses produits surtout, ont fait reconnaître à l'homme industrieux, dans un certain nombre d'espèces, des sources de richesses qu'il s'est appropriées.

Je n'entrerai pas dans des détails, inutiles à mon sujet, sur toute la famille des insectes, je me bornerai à dire que ceux qui ont des ailes s'offrent à nous sous différens états dans les diverses périodes de leur vie, et que la faculté de se reproduire est réservée à leur dernière période. Le papillon déposant les œufs fécondés, bientôt après l'accouplement, ces œufs ne produisent pas immédiatement d'autres papillons, mais bien des petits animaux de forme cylindrique allongée, composés d'une certaine quantité de segmens ou anneaux, ayant dessous un certain nombre de pates de forme et de substance diverses, ainsi que

1

d'autres caractères. Telles sont, en général, les *chenilles*, dont le ver à soie occupe le premier rang, et qui fera le sujet de cet ouvrage.

Je ferai dans ce premier chapitre quelques observations :

1°. Sur les caractères extérieurs et généraux des chenilles ;

2°. Sur les métamorphoses qu'elles subissent ;

3°. Sur leur manière de vivre, de se nourrir et de se conserver ;

4°. Sur leur passage de l'état de chenille à celui de mort apparente ou de chrysalide ;

5°. Sur le changement de la chrysalide en animal parfait ou papillon, sur la ponte des œufs fécondés, et sur la mort du papillon ;

6°. Sur le mode par lequel la nature tend nécessairement à en détruire une grande quantité, afin qu'elles ne puissent pas sortir des limites qu'elle leur a fixées, et sur les moyens que l'homme peut employer dans les mêmes vues.

§. Ier.

Des caractères généraux et extérieurs des chenilles.

Les chenilles ont le corps formé de douze anneaux membraneux parallèles, lesquels, dans les mouvemens de l'animal, s'éloignent ou se rapprochent mutuellement.

Elles ont toutes une tête écailleuse d'une substance analogue à la corne, munie de deux mâchoires très fortes, faites en forme de scie, qui se meuvent horizontalement, et non de haut en bas, comme chez les animaux à sang rouge : sous les mâchoires se trouve placée la filière par le moyen de laquelle chaque chenille verse la matière soyeuse. Elles n'ont jamais moins de huit pates, et pas plus de seize ; les six premières, de substance écailleuse analogue à celle de la tête, sont fixées sous les trois premiers anneaux, et ne peuvent ni s'allonger, ni se raccourcir sensiblement ; les autres, quel qu'en soit le nombre, sont membraneuses, flexibles et attachées deux à deux à la partie postérieure du corps, sous les anneaux qui leur correspondent. Ce sont celles qui servent à la locomotion ; elles sont armées de petits crochets assez forts, et propres à le fixer facilement et à le faire grimper. Toutes les pates de derrière disparaissent, quelle que soit l'espèce de chenille, lorsqu'elle se change en papillon, et il ne reste alors que les six premières, qui sont diversement modifiées. L'anus est placé sous le dernier anneau.

Les chenilles respirent par le moyen de dix-huit ouvertures, situées, neuf sur chaque côté du corps, par lesquelles l'air entre et sort. Chacune de ces ouvertures est considérée comme l'extrémité d'une trachée particulière. Un grand nombre de chenilles ont des yeux ; certaines sont entièrement privées de la vue ; mais elles l'acquièrent, arrivées à l'état de papillon.

Ayant indiqué les caractères généraux extérieurs qui font distinguer les chenilles de tous les
autres animaux, il paraît inutile de rappeler que
certaines, selon l'espèce, sont grandes, moyennes,
petites, mais cependant toujours extrêmement
grandes comparées à l'œuf d'où elles sont sorties,
ou à elles-mêmes, quant elles sortent de l'œuf,
comme nous le verrons au Chapitre VII.

Quelques chenilles ont la peau unie : tel est le
ver à soie, d'autres l'ont raboteuse et élevée dans
certaines parties; les unes l'ont velue en tout ou
en partie; couverte de poils ou de piquans, de
couleurs variées et souvent si belles, si vives et
si bien nuancées, que l'art ne pourrait pas les
imiter.

Il n'entre point dans mon sujet de faire connaître l'anatomie de ces insectes.

§. II.

Des métamorphoses qu'éprouvent les chenilles.

Les chenilles ont pour caractère particulier de
changer de peau au moins trois fois avant d'être
arrivées à l'époque où elles versent la soie pour
se changer en chrysalides dans le cocon ou dans
l'enveloppe qu'elles ont formée (§. IV).

Ce changement n'a lieu que trois ou quatre
fois dans le plus grand nombre d'espèces de chenilles; et dans certaines, de cinq fois jusqu'à neuf.
Ces renouvellemens de peau s'appellent *mues*.

Ce sont des maladies qui souvent coûtent la vie à beaucoup de ces insectes (§ VI).

Une seule peau, dans un animal qui, en peu de temps, croît mille fois son poids (Chap. VII), aurait difficilement pu se distendre au point de le couvrir tout entier. Aussi la nature prévoyante a étendu sur le corps de la chenille les embryons de la peau de chaque mue. L'animal croissant plus que la peau ne peut se distendre, elle tombe et est remplacée par la seconde, qui est plus molle; celle-ci se détache de la même manière que la première, et est suivie de la troisième, de la quatrième, et ainsi de suite.

La dépouille des chenilles est une enveloppe entière appliquée à toutes les parties extérieures de l'animal. On peut y reconnaître les poils, les pates, la tête, etc.

Dès que la peau commence à serrer la chenille, l'insecte se met à une diète plus ou moins sévère; ce qui indique avec certitude la mue. On remarque alors que la chenille devient plus petite et qu'elle verse, par diverses parties de son corps, des baves de soie qu'elle attache ensuite aux corps qui l'entourent, afin que, pendant qu'elle se remue, la peau qui la couvre reste fixée dans le lieu où elle se trouve.

Cette première opération faite, l'animal reste plus ou moins immobile; il commence ensuite à remuer la tête et à faire des contorsions. L'écaille qui couvre son museau, pressée par la nouvelle peau qui se forme au-dessous, est la première partie qui se détache.

L'écaille détachée, la chenille pousse en avant avec effort, à travers l'ouverture du premier anneau, qui est plus étroit que ceux qui suivent; et comme elle a déjà assujetti la peau avec des fils de soie, ainsi qu'avec les crochets des deux appendices de l'anus, fixés où elle se trouve, elle dégage les deux premières pates, et sort en peu de temps de son enveloppe en faisant des mouvemens vermiculaires.

Quelquefois l'enveloppe se déchire, ou une portion reste attachée à l'extrémité de la chenille, qui ne peut pas toujours s'en débarrasser; alors elle se gonfle ou s'étend dans la partie découverte, pendant que l'enveloppe comprime le reste du corps; en pareil cas, l'animal meurt après avoir fait de vains efforts. Un grand nombre de chenilles se dépouillent entièrement dans une minute.

A cette époque de la vie de la chenille, la nature provoque en elle une crise favorable; il sort de la superficie de son corps une humeur qui s'interpose entre la peau ancienne et la nouvelle, et facilite la sortie du corps.

Les chenilles qui viennent de muer sont pâles; ce qui les rend faciles à distinguer des autres. La nouvelle peau est très ridée, tandis que la vieille était sèche et tiraillée dans le commencement.

Le jeûne, l'abattement, l'inertie et le malaise

qui accompagnent la mue sont ce qu'on appelle communément le *sommeil* chez les vers à soie.

La chenille sort de la mue très faible, et les parties qui étaient dures deviennent flexibles : elles durcissent par le seul contact de l'air.

Après la dernière mue, chaque espèce de chenille verse sa soie, et prépare avec elle le cocon ou réduit dans lequel doivent avoir lieu les métamorphoses en chrysalide et en papillon ou animal parfait qui produit les œufs.

Chez la plupart des chenilles, les mues extérieures, comme les deux qui ont lieu dans le cocon (§§. IV, V), s'accomplissent en quinze jours; dans certaines espèces, au bout d'un ou deux mois; pour quelques autres il faut trois mois, et enfin la nature, emploie pour quelques unes, un, deux, trois ou quatre ans.

§. III.

De la manière dont les chenilles vivent, se nourrissent et se conservent.

A l'exception de quelques espèces de chenilles qui se nourrissent en se dévorant entre elles, toutes les autres, qui sont en très grand nombre, vivent de substances végétales, la plupart très utiles à l'homme.

Nous avons souvent la douleur de voir ces insectes détruire des arbres fruitiers, des plantes potagères et d'agrément, des haies, des bois, etc.

Un grand nombre d'espèces s'insinuent dans la terre, y attaquent les racines des plantes herbacées, des arbustes et des grands arbres, et les font périr sans que le cultivateur sache quelle est la cause des pertes qu'il fait.

Il y a des chenilles qui vivent dans les troncs d'arbres, y font des plaies, les percent même en divers sens, et les font mourir avant leur temps.

Enfin on en voit aussi par essaims dans les blés, dont elles percent le grain pour s'en nourrir avant de devenir moucherons.

Quelquefois nous trouvons le grain tout-à-fait vide, quoiqu'il ait un bon aspect, parce que la chenille ne mange que la farine, et laisse la peau intacte. Dans un seul grain, elle trouve assez de nourriture pour y opérer toutes ses métamorphoses ; ce qui porte à penser, lorsqu'on rencontre des grains dont la farine n'est pas tout-à-fait détruite, qu'il y existe une chenille qui n'est pas encore devenue un animal parfait.

Toutes les espèces de chenilles ne mangent pas pendant tout le jour ; un grand nombre d'espèces ne prennent leur repas que le matin et le soir, et d'autres seulement la nuit ; cependant leur voracité est si grande, qu'en peu de temps elles détruisent une quantité de matière cent et mille fois même plus pesante qu'elles (Chapitre XIV).

En général, telle espèce de chenille ne mange

que telle espèce de plante : mais, malgré cela, elles ravagent beaucoup de plantes, parce que le goût de presque chaque espèce est différent. Il est heureux pour nous que la feuille de mûrier ne plaise qu'au ver à soie.

Non seulement on a de la répugnance pour les chenilles en général, mais on pense aussi que quelques espèces sont venimeuses, ce qui n'est pas. On prend pour un symptôme de venin la démangeaison et même la petite inflammation que produit sur nous l'attouchement d'une chenille qui est villeuse ; ce n'est cependant qu'un phénomène semblable à celui que produisent les orties.

La nature emploie quatre moyens pour conserver toutes les espèces de chenilles pendant la rigoureuse saison de l'hiver. Plusieurs espèces conservent leur embryon, en hiver, déposé dans l'œuf, afin que, lors de leur développement dans la belle saison, elles puissent trouver à leur portée la nourriture qui leur convient. D'autres espèces, nées en automne, et qui sont petites, s'enveloppent dans plusieurs feuilles ou dans d'autres substances végétales, qu'elles réunissent, arrangent et attachent fort adroitement avec des fils de leur soie ; elles y vivent dans un état d'assoupissement, pour en sortir ensuite lorsque la feuille se développe. On voit des espèces se conserver, sous la forme de nymphe ou chrysalide, dans diverses sortes de cocons ou réduits ; d'autres enfin se nicher dans la terre, sur les murailles, dans des troncs d'arbres, sous des pierres, etc., attendant la saison tempérée ou chaude.

Dans l'hiver, nous rencontrons partout ou des œufs, ou des chenilles, ou des chrysalides, attachés ou suspendus aux arbres, ou fixés aux murailles, dans les champs, les prés, les bois, etc., et à l'abri du froid et des diverses autres intempéries des saisons. Nous voyons même souvent alors, dans les prés, des signes qui indiquent le nid de quelque espèce de chenille.

Dès que la belle saison paraît, la chenille sort presque tout à coup de l'œuf, se développe, se change en chrysalide dans le cocon, et paraît bientôt après sous la forme de papillon.

Parmi les diverses espèces de chenilles, il y en a dont les individus vivent tout-à-fait isolés; d'autres qui se plaisent en société jusqu'à la première mue, et même plus trad; et d'autres enfin qui sont toujours ensemble jusqu'à leur transformation en chrysalides; devenues ensuite animaux parfaits ou ailés, elles errent dans l'espace.

§. IV.

Du passage de l'état de chenille à celui de mort apparente, ou de chrysalide.

La dernière mue visible à nos yeux étant accomplie, la chenille dévore, pendant un certain nombre de jours, une quantité d'alimens presque incroyable, et parvient à son plus haut degré d'accroissement. Arrivée à ce point, son appétit se ralentit et cesse entièrement.

L'animal perd alors sensiblement, et petit à petit, de son poids et de son volume (Chap. VII). Dégoûté de ses alimens, il cherche à changer de lieu, à s'isoler et à se mettre en repos; il sent le besoin de se vider de toutes les matières excrémentitielles qui existent dans ses organes, et même de la membrane qui enveloppait les excrémens, et qui servait, si on peut le dire, de doublure à l'estomac et aux intestins. Alors il ne reste plus de la chenille que la substance soyeuse et la substance animale avec plus ou moins d'eau.

L'insecte, réduit à cet état, continue à contracter sa peau, et c'est cette contraction qui l'aide puissamment à trouver les moyens de verser la soie contenue dans ses petits réservoirs. Peu à peu la peau se ride, les anneaux se rapprochent, et l'insecte devient plus petit.

C'est alors que commence la formation de la chrysalide, qui s'accomplit lorsque la soie est entièrement versée et que la dépouille ridée de l'animal se sépare dans le cocon.

Il paraît, d'après cela, que, dans toutes les modifications de la chenille, la nature ne tend qu'à la plus grande simplification de l'animal.

En effet, il est d'abord composé de substance animale, soyeuse et excrémentitielle : c'est la *chenille croissante*. Il se compose ensuite de substance

animale et soyeuse : c'est alors la *chenille mûre*.
Enfin il se réduit à la seule substance animale,
qui est la *chrysalide*. Je ne parle pas de quelques
autres substances, en petite quantité, qui font
partie de l'insecte.

Les cocons que font les chenilles varient beaucoup dans leur forme.

Quelques espèces occupent peu d'espace et font
leur cocon avec un petit nombre de fils de soie, au
centre desquels elles se placent. D'autres unissent
et attachent plusieurs feuilles ensemble avec la
matière soyeuse pour s'y renfermer.

L'artifice qu'emploient les diverses espèces de
chenilles pour former le réduit qui doit protéger
la chrysalide est admirable.

Cet artifice est d'autant plus ingénieux que
l'animal a moins de soie. Certaines espèces sont
obligées de pénétrer dans la terre pour pouvoir
garantir leur enveloppe; et d'autres, d'unir à la
soie diverses autres substances, comme du poil,
des fragmens de feuille, etc. Enfin ce petit animal fait tout ce qu'il peut pour construire un
réduit qui le mette à l'abri des intempéries des
saisons au moment qu'il devient chrysalide.

Le temps que les chenilles emploient à verser
la soie varie beaucoup. Il y en a qui s'enveloppent
en une heure, d'autres en un jour, d'autres en
deux. Il en faut à peu près trois au ver à soie.

La quantité de soie que donne en général la
chenille n'est pas toujours en rapport avec sa

grosseur. Le ver à soie, qui n'est pas de la plus grande espèce, en donne beaucoup plus que toutes les autres (Chap. XIV, §. V).

La couleur des chenilles varie extrêmement ; nous en voyons de jaunes, de blanches, de rouges, de brunes, de bleu de ciel, de verdâtres et de beaucoup d'autres nuances.

Il y a une grande différence entre la soie que verse le ver à soie et celle des autres chenilles. Avec l'eau simple, tiède ou chaude, on fait dissoudre la substance gommeuse qui unit les fils des cocons des vers à soie, ce qui rend son fil facile à filer ; tandis que les fils de la soie versée par les autres espèces de chenilles sont tellement collés entre eux, qu'on ne peut les détacher, quelque moyen qu'on emploie ; de manière que, pour pouvoir en tirer quelque avantage, il faudrait qu'on déchirât ou qu'on coupât le cocon, et qu'on le cardât comme on fait de la bourre de soie. Si on employait ce moyen, la soie de beaucoup de chenilles pourrait devenir de quelque avantage dans l'économie domestique, puisque partout on trouve des cocons de chenille.

§. V

Changement de la chrysalide en animal parfait ou papillon. Ponte des œufs fécondés. Mort du papillon.

Les chenilles se trouvent soumises, dans le cours de leur vie, à trois changemens d'organisation.

Le premier a lieu par le passage de l'état d'embryon à celui de chenille, pendant lequel se font les mues que j'ai indiquées ci-dessus (Chap. I, §. II).

Le second est celui de la chenille devenue chrysalide ou nymphe, dans le réduit qu'elle s'est formé (Chap. I, §. IV).

Le troisième changement enfin est le passage de la chrysalide à l'état d'animal parfait ou papillon, qui a lieu dans l'enveloppe.

Par cette dernière modification, il y a aussi formation des œufs dans la femelle, et les parties sexuelles du mâle sécrètent et épanchent le liquide fécondant.

Le changement de la nymphe en papillon a lieu, comme je l'ai dit, dans une enveloppe renfermée dans le cocon. La nymphe, devenue entièrement papillon, déchire cette enveloppe, ainsi que le cocon, et laisse les différentes dépouilles dont elle était revêtue.

Alors les papillons mâles s'accouplent avec les femelles, et celles-ci ensuite déposent leurs œufs, de la manière qui leur est la plus convenable, dans le lieu qui les défend le mieux du froid, de la pluie ou des autres intempéries.

La longueur de la vie des papillons varie : quelques espèces restent sous cette forme tout l'hiver, et ne déposent leurs œufs qu'au printemps.

Lorsque les œufs fécondés sont déposés, les mâles et les femelles ne tardent pas à mourir.

§. VI.

Moyen par lequel la nature tend incessamment à détruire une immense quantité de chenilles, afin d'éviter que leur excessive augmentation ne les fasse sortir des limites qu'elle leur a fixées. Ce que peut faire aussi l'homme à ce sujet.

L'agriculteur, témoin continuel des pertes qu'occasionnent beaucoup de chenilles, ne peut concevoir que la prévoyante nature ait voulu donner un tel fléau aux hommes. Il ne voudrait pas qu'il y eût d'autres chenilles que les vers à soie, ou tout au plus celles qui produisent ces beaux papillons de couleurs très variées, qui ornent les cabinets et font les délices des curieux.

L'agriculteur, dis-je, ne pense pas aux causes finales ; il croit que la nature doit agir pour lui seul, et il ignore ce que c'est que la variété et l'harmonie de l'univers dans la quantité infinie d'objets dont il est composé.

Mais, quoique les chenilles nous fassent beaucoup de mal, la nature, qui leur a assigné un emploi déterminé, a mis un frein à leur multiplication, afin qu'elles ne pussent pas nous occasionner de trop grands dommages.

Une quantité innombrable de ces insectes est naturellement détruite, chaque année, de trois

manières, sans compter ceux que l'homme fait
périr ou peut détruire à sa volonté.

1°. Une infinité d'oiseaux vivent de chenilles
qui sont ou sur les plantes, ou sur la terre, soit
à leur sortie de l'œuf, soit lorsqu'elles sont
adultes.

Cette nourriture printanière, dont les oiseaux
sont fort friands, dont ils repaissent leur famille, et qui rend leur chair si délicate, les attire
dans les bois, dans les champs et dans les jardins;
ils recherchent même avec avidité les œufs de
chenilles.

2°. Parmi les diverses espèces de ces petits animaux, il y en a, comme je l'ai dit plus haut, qui se
dévorent entre eux, sans compter la grande quantité qui est détruite par les lézards, les gre-
nouilles, les crapauds, les guêpes, les mouches,
les araignées, les fourmis, les scarabées, et autres
insectes. En vain la chenille cherche à se soustraire
à ses nombreux ennemis en se suspendant par sa
soie aux arbres ou aux autres corps, elle en devient presque toujours la proie.

Ajoutons à ce genre de destruction celui de ces
chenilles sur lesquelles d'autres insectes déposent
leurs œufs, et qui servent de pâture aux petits de
ces mêmes insectes dès qu'ils sont éclos.

3°. Enfin les gelées de l'hiver et les pluies froides
du printemps font aussi mourir une grande quantité de chenilles. On voit quelquefois dans cette
dernière saison que, d'un jour à l'autre, ces in-

sectes disparaissent frappés par une pluie froide qui les surprend, soit au moment de la mue, soit avant qu'ils aient eu le temps de se mettre à l'abri.

L'homme aussi peut attaquer et détruire une grande quantité de chenilles dans leurs propres nids. Les espèces qui sont vraiment nuisibles aux intérêts de l'homme ne sont pas même en si grand nombre, et nous les avons presque continuellement sous nos yeux.

Tout le monde peut distinguer en hiver, par exemple, beaucoup de nids de chenilles qu'on trouve partout, et souvent suspendus à l'extrémité des branches des arbres, enveloppés dans leurs feuilles. Alors, au moyen de grands ciseaux propres à cet usage (*Fig.* 1), qu'on met au bout d'une perche, étant à terre et tirant une petite corde attachée aux ciseaux, on coupe facilement toutes les branches où l'on voit des nids attachés. Chaque nid qu'on détruit délivre l'arbre de deux, trois, quatre cents chenilles qui l'auraient assailli.

Les personnes qui n'ont pas employé ce moyen, si facile en hiver, doivent au moins le faire aussitôt après les pluies du printemps, parce qu'alors toutes les jeunes chenilles que la pluie n'a pas fait périr, se retirent dans leur nid, qu'on reconnaît facilement en voyant plusieurs feuilles sèches ou vertes rassemblées et attachées de diverses manières avec de la bave de soie.

Les cultivateurs qui ont des haies près des jardins et autres lieux doivent les élaguer en hiver, pour éviter que les chenilles qui s'y logent n'aillent ensuite sur les arbres fruitiers.

Lorsque les chenilles sont grandes et dispersées sur la plante, on peut difficilement empêcher qu'elles ne fassent des ravages. On les étourdit quelquefois pour les faire tomber. Pour cela il faut faire brûler de la paille mouillée dans un chaudron de fer ou de cuivre à long manche (*Fig.* 2), y mêlant un peu de soufre, et ayant soin d'approcher le feu selon la hauteur de la plante. A mesure que la fumée pénètre où sont les chenilles, il faut remuer l'arbre pour les faire tomber, les recueillir à l'instant, et les brûler.

Les chenilles des choux se prennent toute la nuit avec de la lumière.

J'ai sans doute dit dans ce Chapitre plus que ne permet le plan de cet ouvrage; mais j'ai cru utile de saisir l'occasion de faire connaître, mieux qu'elle ne l'a été jusqu'à présent dans le vulgaire, une classe d'animaux dont tout le monde se plaint, et dans laquelle se trouve compris le ver à soie, quoique étant une des premières sources de nos richesses. D'ailleurs ce que j'ai dit épargnera beaucoup de répétitions dans le cours de cet ouvrage.

CHAPITRE II.

Des Vers à soie.

Nous avons vu (Chap. I) que malgré les guerres que font aux chenilles les hommes, les animaux et les saisons, elles savent se garantir de la destruction dont elles sont si souvent menacées.

Il n'en est pas ainsi du ver à soie, qui, dans nos climats, non seulement ne prospérerait pas, mais ne vivrait même pas pendant une saison, si l'homme ne lui donnait tous les soins qu'exigent son développement, son accroissement et son perfectionnement : ce qui prouve évidemment que cet insecte est originaire de climats bien plus chauds que les nôtres.

Tel est, en effet, celui de la partie méridionale de l'empire de la Chine, d'où provient le ver à soie, et où l'on conserve des notices écrites qui prouvent qu'on y élevait ces petits animaux 2700 ans avant l'ère chrétienne.

Les vers à soie passèrent successivement dans l'Inde, en Perse, et dans les diverses parties de l'Asie; ils furent ensuite transportés dans l'île de Cos, et ce fut dans le sixième siècle de l'ère vulgaire qu'ils furent introduits à Constantinople, où l'empereur Justinien en fit un objet d'utilité

publique. On les éleva successivement en Grèce,
en Arabie, en Espagne, en Italie, en France, et
partout où l'on crut qu'ils pouvaient réussir.

Le ver à soie, se trouvant ainsi soumis aux
soins domestiques, a dû nécessairement, comme
il arrive à tous les animaux, recevoir des modifications particulières qui ont produit de nouvelles
races ou variétés plus ou moins différentes.

Nous avons aujourd'hui des vers à soie qui font
la mue quatre fois, d'autres seulement trois fois;
il y en a qui font des cocons très grands, et pesant presque trois fois plus que les cocons ordinaires. Je parlerai, en son lieu, de ces races ou
variétés (Chapitre XI).

Je dois faire observer ici que, quoique le ver à
soie se trouve chez nous dans un climat bien différent de celui dont il est originaire, et qu'il soit
soumis à la domesticité, cependant il est démontré (Chap. V, VI et VII) que sa constitution se
maintient vigoureuse; il résiste quelquefois aux
épreuves les plus fortes auxquelles l'erreur et
l'ignorance le soumettent. Nous voyons pourtant
quelquefois des couvées entières de ces insectes
périr en peu de temps, et d'autres perdre beaucoup en quantité et en qualité par le défaut de
soin (Chap. XI).

On dit qu'en Asie on obtient jusqu'à douze récoltes de cocons dans un an. Chez nous on a fait
l'expérience et on a publié qu'on pourrait faire
au moins deux récoltes. Les tentatives que j'ai

faites prouvent que ce serait, au contraire, le vrai moyen de détruire les mûriers, et en conséquence la race des vers à soie.

Je ne saurais d'ailleurs me décider à croire que, dans l'Asie méridionale, on puisse obtenir tant de récoltes de cocons. La partie méridionale de l'empire de la Chine correspond à peu près, quant au climat, à la partie méridionale de la Perse. Malgré cela, selon ce qu'en dit l'illustre Pallas, on ne taille dans ce pays les rameaux des mûriers que deux fois l'année, afin d'avoir dans la même année deux récoltes de cocons.

En Perse on a admis, comme un principe d'économie, l'usage de donner aux vers à soie les rameaux mêmes des mûriers, et non leur simple feuille, comme on fait chez nous ainsi que dans toutes les régions tempérées. De cette manière, les feuilles attachées à la branche se conservent plus fraîches et ont meilleur goût; elles sont par conséquent plus propres à la nutrition, ce qui fait que le ver à soie les ronge en entier, et par ce moyen rien ne se perd. Dans ces climats on taille les petites branches deux fois l'année, parce que, les étés étant plus longs, le mûrier est plus vigoureux que chez nous.

Dans notre climat, au contraire, le mûrier ne peut pas même être effeuillé une fois tous les ans sans en souffrir, et certainement il ne pourrait l'être deux fois sans en périr.

Tout bien examiné et calculé, je suis persuadé

qu'une de nos bonnes récoltes équivaut, en produit, aux récoltes qu'on fait ailleurs dans un an.

Les vers à soie font généralement leur cocon blanc, ou paille, ou jaune foncé. Nous en voyons très peu chez nous de couleur verdâtre ou d'autres couleurs. Les vers à soie noirs ou tigrés ne donnent, en général, que des cocons de la même couleur que les autres.

Cet insecte est dans la classe des chenilles qui ont le plus grand nombre de pates; il en a seize, six écailleuses et dix membraneuses (Chap. I). Comme il n'est pas à sang rouge ni chaud, sa chaleur est toujours égale à celle de l'air au milieu duquel il vit : il a dix-huit organes pour la respiration, comme je l'ai dit plus haut.

On voit beaucoup de rides derrière sa tête; il a une petite corne sur le dernier anneau placé à l'autre extrémité, et deux réservoirs de soie qui s'unissent dans une seule filière, et dont la couleur approche du blanc sale à mesure qu'il grossit.

La qualité la plus précieuse du ver à soie pour nous est de ne jamais abandonner la feuille ni le squelette de la feuille, c'est-à-dire l'endroit où on le dépose, et cela quand il serait même affamé. Cet insecte ne rôde qu'au moment de sa naissance, c'est-à-dire avant d'avoir la feuille de mûrier; lorsqu'il a cessé de manger et qu'il est mûr, ne sentant alors que le besoin de filer ou de verser la soie, et quand il est atteint de quelque maladie.

Ces trois cas exceptés, on ne le verra pas sortir de sa table, ni même passer d'une extrémité de la table à l'autre.

Quelquefois plusieurs vers s'attachent au bord intérieur de la table, et quelques uns même à l'extrémité du bord, s'ils sont affamés; mais dès qu'ils sentent l'odeur de la feuille ils descendent. Ces mouvemens ont lieu plus communément dans les premiers âges. On pourrait dire sans craindre d'errer, qu'il y a peu de vers à soie qui, dans tout le cours de leur vie (excepté les cas ci-dessus indiqués), aient parcouru une distance de plus de trois pieds.

Le temps que le ver à soie emploie dans nos climats, depuis qu'il sort de l'œuf jusqu'à sa mort, est d'à peu près soixante jours. Ses besoins deviennent d'autant plus grands, qu'on augmente les degrés de chaleur de l'air, ce qui rend alors sa vie plus courte.

Du moment de la naissance des vers à soie jusqu'à la récolte des cocons, il se passe à peu près quarante jours dans mon atelier. Quelquefois la mauvaise saison, comme nous le verrons ci-après, oblige de prolonger la vie de ces insectes de quelques jours, afin qu'ils puissent bien élaborer la nourriture qui leur est nécessaire.

Si la chaleur était forte et constante, on pourrait recueillir les cocons dans moins de trente-cinq jours. La grande chaleur abrége, il est vrai, le temps qu'on emploie à élever les vers à soie; mais elle peut en devenir aisément le fléau, si l'on n'y apporte des soins attentifs et constans.

CHAPITRE III.

Du seul aliment propre aux vers à soie,

Ayant donné une idée générale de la classe des chenilles et de l'espèce appelée ver à soie, je crois utile, avant de traiter de l'art d'élever ces derniers insectes, de parler de leur aliment, de ses différentes qualités, et de son mode d'agir dans le corps de ces petits animaux.

Quoi qu'aient pu dire les auteurs dans divers temps, il est démontré que la seule feuille qui convienne au ver à soie est celle du mûrier blanc ou noir.

Les premiers vers à soie qu'on éleva en Europe furent nourris avec la feuille du mûrier noir, le seul, à ce qu'il paraît, qu'on cultivât alors, quoiqu'on sût que le blanc se cultivait en Grèce.

Cependant on ne tarda pas à introduire la culture de ce dernier dans toutes les régions tempérées de l'Europe.

Ce mûrier offrait trois avantages sur le noir: d'abord, celui d'employer plus tôt la feuille, et par conséquent d'éviter que les soins des vers à soie se prolongeassent trop avant dans la saison chaude; en second lieu, de donner beaucoup plus de feuille en moins de temps; enfin la qualité de sa feuille fait produire la soie la plus recherchée par les manufacturiers, quoique, comme nous le verrons plus tard (Chap. VIII, § VI), la qualité de la soie ne dépende pas seulement de celle de l'aliment, mais encore du degré de température dans lequel le ver à soie a été élevé.

Comme il existe différentes qualités de mûriers, on pouvait supposer que ces différences devaient exercer une plus ou moins grande influence sur la prospérité des vers à soie.

En effet, il y a cinq substances différentes dans la feuille du mûrier :

1°. Le parenchyme solide ou substance fibreuse; 2°. la matière colorante; 3°. l'eau; 4°. la matière sucrée; 5°. la matière résineuse.

La substance fibreuse, la matière colorante et l'eau, si on excepte celle qui sert aux besoins de l'animal, ne sont pas, à proprement parler, nutritives pour le ver à soie.

La matière sucrée est celle qui nourrit l'insecte, qui le fait grossir, et qui forme sa substance animale.

La matière résineuse est celle qui se sépare par degrés de la feuille, et qui, attirée par l'organisme animal, s'accumule, se dépure et remplit insensiblement les deux réservoirs ou vases soyeux qui font partie intégrante du ver à soie.

Selon les diverses proportions des élémens qui

constituent la feuille, il en résulte qu'il peut se présenter des cas dans lesquels un plus grand poids de feuille soit moins profitable au ver à soie, tant sous le rapport de la nutrition que sous celui de la quantité de soie fournie par l'animal.

Par exemple, la feuille du mûrier noir, dure, rude, tenace, qu'on donne encore aux vers à soie dans quelques contrées chaudes de l'Europe, telles qu'en divers lieux de la Grèce, de l'Espagne, de la Sicile, de la Calabre, etc., produit une soie très abondante, dont le fil est très fort, mais qui est grossière.

La feuille du mûrier blanc planté dans les lieux élevés, exposés au vent froid et sec, dans des terres légères, donne, en général, une soie abondante, forte, très pure et de très belle qualité.

La feuille de ce même mûrier planté dans des lieux humides, en plaine, dans des terres grasses, donne un peu moins de soie, moins belle et moins pure.

Telles sont les différences les plus générales : il y en a d'autres relatives à la topographie des lieux.

Moins la feuille contient de substance nutritive, plus le ver à soie doit en consommer pour parvenir à son développement.

Il résulte de là que le ver à soie qui consomme une grande quantité de feuille peu nutritive doit être plus fatigué et plus en danger de tomber malade que celui qui mange moins de feuille, mais plus nutritive.

On peut en dire autant de la feuille qui, quoique ayant assez de parties nutritives, contiendrait peu de substance résineuse. Dans ce cas, le ver à soie pourrait se bien nourrir et grossir, et ne pas produire un cocon bien garni et bien fort, c'est-à-dire proportionné au poids du ver, comme il arrive quelquefois à cause des mauvaises saisons.

Malgré tout cela, mes expériences prouvent qu'en dernière analyse, toutes choses égales d'ailleurs, les qualités des terrains produisent une bien petite différence sur la qualité de la feuille. Ce qui sera toujours vrai, c'est que la cause qui influe le plus sur la finesse de la soie est le degré de température dans lequel le ver à soie est élevé. Je l'ai déjà dit plus haut, et je le démontrerai encore dans la suite de cet ouvrage.

Non seulement il faut noter la différence de qualité qu'il y a, en général, entre la feuille des mûriers placés dans des terres de différente nature et cueillie dans des saisons différentes, mais aussi celle qui dépend des diverses espèces de mûriers placés dans un même fonds.

J'ai trouvé, par exemple, qu'à poids égal, la feuille provenant du mûrier à feuille large était un peu moins nutritive.

J'ai observé qu'après celui-ci vient le mûrier qui a la feuille assez grande, grasse et d'un vert foncé. Lorsque ces mûriers ne sont pas exposés à un air sec et dans des terrains légers, ils deviennent bien garnis de feuille; mais elle n'a pas beaucoup de matière soyeuse. Il paraît démontré que la nature a plus de facilité à produire une feuille qui abonde en substance nutritive qu'en substance résineuse ou soyeuse.

Je trouve que la meilleure feuille de mûrier, quelle qu'en soit l'espèce, est celle qu'on appelle double : elle est petite, peu succulente, d'un vert foncé, luisante, et contient moins d'eau; ce qu'on peut facilement reconnaître en en faisant sécher; l'arbre d'ailleurs en fournit en grande quantité [1].

[1] Je crois utile de faire connaître ici toutes les espèces et variétés de mûriers qui ont été décrites jusqu'à ce jour. A la fin de la note on verra aussi la perte que fait, en se séchant, chaque qualité de feuille de mûrier que j'emploie pour nourrir le ver à soie.

PREMIÈRE ESPÈCE. *Morus alba.* Cette espèce comprend le mûrier commun sauvage, qui a quatre variétés relativement au fruit : deux l'ont blanc, une l'a rouge, et l'autre noir.

Il y a deux autres variétés relativement à la feuille : une découpée à morceaux comme la feuille de l'aubier, et l'autre plus grande, très peu découpée ou lobée.

Le mûrier commun greffé est une variété de la première des deux que je viens de citer, et il a lui-même les variétés suivantes :

1°. A fruit blanc; 2°. à fruit rose; 3°. à fruit noir; 4°. à feuille grande, dite de Toscane; 5°. à feuille assez grande d'un vert foncé, appelée en Italie feuille *giazzola*; 6°. à feuille plus petite, d'un vert foncé, assez épaisse, dite feuille double, plus difficile à détacher, et la meilleure pour les vers à soie.

En général, le cultivateur s'est attaché aux espèces de mûriers qui fournissent les feuilles qui

Il y a en outre les espèces suivantes :

1°. *Morus tataria ;* 2°. *Constantinopolitana ;* 3°. *nigra* (tout
le monde connaît sa mûre, fruit doux, très agréable dans la
saison chaude, dont on fait cas particulièrement dans les provinces ex-vénitiennes); 4°. *rubra* (il se cultive dans les jardins
botaniques); 5°. *indica* (il se cultive comme le précédent);
6°. *latifolia* (on le cultive dans les serres des jardins botaniques); 7°. *australis ;* 8°. *latifolia ;* 9°. *mauritiana* (ces trois
dernières espèces sont peu connues en Italie); 10°. *morus
tinctoria ;* 11°. *morus papyrifera.* (Ces deux dernières espèces
ont été transportées récemment sous un autre genre de
plantes, dit *Broussonetia ,* du nom de M. Auguste Brousso-
net, professeur distingué.)

Les indications que je viens de donner montrent assez
quelles sont les variétés des feuilles de mûrier qui pourraient
mieux convenir pour l'éducation des vers à soie.

La différence qu'il y a dans les variétés des feuilles greffées
est beaucoup moindre que dans celles des feuilles sauvages.

Par exemple, un mûrier sauvage de dix ans, à feuille
grande, très peu découpée, portera plus de feuilles pesant
que cinq mûriers du même âge à feuilles très découpées.

Voici le résultat de mes expériences sur les feuilles de mûrier greffé dont j'ai parlé plus haut :

1. Cent onces de feuilles presque mûres, cueillies le
même jour, du mûrier dit de Toscane, m'ont donné 30 onces
après la dessiccation.

2. Cent onces de celles du mûrier dit *giazzola,* m'ont donné
31 onces et demie.

3. Cent onces de feuilles dites doubles m'ont donné 36 onces.

Cette variété de mûrier porte plus de fruit que toutes les autres.

Toutes ces qualités de feuilles diminuent encore moins de
leur poids lorsqu'elles sont parfaitement mûres. Il y a peu de

ont le plus de poids ou qui sont les plus grandes, sans penser que ce n'est ni l'eau ni le tissu fibreux de la feuille qui nourrissent les vers à soie et rendent les cocons pesans, mais bien les substances dont j'ai parlé ci-dessus.

Il faut rappeler ici une autre observation de fait : c'est qu'à circonstances égales, le vieux mûrier produit toujours une feuille meilleure que le jeune. Bien plus, à mesure que les mûriers, de quelque nature qu'ils soient, vieillissent, leur feuille, devenant toujours plus petite, s'améliore tellement, qu'elle finit par être toute presque d'une seule qualité.

Jusqu'ici j'ai entendu parler des feuilles du mûrier greffé. La feuille du mûrier sauvage est celle qui, à poids égal, et dans les mêmes circonstances, contient toujours une bien plus grande quantité de substance nutritive et de matière soyeuse.

Cette feuille, en bien moindre quantité que celle du mûrier greffé, donne pourtant de plus

feuilles mûres des différens arbres qui contiennent moins d'eau que la feuille mûre du mûrier.

Au contraire, lorsque la feuille du mûrier est tendre, elle contient beaucoup d'eau.

Cent onces de feuilles tendres qu'on donne aux vers à soie, dans le premier âge, pèsent moins de vingt-une onces lorsqu'elles sont sèches : elles contiennent donc presque les quatre cinquièmes d'eau. C'est à cette quantité d'eau qu'est due la grande évaporation qui se fait du corps des petits vers à soie dans le premier et le second âge.

grands résultats. J'ignore si quelqu'un a, jusqu'à présent, fait exactement et un peu en grand cette comparaison importante (Chap. XI).

Une autre comparaison qui doit fixer l'attention du propriétaire cultivateur, c'est que le mûrier greffé, surtout lorsqu'il est vieux, produit une bien plus grande quantité de mûres blanches que le mûrier sauvage.

Ce fruit, qu'en général le ver ne mange pas, fait cependant partie du poids de la feuille que le cultivateur vend ou achète. Malgré cela, il y a de fortes raisons qui empêchent de généraliser l'usage de la feuille sauvage (Chap. XI).

La plus mauvaise feuille qu'on puisse tirer du mûrier, et qui est toujours funeste aux vers à soie, est celle qui est couverte de manne, altération qui provient d'une maladie ou d'un excès de santé de l'arbre. Je ne conseillerais jamais à personne d'en donner, excepté dans un cas de disette; et alors il faudrait la bien laver et l'essuyer avec soin.

La feuille tachée de rouille ne fait aucun mal au ver. On voit une grande quantité de mûriers attaqués de cette maladie, particulièrement lorsqu'ils sont dans des terrains humides ou dans des lieux peu aérés. Le ver mange cette feuille comme celle qui est saine; la seule différence qu'il y a, c'est qu'il ne ronge que la partie saine, évitant soigneusement celle qui est rouillée. Ceux qui n'ont pas d'autres qualités de feuilles sont obli-

gés d'en donner en plus grande quantité, afin que
les vers ne se fatiguent pas à chercher leur nourriture. Ces insectes souffriraient si on leur faisait
manger la feuille mouillée par la pluie ou par la
rosée. J'indiquerai (Chap. VII) comment on peut
l'essuyer facilement.

Quelle que soit la feuille de mûrier qu'on donne
aux vers à soie, on doit avoir le plus grand soin
d'empêcher qu'elle ne s'échauffe ni ne fermente,
soit quand on la cueille, soit lorsqu'on la garde.

Un haut degré de fermentation altère plus ou
moins la substance nutritive de la feuille, qui
alors devient moins nourrissante. On ne doit pas
laisser la feuille long-temps pressée dans les paniers ou dans les sacs où on la recueille.

On conserve facilement la feuille, deux ou
trois jours, dans des lieux frais, s'ils sont un peu
humides et à l'abri de l'air, comme dans les caves,
les magasins, les chambres au rez-de-chaussée, etc.,
pourvu qu'elle ne soit pas trop entassée et qu'on
la remue de temps en temps. Il faut éviter qu'elle
perde sa fraîcheur par trop de sécheresse dans le
lieu où on l'a placée, ou par trop d'air, comme
aussi qu'elle pourrisse par trop d'humidité ou
pour être trop entassée. Il est très avantageux,
comme nous le verrons dans la suite, d'avoir un
local propre à bien conserver la feuille deux jours,
et même trois, si c'est nécessaire.

Le mûrier vit très bien dans des climats même
plus froids que la Lombardie; mais pour qu'on

PREMIER TABLEAU.

ÉDUCATION DES VERS A SOIE PROVENANT DE CINQ ONCES D'OEUFS.

1813. PREMIER AGE. JOURS D'ÉDUCATION.	MOIS.	FEUILLE MONDÉE DONNÉE AUX VERS A SOIE.		TEMPÉRATURE INTÉRIEURE.	TEMPÉRATURE EXTÉRIEURE.	OBSERVATIONS.
Jour I	Mai 18	Feuilles. Livres 4	4 onces.	Degrés 19	Degrés 15	Le jour de l'éducation commence après midi.
II	19	6		19	14	Air froid et sec.
III	20	12		19	15	La température extérieure a été du 13ᵉ au 14ᵉ degré
IV	21	6	4	19	15	et demi au couchant, à cinq heures du matin.
V	22	1	8	19	13 ½	
		Livres 30				
SECOND AGE.		PETITS RAMEAUX ET FEUILLES.				
Jour VI	23	Livres 18		18 ½	14	
VII	24	30		18 ½	14	Beau temps et air sec.
VIII	25	33		18	14 ½	
IX	26	9		18	15	
TROISIÈME AGE.		Livres 90				
		PETITS RAMEAUX ET FEUILLES.				
Jour X	27	Livres 30		17 ½		Peu de variation dans la température extérieure Les
XI	28	90		17 ½		vents du midi prédominent, pluie, temps pesant.
XII	29	97	8	17		L'air sec, qui a prédominé dans le 2ᵉ âge, a donné
XIII	30	52	8	17		beaucoup de vigueur aux vers à soie.
XIV	31	30		17		
QUATRIÈME AGE.		Livres 300				
		PETITS RAMEAUX ET FEUILLES.				
Jour XV	Juin 1	Livres »		17		Des vers à soie placés dans un air à 14 degrés ont été
XVI	2	97	8	17		assoupis pendant cinquante heures.
XVII	3	165		16 ½		
XVIII	4	225		16 ½		
XIX	5	255		16 ½		
XX	6	127	8	16 ½		
XXI	7	30		16 ½		
XXII	8	»		16 ½		
CINQUIÈME AGE.		Livres 900				
		PETITS RAMEAUX ET FEUILLES.				
Jour XXIII	9	Livres 180		16 ½		
XXIV	10	270		16 ½		La saison a été très mauvaise depuis le 13 jusqu'au
XXV	11	420		16 ½		18 juin. Le thermomètre, placé au couchant, n'a mar-
XXVI	12	540		16		qué, pendant les 15, 16 et 17, que 9 degrés à 5 heures
XXVII	13	810		16		du matin. Pluie froide, presque continuelle. Le baro-
XXVIII	14	977		16		mètre n'indiquait cependant pas un air très humide.
XXIX	15	900		16		
XXX	16	660		16 ½		
XXXI	17	495		16 ½		
XXXII	18	240		16 ½		

Poids de la feuille par once d'œufs...... 1,609 liv. 8 onc.

Les vers à soie provenant de cinq onces d'œufs, qui ont consommé, par conséquent, 8,047 liv. 8 onc. de feuille, ont produit 607 liv. 8 onc. net de cocons et 6 livres de filoselle.

Il s'est consommé à peu près 20 liv. 1 once de feuille par livre de cocons.

1813.	MOIS.	FEUI...
PREMIER AGE. JOURS D'ÉDUCATION.		*...)NS.* AUX
Jour I	Mai 18	Feuilles. c après midi.
II	19	
III	20	lu 13ᵉ au 14ᵉ degré
IV	21	es du matin.
V	22	
SECOND AGE.		Liv
		PETITS
Jour VI	23	Liv
VII	24	
VIII	25	
IX	26	
TROISIÈME AGE.		Liv
		PETITS
Jour X	27	Liv ure extérieure Les
XI	28	, temps pesant.
XII	29	le 2ᵉ âge, a donné
XIII	30	ie.
XIV	31	
QUATRIÈME AGE.		Liv
		PETITS
Jour XV	Juin 1	Liv à 14 degrés ont été
XVI	2	
XVII	3	
XVIII	4	
XIX	5	
XX	6	
XXI	7	
XXII	8	
CINQUIÈME AGE.		Liv
		PETITS
Jour XXIII	9	Liv
XXIV	10	uis le 13 jusqu'au
XXV	11	couchant, n'a mar-
XXVI	12	degrés à 5 heures
XXVII	13	tinuelle. Le baro-
XXVIII	14	n air très humide.
XXIX	15	
XXX	16	
XXXI	17	
XXXII	18	

Poids de la f

Les vers à soie provenant de cinq onces d'
feuille, ont produit 607 liv. 8 onc. net de co
Il s'est consommé à peu près 20 liv. 1 onc

puisse en retirer un grand avantage, on ne doit l'effeuiller qu'une seule fois et assez à temps pour qu'il reproduise la feuille avant la saison froide, sans quoi il ne tarderait pas à périr.

CHAPITRE IV.

Des soins préliminaires pour la naissance des vers à soie.

Les premières opérations, par lesquelles on commence chaque année à exercer l'art de faire produire les cocons, sont de détacher des linges les œufs des vers à soie, et de les disposer pour les faire éclore.

Ces opérations exigent, comme on le verra, beaucoup de soins et d'application; mais l'opération qui a pour but de faire naître les vers à soie à propos et avec succès peut, avec raison, être considérée comme la plus essentielle.

En général, ceux qui, chez nous, élèvent ces insectes, ont eu jusqu'ici et ont encore beaucoup de peine à se faire une idée exacte de la grande différence qu'il y a entre les climats chauds originaires des vers à soie et les nôtres. Obligés d'employer l'art pour suppléer à ce qui manque dans nos pays pour égaler les avantages des climats chauds, nous avons senti le besoin d'établir quel-

3

que méthode pour faire naître et élever ces insectes, de manière à pouvoir les conserver sains,
vigoureux, et dans les temps les plus convenables
à nos intérêts.

Mais qu'a-t-il été fait pour cela? Dans le temps
passé, tous les *éducateurs* pensaient qu'on pouvait laisser naître spontanément les vers à soie,
ou que, s'il était nécessaire de créer un climat ar-
tificiel propice à leur naissance, on n'avait besoin
d'employer que la chaleur du fumier, ou celle des
lits, ou bien celle du corps humain, des cuisines
et autres lieux semblables.

Il est aujourd'hui reconnu que tous ces moyens
sont très incertains et bien souvent funestes à la
vie de ces insectes. L'expérience ayant bien prouvé
cela, il en est résulté qu'on s'est découragé. On
ne doit donc pas s'étonner si on trouve des preuves
claires de la destruction des mûriers, ou d'un
abandon total de leur culture dans ces derniers
siècles, et si certains cultivateurs ont désespéré
de pouvoir élever les vers à soie avec avantage.

Cependant, depuis que le luxe a formé des
chambres chaudes, appelées *serres*, pour faire vé-
géter et conserver dans une température plus
élevée que celle de nos climats les plantes exo-
tiques, il était facile de saisir ce moyen pour faire
éclore les vers à soie. Ce n'a été pourtant que
très tard qu'on y a pensé, quoiqu'il offrît l'avantage de pouvoir faire naître en peu de jours, avec
assurance et facilité, une quantité quelconque de

ces insectes, et de les élever avec le même avantage. Ce précieux moyen n'est pas même encore bien répandu; et, ce qui est pis, ceux qui l'emploient n'y mettent pas l'exactitude nécessaire pour en retirer un grand avantage. Il arrive de cela que des couvées entières de vers à soie se gâtent tout-à-fait, ou au moins s'altèrent beaucoup.

Je ferai connaître, dans ce chapitre, les soins que les œufs exigent pour être disposés au développement convenable des vers, et ceux qu'il faut pour déterminer et conserver la température nécessaire.

Je traiterai :

1°. De la préparation préliminaire des œufs;

2°. De la nécessité du thermomètre pour déterminer les températures convenables à la naissance et à l'éducation des vers;

3°. De l'*étuve* dans laquelle ils doivent naître;

4°. De leur naissance.

§. Ier.

Préparations préliminaires des œufs des vers à soie.

On suppose que les œufs soient bons et bien conservés, ainsi que je l'ai prescrit ailleurs (Chapitre X).

Vers la fin de mars, on porte dans une chambre convenable les linges sur lesquels les œufs sont attachés, on en fait plusieurs doubles, on les plonge dans un seau d'eau de citerne ou de puits;

on les remue bien dans l'eau jusqu'à ce qu'ils en soient bien imbibés, et on les laisse dans le seau à peu près six minutes : ce temps suffit pour amollir la substance gommeuse qui tient les œufs attachés entre eux et au linge.

Il faut avoir, dans cette chambre, une table proportionnée à la grandeur des linges.

Lorsque les six minutes sont passées, on sort les linges du seau, on les laisse égoutter deux ou trois minutes, les tenant dans les mains ; on les place ensuite sur la table, et on les étend tous ou en partie ; on tient bien étendu le linge du côté où l'on veut commencer à séparer les œufs avec un racloir (*Fig.* 3) ; ils se détachent peu à peu. Le racloir ne doit pas être trop aigu, afin de ne pas endommager les œufs, ni trop obtus, afin de pouvoir les détacher facilement. Les œufs tiennent peu sur des linges mouillés.

Lorsqu'on en a détaché une bonne portion, on les entasse sur le linge même ; on les enlève ensuite avec le même racloir, et on les dépose dans un bassin : on continue à faire cette opération jusqu'à ce que tous les œufs aient été recueillis et mis dans le même bassin.

On verse alors de l'eau sur ces œufs, et on les lave légèrement, afin de les bien détacher les uns des autres. L'eau dans laquelle on les lave deviendra très sale, attendu qu'ils sont toujours plus ou moins salis par les matières que déposent les papillons.

On voit surnager les coques du peu d'œufs dont les vers sont sortis (Chap. V); on en voit beaucoup de jaunes non fécondés, et même d'autres qui n'ont pas cette couleur, mais qui sont légers : on doit enlever de suite tout ce qui surnage. Si les œufs ont été recueillis dans une mauvaise saison, surtout par un temps froid, il y en aura beaucoup de jaunes, et même de roussâtres, qui iront au fond, quoique non fécondés (Chap. IX et X.).

Après avoir bien agité l'eau, on la verse sur un tamis ou sur un linge pour en séparer les œufs.

On met dans un bassin les œufs du tamis et ceux qui sont restés au fond du seau; on verse dessus du vin léger, blanc ou rouge ¹. On lave de nouveau les œufs, les frottant légèrement.

---

¹ J'ai lavé les œufs tantôt avec l'eau, tantôt avec l'eau et le vin ordinaire, et tantôt avec le vin pur. Jusqu'à présent je n'ai pu reconnaître de différence entre l'usage de ces divers liquides.

Cependant les vers des œufs lavés avec le vin très coloré et généreux, dans lequel on les a laissés quelques heures, naissent plus tard; il semble qu'il se soit formé une espèce d'enduit sur les pores de la coque, ce qui peut retarder un peu l'évaporation nécessaire des humeurs pour donner lieu au changement de l'embryon en ver à soie.

Ceux qui lavent les œufs avec des vins troubles, de couleur foncée, et qui font beaucoup de dépôt, font donner aux œufs jaunes et roussâtres une couleur plus ou moins rouge, égale à celle que prennent les œufs fécondés : avec cet artifice, on peut tromper en faisant croire tous les œufs bons.

Mon usage était d'agiter le vin avec les œufs avant de couler le mélange; en versant ensuite promptement, le vin entraînait les œufs les plus légers. Je pouvais, de cette manière, distinguer et séparer les œufs un peu plus pesans. L'expérience m'a démontré que ces œufs sont tous également bons. J'ai reconnu, par de nouvelles observations, que la différence de leur pesanteur spécifique était très-petite [1]. Quand on a ôté le vin, on fait bien égoutter les œufs, et on les étend sur d'autres linges.

Lorsqu'on a des chambres pavées en briques, on doit y étendre les linges, ayant soin de les changer de place toutes les quatre ou cinq heures. Ces pavés attirent promptement l'humidité, et sèchent plus vite les œufs.

Si on ne peut employer ce moyen, on y supplée par des claies d'osier. Au bout de deux jours les œufs sont ordinairement secs; alors on les met sur des assiettes par couches d'un demi-

---

[1] La différence de pesanteur spécifique entre les différens œufs fécondés des vers à soie de quatre mues n'est pas certainement sensible; je crois même qu'il n'y en a pas.

Je dis fécondés, parce que j'ai trouvé une différence manifeste en poids entre ceux-ci et les œufs non fécondés, jaunes et rougeâtres, quoique tous eussent une pesanteur spécifique plus grande que l'eau.

Par exemple, pour faire une once d'œufs fécondés, il en faut. 39,168

Pour une once d'œufs rougeâtres mal fécondés. . 43,080

Et pour une once d'œufs jaunes non fécondés. . . 44,100

travers de doigt, et on les y laisse jusqu'au moment qu'on veut les faire éclore, ayant soin de les préserver des rats. Il est essentiel de les placer dans des lieux frais et secs, qui n'aient pas plus de douze degrés de chaleur au thermomètre de Réaumur.

Toutes ces opérations n'exigent qu'une heure de temps pour trente onces d'œufs.

Voici de quelle manière est employée cette heure : les œufs enveloppés dans les linges restent six minutes dans le seau d'eau ; l'eau doit être très récemment tirée de la citerne ou du puits ; il faut cinq minutes pour les faire égoutter ; vingt-cinq minutes pour détacher entièrement les œufs des linges et pour les mettre dans le bassin ; cinq pour les laver et pour séparer ceux qui sont légers et non fécondés ; cinq pour faire égoutter l'eau passée à travers le tamis ; quatre pour laver les œufs avec le vin ; cinq pour passer le vin à travers le tamis, et cinq enfin à peu près pour bien étendre les œufs sur des linges préparés pour les faire sécher.

§. II.

Nécessité du thermomètre pour déterminer les tempéra-
tures convenables à la naissance et à l'éducation des vers
à soie.

Le magnanier doit employer le thermomètre
pour s'assurer du degré de chaleur nécessaire
dans le lieu où il veut faire éclore les vers à soie.
Avec ce précieux instrument l'expérience nous
démontre qu'il importe peu que le ver à soie
vive dans une température semblable à celle de
ses climats originaires plutôt que dans une autre,
pourvu que sa variété ne lui fasse pas éprouver
des secousses dans ses différens âges.

Le thermomètre (*Fig.* 4), simple par lui-
même, est un moyen d'autant plus sûr, qu'il ne
dépend nullement de la volonté et du caprice des
hommes. Quoique ce ne soit pas le seul instrument utile dans cet art, comme nous le verrons
au chapitre VII, je dois en parler exclusivement
dans ce moment.

Disons donc que, pour faire naître et pour bien
élever les vers à soie, il faut plusieurs thermomètres qui soient bien faits.

Les thermomètres se font ou avec le mercure,
ou avec l'esprit de vin. Ceux faits avec le mercure sont toujours les meilleurs, parce que la
dilatation ou la concentration de ce métal, selon
le degré de chaleur auquel on le soumet, se pro-

portionne plus exactement qu'avec l'esprit de
vin. D'ailleurs les thermomètres à esprit de vin
qu'on vend aujourd'hui, et qui sont, il est vrai,
de peu de prix, sont imparfaits; leur tube a en
général le diamètre intérieur inégal, ce qui in-
duit souvent en erreur l'éducateur le plus attentif,
puisqu'on ne voit pas que le liquide contenu
dans le thermomètre s'élève et s'abaisse en proportion qu'augmente ou diminue la chaleur. On
doit donc faire la dépense de bons thermomètres
à mercure pur [1].

Il arrive quelquefois que le tube du thermomètre se déplace sur l'échelle, ce qui peut rendre
les indications trompeuses.

Pour remédier à cet inconvénient, on place
les divers thermomètres horizontalement, l'un
à côté de l'autre, sur une table où on a mis aussi

---

[1] Outre le thermomètre, il y a un autre instrument très
précieux pour celui qui élève les vers à soie, qui est le ther-
mométrographe, inventé par M. le chanoine Bellani de
Monza, physicien distingué. Cet instrument conserve la
marque des extrêmes par lesquels la température a passée
dans un temps déterminé. Il donne au cultivateur l'avantage
de connaître, chaque matin et à chaque moment, quelle a été
la variation de température qui a eu lieu, soit en plus, soit en
moins, dans l'*étuve*; il s'assure par-là si celui qui a été chargé
du soin de cette chambre a rempli son devoir avec exactitude.

On peut connaître également les degrés de chaleur auxquels
l'atelier a été exposé pendant un certain temps donné. C'est,
je crois, assez en dire pour faire sentir combien cet instrument est précieux.

un autre thermomètre qui est exact. On laisse ainsi ces thermomètres pendant une heure, afin de voir sur chacun le degré précis qu'il indique. On hausse ou on baisse ensuite les tubes qui ne sont pas d'accord avec le thermomètre exact : c'est la bonne manière de les régler. On fixe ensuite les tubes à la tablette par le moyen de la cire à cacheter fondue.

Il y a des personnes qui pensent qu'avec leurs sens elles peuvent juger de la température de l'établissement sans le secours du thermomètre. La science et la pratique prouvent qu'il n'y a rien de plus incertain et de moins fondé. Les sensations extérieures et les dispositions de nôtre corps sont souvent en opposition à ce que nous fait voir le thermomètre. Par exemple, l'état plus ou moins sec ou humide de l'atmosphère, quoique les degrés soient les mêmes sur le thermomètre, nous fait éprouver des sensations si différentes, qu'on pourrait sentir, dans un jour d'été auquel le thermomètre marquerait 22 degrés, moins chaud que le jour précédent, dans lequel la température aurait été de quelques degrés au dessous, et cela parce que le jour des 22 degrés il soufflait un vent sec du nord, et que le jour précédent il régnait un vent humide du midi.

Les thermomètres sont donc indispensables [1].

[1] Dans le volume d'observations publié par M. Dandolo,

§. III.

De l'étuve dans laquelle on fait naître les vers à soie.

On doit d'abord faire usage du thermomètre dans l'étuve destinée à faire naître les vers à soie.

Les œufs de ces insectes, ainsi que de toute la classe des chenilles, n'éclosent pas par le moyen des couvées, mais par l'action générale d'une

en 1816, on lit ce qui suit : « La distance marquée de l'état de glace à l'eau bouillante sur les thermomètres ordinaires est trop petite ; les degrés y sont trop rapprochés, ce qui, quelquefois, fait commettre des erreurs. Pour éviter cet inconvénient, j'ai fait construire pour l'étuve des thermomètres à longue échelle, la distance d'un degré à l'autre équivalant à celle de 10 degrés des thermomètres ordinaires. De cette manière, j'ai pu faire diviser chaque degré en cinq fractions qu'on distingue facilement, même à une certaine distance. On peut ainsi apercevoir les moindres altérations de la chaleur de l'étuve. Ces thermomètres ont un signe qui indique le point où doit s'arrêter la colonne de l'esprit de vin qui doit être colorée en rouge. Je fais observer que, si je les ai fait faire à l'esprit de vin, c'est parce qu'ils étaient trop coûteux au mercure. Au reste, lorsqu'ils sont fabriqués par un ouvrier habile, ils sont assez exacts. »

M. le physicien Bellani, de Milan, qui a fabriqué ces thermomètres, m'en ayant donné une explication très détaillée, je l'ai communiquée à M. Lagarde, opticien à Paris, qui en a de suite fabriqué de semblables. On peut s'en procurer chez lui, quai Pelletier, n° 42. Il fabrique aussi les thermométrographes dont il est parlé à la note précédente.

(Note du Traducteur.)

température chaude qui les entoure de tous côtés. Comme il est de notre intérêt que le ver à soie se développe plutôt dans un temps que dans un autre, et que d'ailleurs cet insecte doit être élevé dans une saison qui, chez nous, n'a pas le degré de chaleur des climats d'où il est originaire, il est indispensable de lui fournir une température artificielle qui lui convienne.

On doit préférer une petite chambre à une grande, parce qu'on y règle mieux le degré de chaleur qui est nécessaire, et que d'ailleurs on économise le combustible.

La petite chambre dans laquelle je fais naître les vers n'a qu'à peu près onze pieds de longueur, de largeur et de hauteur, et l'on y peut faire éclore commodément non seulement dix, vingt, trente onces d'œufs, mais même deux cents. Elle doit être bien sèche.

Il faut y placer tous les objets nécessaires. Certains lecteurs trouveront peut-être, dans ce que je vais dire, que je suis minutieux; mais cela ne m'arrête pas, pensant à l'importance de l'art pour lequel j'écris.

Voici donc ce que cette petite chambre doit contenir :

1°. Un poêle assez grand, non de fer, parce qu'on ne pourrait pas le bien régler, mais bien de briques minces; il doit être isolé (*Fig.* 5).

Il est destiné à élever lentement, à volonté, et avec peu de bois, la température de la chambre.

2°. Plusieurs boîtes , qui doivent être de gros carton si elles sont petites , et de bois mince si elles sont grandes (*Fig.* 6).

La grandeur de ces boîtes doit varier selon la quantité d'œufs qu'on veut y faire éclore. Pour une once d'œufs, il faut un espace d'à peu près huit pouces carrés. Cette donnée suffit pour faire faire la quantité de boîtes qui est nécessaire; nous verrons dans la suite combien il est utile qu'on ne change jamais cette règle. Si on veut faire naître dans une seule boîte plus de six onces d'œufs, il faut que la boîte soit de bois mince : la hauteur des boîtes en carton ne doit être que de demi-pouce. On donnera à celles de bois une hauteur proportionnée à leur grandeur.

Toutes les boîtes doivent être distinguées par un numéro très visible.

3°. Quelques claies d'osier (*Fig.* 7), ou quelques tables.

Les claies doivent se placer contre la muraille à la distance d'à peu près deux pouces; il faut qu'elles soient soutenues par deux morceaux de bois enfoncés dans le mur. Lorsqu'on a à placer plusieurs claies, on les met l'une sur l'autre à la distance de vingt-deux pouces. Les claies servent pour les diverses boîtes dans lesquelles se trouvent les œufs qu'on veut faire éclore. On dispose les boîtes sur les claies de manière qu'on puisse les examiner commodément et aussi souvent qu'il le faut. On doit avoir toujours l'attention de pla-

cer les claies à une certaine distance l'une de
l'autre.

4°. Une cuillère (*Fig.* 8). Elle est d'une forme
commode pour pouvoir bien remuer les œufs.

5°. Plusieurs thermomètres. Les thermomètres,
suspendus dans divers endroits de la chambre,
ou, mieux encore, étendus à côté des boîtes, indiquent la température précise de tel ou tel point
de l'*étuve*. Il est bon qu'on sache, à ce sujet, que
la température n'est pas égale dans tous les points
de l'*étuve*; la différence s'observe notablement
aux points extrêmes, c'est-à-dire du côté le plus
près du poêle et de la porte. Cette observation
peut être très avantageuse, parce qu'on pourra à
volonté avancer ou retarder de quelques jours la
naissance d'une quantité quelconque de vers à
soie, lorsqu'on sera informé que, dans telle ou
telle propriété, les germes des mûriers sont développés. On sait que la feuille est plus ou moins
précoce, selon le lieu où est le mûrier.

6°. Quelques petites tables sans pieds et légères
(*Fig.* 9). Elles sont utiles, soit pour transporter
les petites boîtes qui contiennent les vers naissans,
ou bien ces mêmes insectes dans leurs divers âges.
Elles doivent être assez longues pour poser sur les
deux bords des claies prises dans leur largeur, et
avoir un pied de largeur.

7°. Un soupirail dans le milieu du plancher de
la chambre (*Fig.* 10). Ce soupirail, qui reste en
général fermé, sert à tempérer la chaleur de la

chambre si elle s'élève au-dessus du degré que j'indiquerai dans la suite pour la naissance des vers.

Par ce moyen on peut établir un courant d'air doux, en ouvrant le soupirail et la porte, et diminuer l'excès de chaleur qu'aurait indiqué le thermomètre.

8°. Une fenêtre vitrée pour éclairer l'*étuve*. C'est une erreur populaire de croire que la lumière ne vivifie pas les vers à soie, comme cela a lieu pour tous les autres êtres vivans. Ce fluide n'incommode le ver, comme nous le verrons par la suite, que lorsqu'il est devenu un animal parfait, c'est-à-dire papillon (Chap. X).

Il ne faut pas autre chose pour l'*étuve*. Il serait superflu de dire que cette chambre peut servir après la naissance des vers pour les y élever.

Il est aussi inutile de dire que cette même chambre, qu'on échauffe à très peu de frais [1],

---

[1] Sans citer d'autres années dans lesquelles le printemps a été plus chaud, je vais rendre compte de ce qui s'est passé en 1814, où il m'a fallu retarder de quelques jours la naissance de mes vers.

J'ai noté les degrés de chaleur que je donnais à l'*étuve*, et quelle était, au couchant, la température extérieure de cette chambre à cinq heures du matin.

Température de l'étuve.	*Température extérieure.*
11 Mai, degrés 14	degrés 9.
12 — — 14.............	— 6.
13 — — 14.............	— 6.
14 — — 14.............	— 6.

peut aussi servir pour les œufs de toute autre
personne que le propriétaire. On peut parfaitement la considérer comme une boutique d'ouvrier
qui reçoit, travaille et vend une matière quelconque.

§. IV.

Naissance des vers à soie.

Lorsque le cultivateur a observé le degré de
végétation des mûriers, et qu'il croit lui convenir

Température de l'étuve.			*Température extérieure.*
15 Mai, degrés 15	....	—	7.
16 — —	15	—	9.
17 — —	16	—	8.
18 — —	17	—	8.
19 — —	18	—	8.
20 — —	19	—	9.
21 — —	20	—	9.
22 — —	21	—	10.
23 — —	22	—	9.

Pendant ces treize jours, employés pour préparer et obtenir
la naissance des vers, il a été consumé deux quintaux de
bois, petit ou gros. J'ai dit plus haut que le poêle en briques
présente de l'avantage sur celui de fer, relativement à l'économie du bois. Le poêle de fer dévore promptement ce combustible, et est même une cause de destruction des vers à
soie, parce qu'on ne peut pas bien régler sa chaleur.

J'aurais pu faire naître les œufs dans moins de jours, mais
je dus les retarder, vu la mauvaise saison qui empêchait le
développement de la feuille. De cette manière je gagnai trois
ou quatre jours, relativement au terme ordinaire, fixé au chapitre IV, §. IV.

d'avoir ses vers prêts à peu près dans dix jours, il met dans les petites boîtes qu'il a déjà préparées la quantité d'œufs qu'il veut faire éclore. Il les pèse exactement, et, ayant préparé un registre où il doit noter tout ce qu'il fait et observé dans tout le cours de la vie des vers, il commence à y noter le jour et l'heure qu'il a mis les boîtes dans l'*étuve*, ainsi que le numéro qui doit les distinguer, et enfin tout ce qui peut être utile à savoir. On doit recouvrir de papier les claies sur lesquelles on place les boîtes. La distance que j'ai déjà recommandée entre les boîtes sert à empêcher qu'aucun vers passe de l'une à l'autre.

Si la température de l'étuve n'était pas à 14 degrés le jour qu'on a fixé pour y mettre les œufs, on y allumerait un peu de feu pour qu'elle montât à ce degré. Cette température doit s'y conserver deux jours.

Quand le thermomètre marque que l'air extérieur est à plus de 14 degrés, on ferme les contrevens de la chambre lorsqu'il fait du soleil, et on ouvre le soupirail et la porte.

Le 3e jour, la température doit être portée à 15 degrés; le 4e à 16; le 5e, à 17; le 6e, à 18; le 7e, à 19; le 8e, à 20; le 9e, à 21; les 10e, 11e et 12e, à 22.

Les signes de la naissance prochaine des vers sont les suivans :

La couleur gris cendré, que les œufs avaient auparavant, se rapproche peu à peu du bleu de ciel,

4

ensuite du violet; elle redevient cendrée, puis tirant sur le jaunâtre, et enfin d'un blanc sale.

Ces diverses gradations de couleur sont cependant sujettes à quelques exceptions, selon le moyen qu'on a employé pour laver les œufs. J'en ai vu, par exemple, qui avaient été tellement colorés par le vin rouge, que non seulement cette couleur persista, mais encore que les coques elles-mêmes restèrent colorées après que les vers furent éclos.

Si on a mis les œufs des différens propriétaires dans la même *étuve*, on observera des différences non seulement dans les changemens successifs de couleur, mais encore aux époques de la naissance des vers. Ces insectes provenant d'œufs exposés, dans le cours de l'année ou durant l'hiver, à une température assez douce, ou de ceux qui ont souffert ce qu'on appelle la *macération* ¹,

¹ Par macération on entend communément mettre les œufs dans des sachets, sous des coussins ou des matelas, ou bien entre des couvertures de laine ou autres choses semblables, jusqu'au moment de les placer dans l'*étuve*. Ceux qui les mettent en macération ont soin de remuer les sachets de temps en temps, pour les empêcher de se trop échauffer. Les macérations s'emploient pour que les vers naissent plus promptement lorsqu'on les met dans l'*étuve* ou ailleurs.

Avec cette méthode, quel est le cultivateur qui peut deviner à quel degré de température auront été exposés les œufs, et combien de degrés de chaleur il leur manque pour que les vers éclosent dans l'*étuve?* Qui saura à quelle hauteur doit être porté le thermomètre dans l'*étuve* pour recevoir les œufs

naissent quatre ou cinq jours plus tôt, c'est-à-dire à la température de 17, 18 ou 19 degrés. S'ils ont été tenus à une température très froide, ils naissent quelques jours plus tard.

Le poêle donne à chaque œuf indistinctement la quantité de chaleur qui lui manque pour perfectionner l'embryon, et le faire convertir en ver. Lorsque les œufs ont été tenus, dans le courant de l'année, à un certain degré de chaleur, il en faut moins au poêle pour que les vers se développent. Cela est si vrai et si digne d'attention, que, lorsque les œufs ont été tenus, dans l'hiver, à une température de 10 ou 12 degrés, ou entassés, ils naissent sans le secours du poêle et spontanément, dès que la chambre où ils se trouvent est un peu échauffée, époque à laquelle le mûrier n'a encore donné aucun signe de végétation. Dans un pareil cas, on est obligé de jeter ces vers. Il est donc essentiel de faire attention à cette circonstance, pour prévoir

macérés, sans nuire à l'embryon, ou au développement des vers?

Ce procédé incertain est nécessairement nuisible au développement régulier des vers. J'en ai souvent vu moi-même une quantité plus ou moins grande gâtée par la macération ; les *vers* étaient nés, et bientôt après presque tous morts.

Il me paraît raisonnable que, lorsqu'on peut suivre une méthode sûre et exempte de perte, on ne se serve pas d'une autre dont le résultat est incertain, d'autant plus qu'on peut le faire avec peu de dépense, comme je l'ai dit dans la note précédente, et dans le §. IV du Chap. IV.

un accident si nuisible. Le peu de retard que peuvent mettre les œufs à éclore n'est pas une perte, tandis qu'au contraire c'en est une grande s'ils anticipent de quelques jours. Si, pour retarder leur naissance, on voulait, au moment où ils vont éclore, refroidir la température, on nuirait à leur constitution (Chap. XII).

Lorsque les œufs prennent une couleur blanchâtre, le ver est déjà formé, et avec une loupe on peut distinguer l'insecte à travers la coque. Alors il faut mettre sur les œufs quelques morceaux de papier blanc percé de beaucoup de trous avec un instrument fait exprès (*Fig.* 11), et coupés de manière à les couvrir tous. Les vers commencent à paraître sur ce papier, parce qu'ils passent par les trous en grimpant autour. Au lieu de papier percé, on peut se servir d'un voile clair. Pour recueillir les vers, on n'a plus qu'à tenir sur ce papier des petits rameaux tendres de mûrier, qui n'aient que trois ou quatre feuilles. On doit en remettre une quantité suffisante pour prendre les vers en proportion qu'ils sortent. Si ces insectes ne trouvent pas de la feuille, ils sortent de la boîte.

Le premier jour il ne naît que peu de vers; s'ils sont en trop petite quantité, il vaut mieux les jeter, parce que, si on les mêlait avec ceux qui naissent les deux jours d'après, ils se maintiendraient toujours plus gros et mûriraient plus tôt, ce qui donne de l'embarras.

J'ai préféré les petits rameaux de mûriers aux simples feuilles, parce que j'ai observé que la seule feuille étendue ensuite sur le papier pèse souvent sur le petit ver qui se trouve dessous. Beaucoup d'éducateurs ont pu voir, par leurs propres yeux, que, lorsqu'ils faisaient enlever la litière, il se trouvait sous la feuille des vers qui dépérissaient n'ayant pas la force de se dégager.

Les vers qu'on aura fait naître par la méthode que j'ai indiquée seront toujours très sains et vigoureux. Ils ne seront ni roux ni noirs, mais bien châtain foncé, qui est la couleur qu'ils doivent avoir.

On ne saurait trop sentir l'avantage de cette méthode, qui donne pour résultat constant des vers à soie bien constitués [1].

---

[1] L'essentiel est de faire éclore les œufs avec soin. Si cette opération ne réussit pas parfaitement, il en résulte des maladies dans tout le cours de leur vie, comme je le démontre au Chapitre XII.

On a vu dans les deux dernières notes qu'il est nécessaire de faire usage du poêle en briques, et que la dépense, pour entretenir plusieurs jours la chambre chauffée, est petite.

Ce serait donc une institution bien utile que celle d'établir dans chaque pays où on élève des vers à soie une étuve commune, et à côté une chambre pour y placer les *vers* venant de naître, que l'on distribuerait ensuite à chaque propriétaire ou fermier : ce serait un moyen plus économique, plus sûr, et bien moins embarrassant pour beaucoup de personnes qui sont dans l'usage de faire éclore peu d'œufs. Avec cent francs au plus, on pourrait en faire éclore des miliers d'onces. On

L'aspect des vers venant de naître ou réunis sur une feuille, est celui d'une superficie lanugineuse de couleur châtain foncé, sur laquelle on aperçoit le mouvement général que font ces petits insectes qui ont leur tête levée, et présentent leur museau noir et luisant. Leur corps est tout couvert de poils rangés en lignes, entre les-

commencerait alors à nationaliser, si je puis m'exprimer ainsi, cet art base de tant d'autres.

Dans le cas où les communes ne voudraient pas faire la dépense, on pourrait faire payer aux possesseurs de la graine une petite somme proportionnée à la dépense faite.

L'utilité de cet établissement serait bien plus grande si celui qui serait chargé de le diriger était instruit dans l'art d'élever les vers à soie, et qu'il communiquât ses connaissances au peuple routinier ; cela diminuerait les grandes pertes auxquelles son ignorance l'expose.

S'il y a toujours eu des apôtres pour propager tous les genres de charlatanisme et d'erreurs, pourquoi ne pourrait-il pas y avoir des hommes bons, éclairés et animés de l'amour de leur patrie, qui s'intéressassent à la culture de cet art, si propre à nous rendre riches et heureux ?

Si je m'exprime de la sorte, c'est dans l'espoir de voir s'élever sur divers points des citoyens estimables qui protégeront l'institution que je propose, et qui en seront récompensés par les bénédictions de leurs contemporains et de la génération future (*).

(*) Ce que dit l'auteur me fait naître l'idée que, dans les départemens où on élève des vers à soie, les conseils généraux pourraient, dans leurs assemblées, accorder des fonds aux communes pour l'établissement des chambres chaudes à faire éclore les œufs en commun. Ce moyen contribuerait beaucoup à diminuer les pertes des récoltes de cocons qui ont souvent lieu.　　　　　　(*Le Traducteur.*)

quelles on aperçoit, dans toute la longueur du corps, d'autres poils plus longs. La couleur que paraissent avoir les vers en cet état n'est que celle des poils; leur peau est blanchâtre, et se reconnaît à mesure qu'ils grandissent, parce que les poils deviennent plus rares. Cette teinte blanche de la peau est remarquable même lorsque le ver sort de la coque, qu'il étend sa peau et détache un peu la tête. Si on l'observe avec la loupe, il semble avoir une collerette blanche. La queue aussi est toute hérissée de poils longs.

Pendant le temps que les œufs sont dans l'*étuve*, il faut les remuer avec la cuiller une ou deux fois le jour : cette opération est d'autant plus utile qu'on approche davantage du moment de la naissance.

Lorsque la température s'élève, dans l'*étuve*, à 19 degrés, il est avantageux d'y avoir deux plats dans lesquels on versera assez d'eau pour former une superficie d'environ quatre pouces de diamètre. En quatre jours, il se sera évaporé à peu près douze onces d'eau. La vapeur qui s'élève très lentement modère la sécheresse qui aurait eu lieu dans l'*étuve*, surtout par les vents du nord : l'air trop sec est nuisible au développement des vers à soie (Chap. XII).

En suivant avec soin les préceptes que j'indique, on obtiendra invariablement, je le répète, des vers à soie d'une constitution saine et robuste.

Tandis que l'incubation des vers se termine, parlons de la préparation du logement qu'ils doivent bientôt occuper, ainsi que de ce qui doit servir à leur transport. Nous reprendrons ensuite le sujet de ce chapitre.

~~~~~~

CHAPITRE V.

Du petit atelier où on doit transporter les vers à soie nouveau-nés. De leur transport, et des rapports entre le poids des œufs et des vers obtenus.

L'expérience démontre constamment, comme nous le verrons au Chapitre XII, que, s'il est nuisible à la santé des vers à soie nouveau-nés de les laisser exposés à une température chaude et sèche, il l'est aussi de les transporter dans un local à une température froide, quand on ne devrait même les y laisser qu'un ou deux jours.

Les faits démontrent également qu'il est économique et même avantageux aux vers à soie, que la grandeur des chambres où on les place soit proportionnée à la quantité qu'on en veut élever : il est donc nécessaire de déterminer l'espace qu'une quantité donnée de vers doit occuper dans chaque âge.

Il ne doit pas être non plus indifférent de connaître avec quelle progression l'embryon devient ver sain et vigoureux.

Nous parlerons, en conséquence, dans ce chapitre :

1°. Du petit atelier destiné à placer les vers à soie nouveau-nés ;

2°. Du transport des vers aussitôt après leur naissance ;

3°. De la perte en poids qu'ont faite les œufs dans l'*étuve*.

§. Ier.

Du petit atelier destiné à loger les vers à soie
nouveau-nés.

Ce petit logement est celui où les vers doivent être élevés jusqu'à la troisième mue [1]. Il faut que

---

[1] En expliquant l'usage du petit atelier, je n'ai eu en vue que de faire voir combien il est plus économique que des emplacemens trop vastes ou trop petits. Au reste, chacun peut se servir du local qui l'accommode le mieux ; et si on n'avait qu'une seule chambre pour élever les vers à soie depuis leur naissance jusqu'à ce que le cocon soit formé, peu importerait, pourvu qu'on mît la plus grande attention à y maintenir les degrés de chaleur que j'ai indiqués.

Une seule chambre suffit, surtout pour quelqu'un qui ne fait éclore guère plus d'une once d'œufs, pourvu qu'elle contienne assez de claies pour faire un espace d'à peu près deux cent dix pieds carrés par once d'œufs.

le local soit dans de justes proportions avec la quantité de vers à élever, pour la facilité du service. D'ailleurs, il y a de l'économie, parce qu'il faudrait bien plus de combustible pour échauffer une trop grande pièce, ou plusieurs petites, qu'une seule proportionnée au besoin.

Il est avantageux de connaître l'espace que les vers à soie doivent occuper au fur et à mesure qu'ils grandissent.

Les vers produits par une once d'œufs occupent, jusqu'à la première mue, un espace d'à peu près sept pieds huit pouces carrés ;

Jusqu'à la seconde mue, un espace de quinze pieds quatre pouces carrés ;

Jusqu'à le troisième mue, un espace d'à peu près trente-cinq pieds carrés.

On place les claies l'une sur l'autre, à la distance de vingt-deux pouces au moins, et on en met autant qu'il en faut pour former les pieds carrés d'espace qui correspondent au nombre d'onces d'œufs qu'on aura fait éclore.

On doit toujours tenir les vers sur du papier. Celui du fond des claies doit déborder, afin d'empêcher les vers de tomber.

On écrit sur le papier des claies les numéros qui correspondent à ceux marqués sur les petites boîtes, afin de ne jamais confondre entre eux les vers qui sont de différentes boîtes.

Selon que la chambre est grande, il doit y avoir un ou deux thermomètres, une ou deux petites

cheminées placées dans les angles, un ou deux
soupiraux au plancher ou plafond, et une ou
plusieurs portes et fenêtres. Dans ce petit atelier,
je tiens aussi un poêle égal à celui de l'*étuve*, qui,
en cas de temps froid, peut m'être utile pour
épargner le bois.

En effet, il faut plus de bois pour chauffer
une chambre pendant un jour, en ne se servant
que de cheminées, quelque bien construites
qu'elles soient, comme je crois que les miennes le
sont, que pour chauffer la même chambre pendant dix jours au moyen du poêle. Le principal
avantage des petites cheminées, comme nous le
verrons quand il en sera temps (Chap. VI et VII),
n'est pas tant d'échauffer l'air que d'en mettre
une grande colonne en mouvement.

La température du petit atelier doit être portée
à 19 degrés ; elle doit être d'environ deux degrés
plus basse que celle de l'*étuve* où les œufs sont éclos.

L'expérience prouve qu'à mesure que le ver à
soie avance en âge et prend plus de force, il lui
faut moins de chaleur.

Telle est la température qui convient à ces insectes peu de temps après leur naissance. Si la
saison devenait froide et mauvaise, de manière
à ralentir le développement de la feuille, il faudrait gagner quelques jours, en abaissant graduellement la température jusqu'à 17 et même
16 degrés, mais pas au-dessous [1].

[1] Le *magnanier* prudent a fait tout ce qui dépendait de lui,

§. II.

Du transport des vers à soie nouveau-nés dans le petit atelier ou ailleurs.

On doit transporter au plus tôt, dans l'atelier où ils doivent rester jusqu'à la troisième mue, les vers à soie qui viennent de naître, à moins

en mettant les œufs dans l'*étuve* lorsqu'il a vu que la saison était bonne et que les germes des mûriers étaient bien développés.

Si la saison venait tout à coup à changer, comme cela a eu lieu en 1814, il devient alors précieux de pouvoir, sans danger, retarder la naissance des vers, comme je l'ai dit à la cinquième note, et de prolonger de quelques jours les deux premiers âges.

Pour obtenir un si grand avantage, il n'y a pas autre chose à faire, si c'est le premier jour qu'on a mis les vers à soie dans le petit atelier, qu'à abaisser, après quatre ou cinq heures, à 18 degrés la température qui était à 19, et quatre ou cinq heures après à 17, et le lendemain à 16, si cela est nécessaire.

Ce refroidissement de l'air fait diminuer l'appétit des vers graduellement et sans danger ; et par ce moyen on empêche les modifications qui, à 19 degrés, les auraient conduits à la mue.

En effet, la première mue s'accomplit en cinq jours à 19 degrés, et il en faut six ou sept à 16 ou 17 degrés. La seconde s'accomplit en quatre jours à 19 degrés, et il en faut plus de six si la température est entre 16 et 17 degrés. Voilà donc comment le *magnanier* qui se conduira avec prudence, en prolongeant la naissance et les deux premières mues des vers à soie, pourra gagner sept ou huit jours de temps pour parer aux intempéries de la saison. On peut gagner aussi quelque

qu'on ne veuille consacrer cette même chambre
à cet usage : si je propose une chambre exprès
pour élever ces insectes jusqu'à la troisième mue,
ce n'est que parce qu'elle est plus commode et
plus avantageuse.

Lorsqu'on est au moment de devoir transporter les vers hors de l'*étuve*, il faut distinguer trois
autre jour dans le cours des autres mues, comme nous le
verrons dans la suite.

Ce gain de temps peut être, comme on le voit, d'un bien
grand avantage.

Les tableaux que j'ai annexés à la fin de cet ouvrage font
voir qu'en 1813 les vers à soie étaient montés dans trente-un
jours, et qu'il en fallut trente-huit, en 1814, pour laisser
mûrir la feuille. Je ne comprends pas dans ces sept jours de
gain les trois de retard que je mis pour faire naître les vers,
m'étant aperçu que la saison était toujours très mauvaise cette
année-là.

Ceux qui n'auraient pas ce soin, et qui n'emploieraient
pas les moyens qu'indique l'art pour prévenir les contrariétés
des saisons ; seraient obligés ou de jeter les vers nés trop tôt,
ou de dépouiller aussi trop tôt les mûriers, qui n'offriraient
ensuite qu'une feuille de mauvaise qualité pour l'âge adulte.

Ces considérations doivent faire généralement sentir le besoin de retarder de quelques jours, plutôt que de se presser
à mettre les œufs à éclore, surtout sachant qu'avec la bonne
méthode de soigner les vers, on n'a pas à craindre quelques
jours de saison chaude qui n'auraient d'autre effet que de
faire accomplir les dernières mues plusieurs jours plus tôt. Il
est d'ailleurs certain que les vers à soie qui sont en retard
choisissent les feuilles propres à leur âge, et particulièrement
celles qui sont bien mûres, lorsqu'ils sont dans leur dernier
âge, époque décisive pour les intérêts du propriétaire, à
cause de la consommation qu'en fait le ver.

circonstances relatives au mode de transport, qui diffèrent beaucoup entre elles :

En premier lieu, si les vers qui sont dans l'*étuve* doivent être tous élevés dans la maison même où ils sont nés ;

En second lieu, si on doit y en élever une partie et transporter le reste ;

Enfin, si tous doivent être élevés ailleurs.

I. *Supposons le cas où la totalité des vers à soie doit être élevée dans le même lieu.*

Lorsque les petits rameaux qui sont répandus sur le papier rempli de trous qui couvre les œufs dans les petites boîtes sont chargés de vers, on met toutes les petites boîtes qui sont dans cet état, sur la petite table qui doit servir au transport de ces insectes, et on la porte au petit atelier.

Là on doit trouver la feuille de papier qui porte le même numéro que celui de la petite boîte. Ayant mis la petite table de transport sur les bords de la claie sur laquelle sont déjà préparées les feuilles de gros papier, on prend de dessus le papier troué de chaque petite boîte les rameaux chargés de vers à soie, qu'on place sur le papier de la claie : on doit employer à cette opération le petit crochet (*Fig.* 12) courbé à une extrémité, et non les doigts, qui peuvent endommager ces insectes.

En disposant les petits rameaux sur le papier,

on doit avoir soin de les tenir à une certaine distance, afin qu'on puisse mettre ensuite la feuille non seulement sur les petits rameaux, mais encore dans ses intervalles, pour que les vers puissent s'étendre et se bien distribuer.

J'observe que les vers à soie qui naissent d'une once d'œufs disposés de cette manière doivent occuper un espace d'environ vingt pouces carrés.

Chaque feuille de gros papier qui recouvre la claie doit occuper un espace d'à peu près vingt-deux pouces carrés, ayant en général vingt-trois pouces de longueur et vingt et un pouces de largeur. Comme il ne faut former sur ces feuilles de papier que des petits carrés d'à peu près dix pouces sur le côté, on occupe, avec les vers nés d'une once d'œufs, quatre feuilles de papier, ce qui est précisément l'espace nécessaire jusqu'à la première mue. Ces feuilles de papier seront par conséquent quatre fois aussi grandes que l'étendue de la petite boîte; de cette manière, on n'a plus besoin de remuer les vers jusqu'après la première mue. Toutes les feuilles de papier d'une même boîte doivent avoir le même numéro.

A mesure que les vers à soie naissent, il faut les transporter comme ils se présentent [1].

[1] Il est facile de concevoir qu'il faut souvent même plus de trois jours pour obtenir le développement total des vers à soie d'une quantité donnée d'œufs.

On verra, au chapitre X, que les papillons ne sortent d'une quantité donnée de cocons que dans l'espace de dix à

**Après qu'on les a déposés sur le papier, il faut
leur donner un peu de feuille tendre, coupée**

quinze jours, selon la température à laquelle ils ont été exposés. Il est donc évident que les œufs ne pourront être pondus que dans l'espace de dix à quinze jours.

Puisque les œufs qu'on met à éclore ne sont pas tous du même jour, il est clair que s'ils sont exposés tous en même temps au même degré de chaleur dans l'*étuve*, les uns doivent éclore plus tôt que les autres (*) ; et d'après cela personne ne peut dire raisonnablement que les derniers nés soient meilleurs ou plus mauvais que les premiers, parce que l'embryon de certains œufs a eu besoin de plus de temps pour se convertir en ver à soie. Ce temps a toujours été proportionné à la constitution des œufs.

Ces réflexions doivent faire sentir au magnanier qui n'aurait qu'une seule petite boîte d'œufs, et dont les vers à soie devraient tous naître et être élevés dans une seule chambre, qu'il ne doit pas compter sur les derniers vers qui naissent ; ils sont aussi bons que les autres, mais c'est pour éviter, par exemple, que les uns n'aient qu'un jour et les autres trois ou quatre.

Celui, au contraire, qui met beaucoup de boîtes d'œufs à éclore peut donner à chacun de ses fermiers les vers qui sont nés en peu d'heures, et par ce moyen il ne mêle jamais les premiers nés avec les derniers. Alors, si un fermier a ceux qui naquirent le premier jour, et un autre ceux qui naquirent le quatrième, il n'en arrive rien de mal, et tout va avec la

---

(*) Il ne me paraît pas exacte de dire que, parce que tous les œufs ne sont pas du même jour, ils ne peuvent pas éclore à peu près en même temps. Si la comparaison des œufs de poule ne cloche pas, elle suffira pour le prouver : lorsqu'on les choisit pour les faire couver, ils se trouvent le plus souvent d'un âge différent. Les bonnes femmes savent que, quoique les œufs aient quinze ou vingt jours l'un plus que l'autre, ils éclosent tous dans très peu de jours, pourvu qu'ils pro-

très menu, en remplissant, comme je l'ai dit, les intervalles qu'on a laissés entre les petits rameaux,

plus grande régularité quant aux soins, puisque chaque fermier se trouve les avoir très égaux.

Dans le cas où le magnanier ne met à éclore qu'une petite quantité d'œufs dans une seule boîte, il faut jeter les vers à soie nés le premier jour, ainsi que les œufs qui n'ont pas éclos le troisième; par ce moyen, on n'a à soigner que les vers nés en deux jours, et l'embarras est moindre.

Si, dans ce même cas, l'éducateur voulait agir avec cette exactitude qui est la première base de tous les arts, et s'il voulait savoir quelle est effectivement la quantité de vers qu'il soigne, lorsqu'il est au troisième jour de leur naissance, il devrait peser les œufs qui ne sont pas éclos, ajoutant à leur poids un douzième qu'ils ont perdu dans l'*étuve*, comme on le verra au §. III, Chap. V : par ce moyen il connaîtrait la quantité effective d'œufs à laquelle les vers correspondraient.

En général, il naît bien peu de vers à soie le premier jour; cependant, en calculant d'après cette donnée que 68 vers à soie équivalent au poids d'un œuf, l'éducateur, se basant sur ce calcul, pourrait les jeter, s'ils étaient effectivement en petite quantité.

Il vaut mille fois mieux perdre quelques vers nés le premier jour et les œufs qui ne sont pas éclos le troisième, que d'être embarrassé tout le temps qu'on les soigne. En ajoutant une petite quantité d'œufs à celle qu'on a destinée à faire éclore, on compensera cette petite perte.

Je recommande de mettre exactement à exécution les pré-

viennent des poules couvertes par le coq. Ce ne serait donc pas parce qu'on mêle des œufs pondus dans divers jours qu'on voit que les vers à soie ne naissent pas tous dans le même jour. Je croirais plus volontiers que cela dépend de la constitution de chaque œuf, et du soin qu'on met à l'envelopper constamment du degré de chaleur qui lui convient. (*Le Traducteur.*)

5

afin que peu à peu toute la surface soit également couverte de vers à soie.

Dans le cas où les vers s'amoncèleraient sur un seul point, on y placerait quelques feuilles auxquelles ils pussent s'attacher. On lèverait ensuite ces feuilles, qu'on mettrait aux points où il en manquerait.

Toutes les fois qu'on met des vers à soie sur une feuille de papier où il y en a déjà, il faut leur donner un peu à manger, comme on a dû faire pour les premiers ; mais à ceux-ci on ne doit renouveler le repas que quand on a déjà rempli une certaine quantité de feuilles de papier. De cette manière, beaucoup de vers auront tous à la fois le second repas.

La totalité des vers met au moins deux ou trois jours à naître ; par conséquent ceux qui éclosent le premier jour sont nécessairement plus grands que ceux du second et du troisième. Nous avons dit plus haut, et le thermomètre le démontre, qu'une chambre chauffée ne l'est jamais au même degré dans tous les points de son étendue ; et cette différence est toujours d'un degré, et même davantage. Nous avons dit encore que les

ceptes que je donne ; ils serviront à guider, à simplifier et à améliorer l'éducation des vers à soie. Si on ne fait pas ce que je dis, on ne saura pas quelle est la juste quantité d'œufs qui a produit les vers, et on aura le désagrément de voir constamment sur les tables des vers de différente grandeur, et qui auront des besoins différens.

points les plus près de la porte et de la cheminée ou du poêle allumé constituent les deux extrêmes. En mettant les vers à soie premiers-nés dans l'endroit le moins chaud de la chambre, et les autres dans le lieu le plus chaud, on obtient bientôt, par le moyen d'un peu plus de feuille qu'on donne aux derniers, qu'ils soient aussi avancés que les premiers, comme nous le verrons plus bas.

II. *On suppose qu'une partie des vers à soie soit élevée dans la maison où ils naissent, et que le reste le soit ailleurs.*

J'ai dit tout ce qui suffisait quant aux vers qui doivent être élevés là où ils sont nés. Je me bornerai à rappeler, pour ceux qui doivent être transportés hors de l'atelier, qu'il faut, pour la commodité du transport, que chaque feuille de papier contienne à peu près l'once entière de vers à soie, et non le quart. Alors on dispose sur chaque feuille de papier un seul carré d'à peu près 18 pouces de grandeur, qui, rempli, contiendra à peu près toute l'once.

Lorsque l'éducateur aura porté chez lui la quantité de vers qui lui revient sur les feuilles de papier en contenant chacune une once, il partagera facilement le carré des vers en quatre petits carrés de dix pouces, formant ainsi quatre parties sur une seule feuille, ce qui comptera comme quatre petites feuilles. Cette division est très facile à faire. En passant la main sous la litière qui tient unis et attachés tous les vers, et faisant pénétrer un peu les doigts dans l'endroit qui correspond à peu près au milieu du carré, la moitié de la litière se partage et se subdivise à volonté. On fait autant que possible des parties égales.

Si, dans ce premier âge, on n'a pas tous les soins dont j'ai parlé, on perd une grande partie des vers (Chap. IV); ils deviennent inégaux, et contractent toute espèce de maladies (Chap. XII).

III. *On suppose que tous les vers à soie doivent être transportés hors du lieu de leur naissance.*

On doit agir pour la totalité des vers à soie comme pour une partie. J'observe cependant que, s'il faut faire le transport à une distance considérable, il est nécessaire d'avoir des soins particuliers, qui sont d'ailleurs faciles.

On met dans une petite boîte de transport (*Fig.* 13), proportionnée à la grandeur des feuilles de papier, plusieurs feuilles de papier chargées de vers, et disposées l'une sur l'autre par couches, à la distance de deux doigts. Cette boîte se porte comme une hotte. Si on n'a pas une hotte semblable à celle dont j'ai décrit la figure, et que je crois pourtant très utile, on peut employer les hottes communes, mais elles ne pourront servir que pour quatre ou cinq onces de vers à la fois. Le transport se fait également bien avec les susdites hottes, lorsqu'on a les attentions suivantes :

1°. De bien recouvrir tout alentour l'intérieur de la hotte avec des feuilles de papier qui y soient bien appliquées, afin que l'air extérieur ne frappe pas directement les vers, surtout s'il fait froid ;

2°. De tenir séparées les feuilles de vers avec des baguettes placées horizontalement dans la hotte, commençant à placer ces baguettes dans le bas de la hotte, et ayant soin de laisser une distance de quatre doigts d'un plan à l'autre ;

3°. De bien couvrir les hottes avec des linges pour les défendre du froid et du soleil ;

4°. De faire le transport depuis midi jusqu'à trois heures, qui est le temps le plus chaud de la journée ;

5°. De donner aux vers un peu de feuilles tendres coupées très menu, si on doit employer deux, trois ou quatre heures pour leur transport.

Il me semble que j'ai exposé avec clarté et simplicité ce qu'il convient de faire pour la naissance des vers à soie, et pour leur transport dans le petit atelier ou ailleurs. Le magnanier actif trouvera, j'espère, ce que j'ai indiqué de très facile exécution, pourvu qu'il ait d'abord tout bien disposé. Si l'atelier est une fois bien monté, il peut servir pendant fort long-temps.

Il ne faut pas changer la proportion que j'ai indiquée pour les boîtes qui doivent servir à faire naître les vers : cette proportion dispense de toucher jamais les œufs du moment que les vers commencent à naître.

Le papier plein de trous qui les couvre est assez grand pour contenir une certaine quantité de petits rameaux de mûrier, et par conséquent pour lever une bonne portion de vers à la fois. En employant ces petites boîtes, les coques des œufs restent toujours ensemble. Lorsqu'on lève les petites boîtes, il faut les remuer légèrement et dans un sens horizontal, pour changer les œufs de place. Quoique les trous du papier se bouchent avec les petites coques, cela n'empêche pas les vers de monter sur le papier. Si on est curieux de voir le lien qui unit les vers à leur coque lorsqu'ils montent sur le papier, on n'a qu'à hausser ce dernier, ayant soin de le remettre bien à sa place. Avant même la naissance des vers, il semble que beaucoup d'œufs soient attachés ou adhérens les uns aux autres par une espèce de transsudation de l'œuf, qu'on ne peut distinguer même avec les meilleures loupes.

Il faudra, chaque fois qu'on formera une feuille de vers à soie, écrire sur le papier même l'heure à laquelle on a commencé à la former : par ce moyen on connaît dans combien de temps et avec quelle progression sont nés les vers. On peut le faire avec un crayon qu'on porte sur soi.

Si on veut conserver les premiers-nés, on doit les placer séparément dans un angle de la feuille, ne leur donnant, le premier et le second jour, que la moitié de la nourriture des autres.

Il semble qu'en général la naissance des vers soit plus abondante dans la matinée, lorsque les rayons du soleil donnent avec force dans la chambre ; il est au moins certain qu'à ces heures-là la chambre est un peu plus chaude que la nuit. Quelquefois les personnes chargées de soigner les vers à soie la nuit s'endorment ; entrant alors dans l'*étuve*, j'ai souvent trouvé que le thermomètre était descendu de quelques degrés. Il vaut cependant mieux qu'il descende d'un ou deux degrés, que si, par manque d'attention, il s'élevait trop. Les changemens brusques de température font souffrir les embryons près d'éclore (Chap. XII).

Les grandes altérations que peuvent éprouver les œufs ont lieu le plus souvent dans la nuit. Ceux qui en ont soin alors, voulant reposer, font plus de feu qu'il n'en faut, pour ne pas y revenir souvent, ce qui altère et gâte même les embryons.

J'ai observé que, certains jours, la naissance des vers avait lieu en quantité dans quelques petites boîtes, aussi bien dans toutes les heures du jour que vers le matin.

Il me paraît ici à propos de faire connaître une chose qui est aussi facile qu'utile et convenable relativement aux usages de ces pays.

Il y a des propriétaires qui font éclore beaucoup d'œufs pour leurs fermiers, et qui leur partagent ensuite les vers dans de petites boîtes, en proportion de la quantité de feuilles qu'ils ont.

Au lieu de cela, il vaut beaucoup mieux que tous ces œufs soient mis dans des boîtes de vingt à trente onces, faites dans les proportions que j'ai indiquées plus haut, et qu'à mesure que les vers naissent, on forme les feuilles de papier par once, de la manière que je l'ai déjà prescrit. En agissant ainsi, chaque fermier a des vers qui sont nés à peu près à la même heure, qui se trouvent égaux, et qui peuvent facilement se conserver tels, ainsi que l'expérience me l'a démontré.

Lorsque tous les vers à soie sont nés, on les partage dans les feuilles de papier d'une once, égalisant les quantités autant que possible.

On doit donner les premiers-nés aux fermiers qui ont la feuille la plus avancée. Si la naissance de ces insectes durait trois jours, cela ne ferait aucune difficulté, parce que chaque fermier aurait de ceux nés dans un seul jour.

C'est une erreur très grossière de croire qu'on fait bien de donner à chaque fermier, pour former la quantité qu'on lui a destinée, une portion de vers nés en différens jours, parce qu'on suppose que ceux nés la veille sont plus vigoureux que ceux du lendemain.

§. III.

De la perte que font les œufs avant la naissance des vers.

Je devrais parler à présent du soin des vers à soie déjà mis dans le petit atelier. Je crois cependant bien faire d'ajouter ici quelques autres observations que j'ai faites, quoique n'étant pas directement utiles à l'art d'élever ces insectes.

La perte en poids des divers œufs bien secs, placés dans l'*étuve*, est la suivante, commençant par la température de 14 degrés, comme je l'ai dit ailleurs (Chap. IV, §. IV).

	g.	g.	g.
8 onces d'œufs ont perdu en poids dans cinq jours........	100.—Dans 8 j.	360.—Dans 10 j.	440.
6 onces ont perdu dans 5 jours	86.—Dans 8 j.	178.—Dans 10 j.	248.
5 onces ont perdu dans 5 jours	60.—Dans 8 j.	168.—Dans 10 j.	216.
4 onces ont perdu dans 5 jours	80.—Dans 8 j.	181.—Dans 10 j.	224.
Dans 5 jours	326.—Dans 8 j.	887.—Dans 10 j.	1128.

Des boîtes contenant la même quantité d'œufs, et même plus petites, ont perdu à peu près autant.

En cinq jours, l'évaporation des œufs dans l'*étuve* est de 13 grains par once, en huit jours de 37 grains, et en dix, c'est-à-dire jusqu'au moment de la naissance, de 47.

Il s'évapore par conséquent des œufs, avant d'éclore, le douzième de leur poids.

Les coques de 24 onces d'œufs ont donné le poids suivant :

Une petite boîte de huit onces 1020 gr. de coques.
— *Idem* — de six onces   724 — *idem.*
— *Idem* — de cinq onces   504 — *idem.*
— *Idem* — de cinq onces   548 — *idem.*
                           ‾‾‾‾‾
                           2796

Le poids moyen des coques équivaut donc au cinquième environ du poids des œufs.

Pour faire une once d'œufs choisis, il en faut, pour poids moyen, 39,168. J'ai observé avec surprise que les œufs de plus de vingt particuliers variaient très peu de poids entre eux. J'ai eu la patience de compter plusieurs centaines de mille œufs, persuadé que cela pourrait être utile à l'art d'élever les vers à soie. Les meilleurs œufs pesés ne m'en ont donné que 68 par grain, et les qualités inférieures ne m'en ont pas donné plus de 70. Je dirai ici, en passant, que 360 cocons bons pèsent une livre et demie ; que celui qui ne ferait aucune perte, soit en œufs, soit en vers nouveau-nés, pourrait retirer d'une once d'œufs cent soixante-cinq livres de cocons, et que tout ce qu'on en retire de moins exprime les pertes effectives qu'on a faites.

Une once d'œufs, qui est composée de 576 grains, a été réduite à 413 grains par la déduction de la perte faite par l'évaporation de 47 grains, et par celle de 116 grains pour le poids des coques. Les 413 grains équivalent donc au poids de 39,168 vers nouveau-nés. D'après cela, il faut 54,526 vers nouvellement nés pour former le poids d'une once.

En examinant attentivement les différens faits relatifs aux diverses qualités d'œufs, je me suis particulièrement convaincu que la saison excessivement froide, comme fut celle de l'année 1813, au temps de la naissance des papillons, nuit beaucoup à la fécondation des œufs De toutes les qualités que j'ai examinées, je n'en ai pas trouvé qui ne continssent en poids depuis $\frac{1}{11}$ jusqu'à $\frac{1}{8}$ d'œufs jaunes ou roussâtres non fécondés.

J'eus soin de choisir 5,000 œufs jaunes et 5,000 rouges; ils avaient tous une pesanteur spécifique plus grande que l'eau, puisqu'en les lavant ils se précipitèrent au fond. Je les fis mettre dans une petite boîte à l'*étuve* avec les autres boîtes; il né naquit qu'un ver à soie, que produisit un œuf rouge Ils restèrent tous pleins d'humeurs; ils n'étaient pas fécondés. Ils diminuèrent de poids plus que les œufs fécondés.

Dans ceux de bonne qualité, il n'en reste tout au plus qu'un centième qui n'éclôt pas dans les trois premiers jours. Ce centième continue à éclore ensuite.

Ces connaissances peuvent être utiles à ceux qui aiment à tout savoir dans l'art d'élever les vers à soie; c'est au moins un objet de curiosité, et je dirai même que, pour ce que j'en sais, elles ont le mérite de la nouveauté.

CHAPITRE VI.

De l'éducation des vers à soie dans leurs quatre premiers âges.

Parlons maintenant des soins qui sont plus particuliers aux vers à soie.

Dans le chapitre précédent, il a été dit que l'espace qui convient à la quantité de vers qui provient d'une once d'œufs doit être d'à peu près 7 pieds 4 pouces carrés pendant le premier âge, c'est-à-dire jusqu'à la première mue; d'à peu près 14 pieds 8 pouces carrés jusqu'à la seconde mue, et de 34 pieds 10 pouces jusqu'à la troisième. Quant à l'espace qu'il faut jusqu'à la quatrième mue, il doit être de 82 pieds 6 pouces carrés.

Ceux qui ont assez de local peuvent étendre l'espace de quelques pieds de plus, parce qu'il est certain que plus les vers à soie sont à leur aise, mieux ils mangent, digèrent, respirent, transpirent et reposent. Les espaces que j'ai fixés ci-dessus sont pourtant suffisans, et ont l'avantage de faciliter les soins des vers, et d'économiser la feuille.

Si cette connaissance préliminaire est utile, il n'est pas moins avantageux de savoir combien de feuille consomment à peu près les vers dans les quatre premiers âges.

Pour la quantité d'aliment que je détermine, je suppose les conditions suivantes :

Que les vers à soie sont tenus, jusqu'à la première mue, à 19 degrés de température ; entre 18 et 19 jusqu'à la seconde ; entre 17 et 18 jusqu'à la troisième ; enfin, entre 16 et 17 jusqu'à la quatrième.

Un des principaux fondemens de l'art d'élever les vers à soie, c'est de connaître et de fixer les divers degrés de chaleur dans lesquels ils doivent vivre selon leur âge. Si on n'observe pas rigoureusement ce précepte, on n'opérera jamais avec précision [1].

[1] L'auteur de l'article sur les vers à soie inséré dans le *Cours d'Agriculture* rédigé par M. l'abbé Rozier, édition de Paris, 1801, s'exprime comme il suit, en parlant de la chaleur qui leur est convenable :

« On ne peut pas dire que le ver à soie craigne tel ou tel degré de chaleur dans nos climats, quelque considérable qu'il soit. Originaire de l'Asie, il supporte dans son pays natal une chaleur certainement plus forte qu'il ne peut l'éprouver en Europe ; mais il craint le passage subit d'un faible degré de chaleur à un plus fort. On peut dire, en général, que le changement trop rapide du froid au chaud, et du chaud au froid, lui est très nuisible. Dans son pays, il n'est pas exposé à ces sortes de vicissitudes ; voilà pourquoi il y réussit très bien, et sans exiger tous les soins que nous sommes obligés de lui donner. Dans nos climats, au contraire, la température de

Les vers à soie provenant d'une once d'œufs
consomment :

l'atmosphère est très inconstante ; et, sans le secours de l'art,
nous ne pourrions pas la fixer dans les ateliers où nous faisons l'éducation des vers à soie.

« Une longue suite d'expériences a prouvé qu'en France
le 16e degré de chaleur indiqué par le thermomètre de Réaumur était le plus convenable aux vers à soie. Il y a des éducateurs qui l'ont poussée jusqu'à 18 et même jusqu'à 20, et
les *vers* ont également bien réussi. Il ne faut pas perdre de
vue ce principe, que le ver à soie ne craint pas la chaleur,
mais un changement trop prompt d'un état à l'autre ; ainsi,
en le faisant passer, dans le même jour, du 16e degré au 20e,
je suis persuadé qu'il en éprouverait un malaise fort nuisible
à sa santé. S'il arrive qu'on soit obligé de pousser les vers à
cause de la feuille, dont il n'est pas possible de retarder les
progrès, on doit le faire graduellement, de sorte qu'ils s'aper-
çoivent à peine du changement. Le ver à soie souffre autant
par les variations de la chaleur que par la difficulté de respirer, s'il est dans un mauvais air.

« M. Boissier de Sauvages va nous apprendre, d'après les
expériences qu'il a faites, jusqu'à quel degré on peut pousser
la chaleur, dans l'éducation des vers à soie, sans craindre
de leur nuire :

« Une année que j'étais pressé par la pousse des feuilles
déjà bien écloses dès les derniers jours d'avril, je donnai à
mes vers environ 30 degrés de chaleur aux deux premiers
jours depuis la naissance, et environ 28 pendant le reste du
premier et du second âge. Ils ne mirent que neuf jours, depuis la naissance jusqu'à la seconde mue inclusivement. Les
personnes du métier qui venaient me voir n'imaginaient pas
que mes vers à soie pussent résister à une chaleur qui en
quelques minutes les faisait suer elles-mêmes à grosses gouttes.
Les murs et les bords des claies étaient si chauds, qu'on n'y

1°. Dans le premier âge, c'est-à-dire lorsqu'ils sont tous nés, transportés et distribués sur les

pouvait endurer la main. Tout devait périr, disait-on, et être brûlé; cependant tout alla au mieux, et, à leur grand étonnement, j'eus une récolte abondante.

« Je donnai, dans la suite, 27 à 28 degrés de chaleur au premier âge; 25 ou 26 au second : et ce qu'il y a de.singulier, la durée des premiers âges de ces éducations-ci fut à peu près égale à celle de la précédente, dont les vers avaient eu plus de chaleur, parce qu'il y a peut-être un terme au-delà duquel on n'abrége plus la vie des insectes, quelque chaleur qu'ils éprouvent. Il est vrai que mes vers avaient eu dans cette éducation, et dans l'éducation ordinaire, un pareil nombre de repas; mais ce qu'il y a de plus singulier encore, c'est que les vers, ainsi hâtés dans les deux premiers âges, n'employaient que cinq jours d'une mue à l'autre dans les deux âges suivans, quoiqu'ils ne fussent qu'à une chaleur de 32 degrés; tandis que les vers qui dès le commencement n'ont point été poussés de même, mettent, à une chaleur toute pareille, sept à huit jours à chacun de ces mêmes âges, c'est-à-dire au troisième et au quatrième. Il semble qu'il suffit d'avoir mis ces petits animaux en train d'aller, pour qu'ils suivent d'eux-mêmes la première impulsion ou le premier pli qu'on leur a fait prendre.

« Celui dont nous venons de parler, qui opère une croissance rapide, donne en même temps à mes insectes une vigueur et une activité qu'ils portent dans les âges suivans; ce qui est un avantage dans l'éducation hâtée, c'est-à-dire poussée par la chaleur, et qui, outre cela, prévient beaucoup de maladies. Cette éducation hâtée abrége la peine et le travail, et délivre plus tôt l'éducateur des inquiétudes qui, pour peu qu'il ait de sentiment, ne le quittent guère jusqu'à ce qu'il ait *déramé*.

« Pour suivre cette méthode, il convient de faire beaucoup d'attention à la saison plus ou moins avancée, à la poussée

feuilles de papier, ce qui suppose au moins deux jours (Chap. V, §. II), 6 liv. de feuille bien mondée et coupée très menu.

2°. Dans le second âge, ils consomment 18 liv. de feuille mondée, et coupée moins menu que pour le premier âge.

3°. Dans le troisième âge, ils en consomment 60 liv. mondée et moins coupée.

4°. Dans le quatrième âge, 180 liv. mondée, et encore moins coupée que dans le troisième.

Quelques circonstances peuvent modifier les proportions indiquées ci-dessus, mais ces variations ne sont pas importantes, parce que je suppose que l'éducateur, réfléchissant bien à ses intérêts, et agissant avec intelligence, ne commence à les faire naître que lorsque les mûriers

plus ou moins rapide de la feuille, et si elle n'est pas ensuite arrêtée par les froids... D'un autre côté, si la poussée de la feuille est tardive et qu'elle soit suivie de chaleur qui dure long-temps, comme on doit ordinairement s'y attendre, et que cependant on ne fasse que peu de feu aux vers à soie, ils n'avancent guère, et on prolonge leur jeunesse. Cependant la feuille croît et durcit; elle a pour eux trop de consistance : c'est le cas de les hâter par une éducation prompte et chaude, afin que leurs progrès suivent ceux de la feuille, ce qui est un point essentiel.

« Si les éducateurs se décident de bonne heure pour cette méthode, ils mettront couver, s'ils sont sages, au moins huit jours plus tard que leurs voisins qui suivent la méthode ordinaire, et ils calculeront la durée des âges, ou bien ils s'arrangeront de façon que la fin de l'éducation tombe au temps où la feuille a pris toute sa croissance. »   (*Le Traducteur.*)

promettent d'offrir la quantité de feuille tendre qu'il faut pour le premier âge, et ensuite celle moins tendre, et plus ou moins mûre, selon la rapidité avec laquelle le ver à soie grossit.

Si on faisait éclore les vers avant le temps opportun, on se verrait obligé de les jeter et d'en faire naître d'autres, et surtout lorsque des intempéries de l'air inattendues arrêtent ou ralentissent le développement des mûriers, comme il est arrivé souvent, et particulièrement en 1814. Si, au contraire, on ne met à éclore que lorsque la saison est assez avancée pour laisser espérer qu'elle sera sûre, si elle devient tout à coup très mauvaise, il est facile de gagner quelques jours, pouvant retarder, sans danger, le développement rapide des vers, comme on le verra par le tableau placé à la fin de cet ouvrage.

Il peut cependant arriver que, si la saison reste mauvaise au point de rendre la feuille malade ou faible (Chap. III), on en ait besoin d'un peu plus que la quantité que j'ai déterminée.

La quantité de feuille déterminée peut devenir excédante, si la constance du temps la rend moins aqueuse et plus nutritive.

Lorsque j'ai fixé les proportions de la quantité de feuille, j'ai toujours supposé l'ordre ordinaire des saisons, comme on doit toujours entendre quand on parle de règles générales et constantes.

6

Le seul cas dans lequel on aura beaucoup plus de feuille que ne l'indiquent les règles générales, c'est lorsque les vers, ayant été mal soignés, tombent malades, dépérissent, et qu'il en meurt une certaine quantité.

C'est d'après des expériences très exactes et répétées, en supposant que les degrés de chaleur dans lesquels sont tenus les vers sont ceux que j'ai indiqués, ainsi que dans la vue de faire la plus grande économie de la feuille, que j'ai fixé les quantités que doivent manger les vers à soie.

Une attention des plus utiles dans l'art d'élever les vers à soie, c'est de faire en sorte de pouvoir obtenir la plus grande quantité possible de cocons de très bonne qualité avec le moins de feuille que l'on peut. En se dirigeant d'après cette maxime, plus on aura de feuille, plus on recueillera proportionnément de cocons, et par conséquent plus on aura de bénéfice. Je ne crains pas d'errer en disant que, dans beaucoup d'ateliers, on consomme un tiers ou un quart de plus de feuille qu'il ne faut; ce qui est non seulement une perte en feuille, mais est cause de beaucoup d'inconvéniens qui arrivent aux vers, comme nous le verrons dans la suite.

Les soins qu'exigent les vers dans leurs quatre premiers âges ne sont ni nombreux ni difficiles, quoique ce soit dans ces âges, et particulièrement dans les deux premiers, qu'ils fortifient leur constitution, de laquelle dépend ensuite leur réussite.

Le ver à soie est condamné, par sa propre constitution, à n'avoir que peu de jours de vigueur depuis sa naissance jusqu'après le quatrième âge. Il n'a de santé que dans l'intervalle des mues. Les deux premiers jours qui suivent la mue il a peu d'appétit; il devient ensuite affamé. Cette faim ne tarde pas à diminuer, et cesse même. Ces phénomènes ont lieu à chaque mue.

D'après la misérable condition de cet insecte, malgré la vigueur de sa constitution, si on manque de soins au moment qu'il a besoin de secours, il souffre, tombe malade, et périt.

C'est pour cela que j'ai cru utile de donner, dans ce chapitre et dans le suivant, un journal des soins des vers, afin qu'on sache ce qu'il convient de faire chaque jour.

Il faut cependant que je fasse, avant cela, quelques réflexions générales sur l'énorme différence de résultat que produisent les soins.

Je n'entends pas parler ici des différences éventuelles et légères, qui ne doivent être considérées que comme des exceptions ou des accidens. Dans des cas de ce genre, l'éducateur, bien instruit par ce que je vais dire dans ce chapitre, pourra facilement connaître, s'il est attentif, comment il doit se conduire pour prévenir tous les inconvéniens et y porter remède. Je ne parlerai que des différences qui sont l'effet des soins mal entendus et mal administrés.

Jusqu'à présent on a généralement cru, en citant des faits et des expériences, que, quelle que fût la quantité d'œufs destinés à un atelier, la quantité de cocons n'y correspondait pas, et qu'au contraire elle devenait moindre en proportion qu'on augmentait la quantité d'œufs. On observe généralement que si, par exemple, cinq onces d'œufs produisaient en raison de trente-cinq livres de cocons par once, quatre onces en produiraient en raison de quarante par once, trois en raison de quarante-cinq, deux en raison de cinquante, etc.

Qu'on sache maintenant que ces différences ne dépendent pas des lois ou conditions naturelles aux vers à soie, mais qu'elles sont l'effet de l'erreur et de l'ignorance. Les faits, ainsi que la raison la plus évidente, certifient que, si on a donné l'espace convenable au local, si on a observé rigoureusement les degrés de température, si on a donné la quantité et la qualité de nourriture nécessaires, et qu'on ait employé tous les soins que j'ai recommandés, le nombre de cocons doit être et sera toujours proportionné à celui des œufs qu'on a fait éclore. Si on n'obtient pas ce résultat, on ne doit en attribuer la faute qu'aux procédés vicieux qu'on a suivis.

Mes ateliers sont de différentes grandeurs. Celui dont je vais rendre compte sert pour cinq onces d'œufs ; les autres donnent également la quantité de cocons proportionnée aux onces d'œufs que je mets à éclore.

Je conviens que l'avantage de ma manière d'élever les vers à soie serait bien petit, s'il se bornait à ne produire que les cent dix ou cent vingt livres de cocons par once d'œufs qu'une autre personne obtient en employant la même quantité de feuille, et ne différant de moi que parce qu'elle a employé deux onces d'œufs. Ainsi que je l'ai dit, le grand et principal but de l'art d'élever les vers à soie est d'obtenir d'une quantité donnée de feuille la plus grande quantité possible de cocons de très belle qualité. Ce n'est pas la petite perte d'une once d'œufs qui devrait faire changer de méthode et d'habitude ; ce sont les avantages suivans : il est une vérité de fait,

1°. Que, lorsqu'on obtient 110 ou 120 livres de cocons avec une once d'œufs, on n'emploie qu'à peu près 1,650 livres de feuille (Chap. XIV).

2°. Que, lorsqu'on n'obtient d'une once d'œufs que 55 ou 60 livres de cocons, on a employé à peu près 1,050 livres de feuille. Dans cette supposition, il faudrait à peu près 2,100 livres de feuille pour obtenir 110 ou 120 livres de cocons.

3°. Que les 110 ou 120 livres de cocons obtenues avec une seule once d'œufs valent beaucoup plus que la même quantité obtenue avec deux onces d'œufs.

Il est facile de prouver que la raison s'accorde avec ces faits. J'ai dit (Chap. V, §. III) que 31,168 œufs, qui forment une once, pourraient donner à peu près 165 livres de cocons. Si, d'après cette donnée, on considère comme forte l'inévitable perte qu'on fait en vers, quand o obtient 120 livres de cocons d'une once d'œufs, cette perte sera bien plus grande si on n'en retire que 60. Il est naturel que de cette plus grande mortalité il doit résulter une plus grande consommation de feuille, puisque les vers qui ne parviennent pas jusqu'à la formation du cocon se nourrissent autant que ceux qui y parviennent.

La grande mortalité des vers doit aussi avoir une influence directe sur la qualité de cocons. En effet, comment peut-on supposer que presque deux tiers de vers provenant d'une once d'œufs aient péri sans que cela dépendît du mauvais soin? Si le mauvais soin a causé la mort à un si grand nombre, n'est-on pas autorisé à penser qu'il a affaibli et indisposé une partie de ceux qui restent?

Ce que je dis serait encore plus vrai, si, comme cela arrive fréquemment, les 60 livres de cocons se trouvaient réduites à 45, 30, 15, etc.

Lorsqu'au contraire une once d'œufs aura produit, par les soins que j'ai indiqués, 120 livres de cocons, ils seront de très bonne qualité et se vendront bien; 360 au plus pèseront une livre et demie, et onze ou douze onces au plus de ces cocons produiront une once de soie très fine, comme je le démontrerai dans la suite. Lorsqu'on n'obtiendra que 50 ou 60 livres de cocons d'une once d'œufs, on peut généralement assurer qu'ils ne sont pas de la bonne qualité de ceux ci-dessus cités ; qu'ils ont moins de valeur ; qu'il en faut au moins 400 pour faire une livre et demie, et qu'au lieu de onze ou douze onces de ces cocons pour faire une once de soie, il en faudra treize, et même plus.

Outre cela, lorsque les vers n'ont pas été bien soignés, on n'est jamais sûr de la quantité de cocons qu'on doit récolter. En effet, il arrive continuellement qu'un même fermier obtient de la même quantité d'œufs et de la même qualité de feuille tantôt beaucoup de cocons, tantôt peu, et quelquefois pas du tout.

Il serait très intéressant, autant pour les gouvernemens que pour les particuliers, d'établir une confrontation entre les quantités et qualités de cocons produits par la méthode que je propose, et celles de cocons produits par les méthodes généralement adoptées, afin de prouver, par les faits et par la raison, quelle est la mieux raisonnée et la plus profitable. Si on calculait ensuite ce qui se perd tous les ans par ignorance, et particulièrement ce qui s'est perdu en 1814, l'immensité du prix de cette perte surprendrait (Chap. XV).

Ce chapitre sera divisé en quatre paragraphes :

1°. Éducation des vers nés et réunis jusqu'à la fin du premier âge.

2°. Éducation des vers dans le second âge ;

3°. Éducation des vers dans le troisième âge ;

4°. Éducation des vers dans le quatrième âge.

§. I.

Éducation des Vers à soie dans leur premier âge.

Nous avons laissé dans le petit atelier les vers nés de tous les œufs à 19 degrés de température, et distribués sur les feuilles de papier (Chap. V, §. II), dans les petits carrés d'environ dix pouces de côté.

Commençons maintenant leur éducation. Supposons qu'on entreprenne d'en soigner cinq onces, qui forment un assez grand atelier, les espaces et la quantité de la feuille doivent donc être proportionnés à ladite quantité de vers. Ayant choisi pour exemple un grand atelier, j'ai eu en vue de montrer que, toutes choses égales, les résultats en grand comme en petit sont toujours les mêmes.

Éducation du premier jour. Lorsque les vers, provenant de cinq onces d'œufs, ont accompli leur premier âge ou mue, ils doivent occuper à peu près 36 pieds 8 pouces carrés d'espace. Il faut donc qu'on ait placé les feuilles des vers sur des claies qui aient au moins cet espace.

Le premier jour après la naissance et la distribution des vers, on doit leur donner les quatre repas avec à peu près trois livres et trois quarts de simples feuilles tendres, coupées très menu, de manière qu'il y ait un intervalle de six heures d'un repas à l'autre, et que, donnant la moindre quantité de feuille au premier repas, on augmente toujours à chacun jusqu'au dernier.

C'est un très grand avantage de couper la feuille très menu dans le premier âge, et de la distribuer légèrement sur les vers. Plus on a coupé la feuille, plus il y a de bords frais auxquels s'attachent ces petits insectes. De cette manière peu d'onces de feuille présentent une si grande quantité de côtés ou de contours, que deux cent mille petites bouches peuvent manger en même temps dans un petit espace. En effet, la feuille, dans cet état, est de suite mordue, et se trouve presque toute consommée avant qu'elle ait pu se flétrir.

Dix et vingt fois même plus de feuille, qui ne serait pas coupée menu, ne pourrait pas suffire à la quantité de vers sus-indiquée, parce qu'ils ont besoin, à cette époque, de trouver, dans un petit espace et dans le même temps, de quoi manger commodément.

Si on n'a pas le soin de couper la feuille très menu, et de tenir bien au large les vers quand ils sont très petits, il en périt une grande quantité, atteints de diverses maladies (Chap. XII). Le ver qui ne peut pas manger reste en arrière, s'exténue, s'affaiblit, s'altère, se dénature, et finit par périr sous la feuille. Cet objet, qui paraît peu de chose en lui-même, est cependant d'une grande importance, et mérite l'attention la plus soutenue. Pour couper la feuille dans les différens temps de l'éducation, je me sers de couteaux et de divers autres instrumens tranchans (*Fig.* 14, 15, 16).

Je donne à manger aux vers régulièrement quatre fois par jour, et je fais en sorte de ne leur jamais donner toute la feuille fixée plus haut, parce qu'après la distribution de chaque repas, on doit voir s'il ne faut pas en ajouter encore un peu à quelque endroit. On fera bien de leur donner quelquefois des repas intermédiaires, comme je l'expliquerai par la suite.

La quantité de feuille déjà fixée et celle que je fixerai suffisent pour la journée entière. Dans une heure et demie à peu près, le ver à soie mange sa portion de feuille, et reste ensuite assez tranquille. Toutes les fois qu'on donne à manger, il faut élargir peu à peu les petits carrés. Si la feuille venait à tomber, on la remettrait à sa place avec un petit balai (*Fig.* 17).

Second jour. Il faut ce jour-là à peu près six livres de feuille mondée et coupée menu.

Cette quantité suffit pour les quatre repas ordinaires, dont le premier doit être le moindre, et le dernier le plus fort, comme je l'ai dit pour le premier jour.

Le ver commence à changer d'aspect; il ne paraît plus si coloré ni si hérissé; sa tête grossit, et blanchit sensiblement.

On doit avoir soin d'élargir et d'allonger les petits carrés toutes les fois qu'on donne à manger.

Troisième jour. Il faut douze livres de feuille tendre coupée menu pour les quatre repas. Ce jour-là les vers mangent avec voracité, et presque les deux tiers de l'espace des feuilles de papier qui a été fixé pour leur premier âge doivent être déjà occupés.

Pour pourvoir à l'appétit augmenté de ces insectes, il faut leur donner, ce jour-là, une livre et demie de feuille légèrement distribuée au premier repas. S'ils la mangeaient en très peu de temps, c'est-à-dire dans une heure, on ne doit pas attendre cinq heures pour le second repas. Il faudra donc donner un repas intermédiaire d'à peu près la moitié du premier, de manière que la feuille couvre à peine les vers. Je ne fixe pas ici les onces de feuille de ces repas intermédiaires, parce qu'il ne serait pas possible de le faire avec exactitude. On doit se régler sur la quantité de feuille qui sera distribuée dans le cours de la journée, et sur la disposition des vers.

Ce jour-ci, la tête des vers à soie a beaucoup plus blanchi; ces insectes se sont sensiblement développés; à peine aperçoit-on des poils sur le corps à l'œil nu; leur peau s'approche de la couleur noisette; leur superficie, observée avec la loupe, est luisante; leur tête est d'un luisant argenté, comme la nacre, et un peu transparente.

Quatrième jour. Ce jour-là il faut six livres et douze onces de feuille coupée menu. On doit diminuer la quantité de l'aliment, parce que l'appétit diminue. Le premier repas doit être d'à peu près deux livres et quatre onces : les autres diminueront à mesure qu'on s'apercevra que la feuille n'a pas été bien mangée.

Le magnanier se réglera sur l'appétit des vers pour la distribution des repas intermédiaires, qui seront pris sur la quantité de feuille déjà prescrite pour tout le jour.

L'espace des feuilles se remplit à vue d'œil. Il est important, dans ce premier âge, de tenir les vers bien au large, pour éviter, autant que possible, qu'ils dorment l'un sur l'autre.

L'attention constante d'élargir un peu les petits carrés à chaque repas fait que les vers s'étendent graduellement avec beaucoup de facilité à mesure qu'ils croissent, et qu'on empêche qu'ils s'amoncèlent, ce qui serait très nuisible à leur constitution, à leur santé et à l'égalité de leur volume.

Au commencement de cette journée, beaucoup de vers secouent la tête, ce qui indique qu'ils commencent à se sentir surchargés de leur enveloppe; certains mangent très peu, et tiennent leur tête levée; on voit, avec la loupe, qu'elle a beaucoup grossi, et qu'elle est devenue plus luisante. Tout le corps de ces insectes semble

alors transparent, et ceux qui sont voisins de la
mue, observés à travers la lumière, sont d'une
couleur jaunâtre, livide. A la fin de cette journée, la plus grande partie est assoupie et ne
mange pas.

Cinquième jour. Il ne faut, ce jour-là, qu'à peu
près une livre et demie de feuille tendre, coupée
très menu. On doit la répandre très légèrement,
dans plusieurs momens de la journée, aux endroits où on voit encore des vers qui mangent.
Si par hasard cette quantité de feuille ne suffisait pas, on y ajouterait ce qu'il faudrait de plus :
comme aussi, si on ne voyait plus de vers manger avant qu'elle fût finie, on cesserait d'en distribuer.

Ce que je dis sur le plus ou le moins de feuille
qui peut être nécessaire pour cet âge s'entend
aussi pour tous les autres âges. Je ne saurais trop
recommander l'exactitude et l'économie dans la
distribution de la feuille.

A la fin de cette journée, tous les vers sont
assoupis, et plusieurs commencent même à se
réveiller.

Après la première mue, le ver est d'une couleur de cendre foncée, laissant apercevoir un
mouvement vermiculaire bien décidé; on voit
les anneaux qui le composent s'éloigner et se
rapprocher plus librement qu'ils n'avaient fait
jusqu'alors.

Je répéterai encore qu'il est nécessaire, et d'ailleurs d'une grande économie, de couper la feuille très menu, d'abord avec le couteau, et ensuite avec le double tranchant dont j'ai donné la figure (*Fig.* 15).

Lorsque le temps le permet, il faut cueillir la feuille plusieurs heures avant de donner le repas. Elle se conserve très bien un jour, et même davantage, si on a soin de la tenir dans un lieu bien frais où il n'y ait pas de courans d'air, et qui ne soit pas tout-à-fait sec. Il est toujours avantageux qu'elle perde ce peu de vitalité qu'elle a quand on vient de la cueillir, et on ne doit la donner à manger que six ou huit heures au moins après qu'elle a été cueillie.

Je vais faire un résumé de ce paragraphe, et y ajouter quelques observations qui me paraissent utiles.

Le premier âge des vers à soie, élevés à la température que j'ai indiquée, se trouve presque accompli dans cinq jours (non compris les deux jours dans lesquels ils sont nés et ont été transportés et placés).

Dans ce premier âge, les vers de cinq onces d'œufs ont consommé 30 livres de feuille mondée et coupée menu; en joignant à cette quantité 4 livres et demie d'épluchures, cela fait 34 livres et demie de feuille, c'est-à-dire 7 livres à peu près tirées de l'arbre par once de vers à soie.

Nous avons vu (Chap. V, §. IV) que, pour former une once de vers à soie qui viennent de naître, il en faut 54,626. Après la première mue, 3,840 suffisent pour ce poids : le ver a donc augmenté, dans à peu près six jours, de quatorze fois son poids.

Avant ces six jours, le ver n'avait qu'une ligne de longueur, et à présent il en a plus de quatre.

Dans le premier âge, on ne doit renouveler l'air de l'atelier que par la porte. Le degré de chaleur nécessaire se maintient par le moyen des poêles ou du gros bois qu'on fait brûler dans les cheminées, comme nous le verrons dans la suite.

Toutes ces précautions prises, les vers commencent à prospérer et se conservent bien portans.

§. II.

Éducation des Vers à soie dans le second âge.

Il faut à peu près 73 pieds 4 pouces carrés de tables ou claies pour placer, jusqu'à l'accomplissement du second âge, les vers à soie provenant de cinq onces d'œufs.

Ainsi que je l'ai déjà dit, ces claies doivent être toutes couvertes de papier. La température à laquelle il faut tenir les vers dans leur second âge doit être, comme je l'ai dit plus haut, entre 18 et 19 degrés. Il ne faut enlever la litière que lorsque ces insectes sont presque tous éveillés. Ce n'est pas un mal d'attendre leur réveil, quand on devrait laisser passer vingt, trente heures, et plus encore, à compter du moment que les premiers se sont éveillés.

Lorsqu'une grande quantité de vers sort des feuilles, c'est un signe manifeste qu'il faut les ôter de la litière. En les enlevant un peu avant, pour cette fois seulement, tous les autres seront éveillés dans peu de temps.

Nous avons dit plus haut que, pendant le premier âge, la plupart des magnaniers perdent ou rendent malades une grande quantité de vers, parce qu'ils ne les soignent pas assez. Il arrive, en général, qu'après cet âge ils sont très inégaux, grand défaut, qui se prolonge jusqu'à la fin du dernier âge.

Cette inégalité et le mal qui en résulte, comme je le démontrerai (Chap. XII), ont pour causes :

1°. De n'avoir pas placé les vers dans un espace proportionné à l'accroissement qu'ils devaient prendre pendant leur premier âge, ce qui a fait que les uns ont assez mangé, et les autres non ; certains sont restés dans la litière, et d'autres dessus ; ces derniers ont respiré un air libre, tandis que les premiers n'ont eu qu'un air méphitique ; les uns ont bien transpiré, et les autres non ; d'autres ont commencé à s'assoupir les premiers, et, étant restés sous la feuille, ils n'ont été changés que les derniers ; d'autres enfin se sont assoupis les derniers, et se sont éveillés les premiers, parce qu'ils se trouvaient libres à la superficie.

2°. De n'avoir pas placé les feuilles des vers,

nés le premier jour, dans l'endroit le moins chaud
de l'atelier.

3°. De n'avoir pas mis dans le lieu le plus chaud
ceux qui sont nés les derniers (Chap. IV, §. III).

4°. Finalement, de n'avoir pas donné aux vers
nés les derniers, quelques petits repas intermédiaires, pour obtenir leur accroissement un
peu plus vite.

Il suit souvent de ces manques d'attention que,
lorsque les vers vont passer de la première mue
à la seconde, il s'en trouve qui sont encore assoupis ou qui dorment, d'autres qui s'éveillent
et qui commencent à manger, et certains qui
mangent encore, n'étant pas tombés dans l'assoupissement.

Il arrive alors que, sur la même claie, on aperçoit des vers de trois ou quatre grandeurs différentes, ce qui est, pour le moins, d'un grand
embarras; d'ailleurs il y a beaucoup de proba-
bilité que les plus petits périront tous dans la
suite.

On évitera ces pertes si on fait bien ce que
j'ai indiqué. Il est d'autant plus utile d'attendre
que les vers soient presque tous éveillés avant
de leur donner à manger, que ces insectes, en
sortant de la mue, ont plus besoin d'air libre et
d'une chaleur douce que d'aliment.

Leurs organes prennent de la consistance à
l'air : le petit museau écailleux qu'ils perdent par
la mue est remplacé par un autre mou qui durcit

à l'air; et tant que les petites mâchoires ou scies du nouveau museau n'ont pas pris de la force, ils ne peuvent pas bien couper la feuille. Il est aisé de voir, avec la loupe, l'effort que fait le ver pour ronger la feuille dans les premiers temps, effort qui ressemble à ceux que fait un homme sans dents qui mâche une substance dure.

PREMIER JOUR DU SECOND AGE,

Ou sixième de l'éducation des vers à soie.

Il faut, pour ce jour-ci, neuf livres de petits rameaux tendres, et neuf livres de feuille mondée et coupée menu.

On doit avoir déjà disposé les 73 pieds 4 pouces carrés de tables ou claies qu'il faut, au second âge, pour les vers produits par cinq onces d'œufs.

Au moment où presque tous les vers sont éveillés, et qu'ils remuent la tête ou qu'ils la tiennent droite, paraissant chercher quelque chose, ceux qui se trouvent le plus près des bords des feuilles se sont déjà éloignés de leur litière. Il faut alors se préparer à les transporter pour nettoyer les feuilles de papier où ils sont couchés.

On doit toujours commencer par enlever les vers des tables où on s'aperçoit que le mouvement est plus grand. On étend sur eux de petits rameaux tendres de mûrier qui aient six ou huit feuilles. On place ces rameaux à une telle distance l'un de l'autre, qu'en étendant le mieux possible leurs feuilles, il y ait un ou deux travers de doigt entre elles. Lorsqu'on a couvert ainsi une table, on passe à une autre, et ainsi de suite; on fait toute l'opération avec promptitude. Il doit rester de ces petits rameaux qu'on emploiera dans la suite.

On voit qu'insensiblement ces petits rameaux se couvrent de vers au point qu'on a de la peine à les distinguer.

Il faut avoir préparé les petites tables de transport (*Fig.* 9) bien unies, sur lesquelles on place les petits rameaux de vers qu'on doit enlever promptement.

Au lieu de faire des petits carrés comme pour les vers qui viennent de naître, on forme des bandes dans le milieu des claies, préparées de manière qu'il ne faille qu'élargir ces bandes des deux côtés, afin que, lorsqu'on est arrivé au terme du second âge, les 73 pieds 4 pouces carrés de claies soient couverts de vers. Tous les vers à soie qu'on transporte ne doivent occuper d'abord qu'un peu plus de la moitié de l'espace qui a été déterminé pour cet âge.

L'usage des petites tables de transport est très avantageux; elles servent à transporter et placer avec facilité les petits rameaux chargés de vers, n'ayant autre chose à faire qu'à les appuyer dans leur longueur sur les claies, et faire descendre doucement les petits rameux en les inclinant, ayant soin ensuite de prendre délicatement avec la main ceux qui ne se trouvent pas bien placés, pour les mettre là où il y a des vides.

On observe que, lorsque cette opération est faite, il est encore resté sur la litière quelques vers éveillés; alors on place dessus de nouveaux rameaux, et on fait comme pour les autres. Si, après cela, on en trouve encore quelques uns qui soient assoupis, on les jette.

La feuille sur laquelle on a transporté les vers leur sert pour un petit repas; ils la mangent si bien qu'il n'en reste que le squelette.

Cela indique que le seul contact d'un bon air un peu chaud a suffi à ces petits animaux pour leur faire acquérir la force dans les mâchoires, qu'ils n'avaient pas au moment que la mue avait eu lieu.

Il est bon d'observer ici que les vers à soie aiment tellement à rester sur les petits rameaux qui leur sont présentés, qu'on les y trouve amoncelés, même après qu'ils les ont presque dépouillés, et qu'ils ne les abandonnent jamais pour revenir sur la litière où ils étaient. Cette observation servira sans doute pour détruire l'opinion de beaucoup de personnes qui croient que le ver à soie se plaît sur la litière, et qu'il se trouve bien d'y manger et d'y rester.

Le moyen que j'ai indiqué pour changer la litière est le meilleur dans tous les âges.

Les vers enlevés de cette manière se trouvant

sur une table propre et sur des rameaux frais, prennent de la force et se raniment, comme un convalescent qui passe d'un lit sale, où il a couché plusieurs jours, à un autre propre et frais.

Une heure ou deux après que les vers ont été placés sur les claies, il faut leur donner un repas de trois livres de feuille coupée menu.

Lorsque les vers auront dépouillé entièrement les petits rameaux, il y aura des intervalles de papier qui seront nus, et les rameaux seront surchargés de vers. Pour y remédier, il faut distribuer doucement la feuille dans ces intervalles; alors les vers s'étendent, et toute la bande en reste couverte. L'espace qu'occupent les vers doit être augmenté un peu à ce premier repas. On ne doit pas négliger l'avertissement que j'ai déjà donné, de rassembler avec un petit balai la feuille qui est près de tomber. Que mes lecteurs me permettent de leur dire que les soins que je propose ici, ainsi que tous ceux dont j'ai déjà parlé, et que je prends moi-même pour la bonne réussite des vers, ne sont ni longs, ni difficiles, comme ils semblent être au premier abord.

Dans le restant du jour on doit donner aux vers, en deux autres repas, les six livres de feuille qui restent, mettant un intervalle de six heures de l'un à l'autre, ou selon le temps de la journée qui restera.

Lorsqu'on a transporté les vers à soie sur les autres claies, il faut nettoyer celles où ils étaient,

ayant soin de rouler les feuilles de papier, et de les porter hors de l'atelier. Si on observe les matières qui sont sur le papier, on reconnaîtra que ce n'est qu'un amas de fragmens de feuilles et d'excrémens qui sont un peu humides, mais cependant de bonne odeur. Leur poids est d'à peu près 7 livres et demie.

Depuis le premier jour qu'on a élevé les vers jusqu'à la première mue, on a donné à peu près 30 livres de feuille : 22 livres 8 onces de substance ont servi à faire croître ces insectes, ou se sont dissipées en gaz et en vapeurs. Dans le premier âge, le ver à soie rend très peu d'excrémens, qui sont de forme régulière et ressemblent à de la poudre très noire. Dans les 7 livres 8 onces, qui sont le poids de la litière, il n'y a que dix onces à peu près d'excrémens.

SECOND JOUR DU SECOND AGE,

Septième de l'éducation des vers à soie.

Il faut ce jour-là à peu près 30 livres de feuille coupée menu. Cette quantité se partage en quatre parties, qu'on doit donner de six en six heures. Les deux premiers repas doivent être moins copieux que les deux derniers. Il est très important d'élargir insensiblement de tous côtés les bandes des vers, de manière qu'à la fin de ce jour les deux tiers de l'espace soient occupés.

Le corps des vers commence à prendre une

couleur plus claire; la tête grossit et blanchit. Si on s'aperçoit qu'il y ait plus de vers dans un endroit que dans l'autre, il faut y placer de petits rameaux, et lorsqu'ils sont chargés de ces insectes, les placer où il y en a moins. L'égalité des vers étant très avantageuse, on doit y porter la plus grande attention, et faire ce que je viens de prescrire à toutes les mues, et toutes les fois que les circonstances l'exigent.

TROISIÈME JOUR DU SECOND AGE,

Huitième de l'éducation des vers à soie.

Il faut ce jour-là 33 livres de feuille mondée et coupée menu. Cette fois-ci les deux premiers repas doivent être les plus forts. On doit distribuer la feuille en proportion du besoin, faisant cette distribution avec soin, parce que l'appétit diminue sur la fin du jour, et qu'alors beaucoup de vers, tenant la tête levée et ne mangeant pas, indiquent qu'ils sont disposés à l'assoupissement; plusieurs même sont déjà assoupis.

Il faut continuer à élargir les bandes de manière à ce qu'au moins les quatre cinquièmes des claies soient occupés.

QUATRIÈME JOUR DU SECOND AGE,

Neuvième de l'éducation des vers à soie.

Ce jour-ci il ne faut qu'à peu près 9 livres de feuille mondée et coupée menu, qui doit être

distribuée comme les autres fois, selon le besoin,
légèrement, et avec soin.

Dans ce jour tous les vers s'endorment, en
sorte que le lendemain ils auront fait la mue et
seront éveillés; de cette manière le second âge sera
accompli.

Résumons ce paragraphe comme nous avons
fait du premier, et ajoutons-y nos observations.

Dans les quatre jours à peu près qu'a duré le
second âge, les vers à soie provenant de cinq
onces d'œufs ont consommé 90 livres de feuille
mondée et coupée menu, y compris 9 livres de
petits rameaux. Si nous ajoutons à cette quantité
15 livres à peu près d'épluchures, nous aurons
en tout à peu près 105 livres de feuille tirée de
l'arbre, c'est-à-dire 21 livres par once de vers.

Les changemens qu'éprouvent les vers dans le
second âge, non compris la mue ci-dessus indiquée, sont les suivans :

Leur couleur est devenue d'un gris clair; on
distingue difficilement les poils à l'œil nu, et ils
se sont raccourcis. Le museau qui, dans le premier
âge, était très noir, dur et écailleux, est devenu
tout de suite, après la première mue, blanchâtre
et mou; mais au bout de deux heures il est re-
devenu noir, luisant et écailleux comme auparavant. A mesure que ces petits insectes avancent
en âge, à chaque mue leur museau durcit davantage, parce qu'ils ont besoin de ronger ou scier
des feuilles plus grosses.

Il a paru sur leur dos deux lignes courbes comme deux parenthèses, une vis-à vis de l'autre.

Dans la première mue, leur longueur était d'un peu moins de quatre lignes, et dans la seconde, d'un peu plus de six.

Leur poids moyen a augmenté, dans quatre jours, de plus de cinq fois; à peine sortis de la première mue, 3,240 pesaient une once, et maintenant 610 suffisent pour le même poids.

A mesure que le ver à soie grossit, il respire et transpire davantage, et rend des·excrémens plus gros et en plus grande quantité. D'après cela, et parce que le nombre des claies augmente toujours dans le petit atelier, il faut que l'air intérieur soit un peu plus renouvelé. Il suffit pour cela d'ouvrir quelquefois le soupirail du plancher, et l'ouverture faite à la porte (*Fig.* 18).

S'il ne fait ni vent ni froid au-dehors du local, on peut laisser ouvert plus long-temps le soupirail, jusqu'à ce que le thermomètre descende d'un demi-degré, et même d'un degré. On ferme ensuite tout; la température s'élève de nouveau, et l'air intérieur se trouve renouvelé.

§. III.

Éducation des Vers à soie dans le troisième âge.

PREMIER JOUR DU TROISIÈME AGE,

Dixième de l'éducation des vers.

Dans ce premier jour, il faut 15 livres de petits rameaux, et autant de feuille mondée et coupée un peu moins que jusqu'alors ; elle doit être coupée encore plus grossièrement à la fin de cet âge.

Dans cet âge, les vers provenant de cinq onces d'œufs doivent occuper à peu près 174 pieds carrés d'espace ; on a dû par conséquent préparer et couvrir de papier la quantité de claies suffisante.

La température de l'atelier pendant le troisième âge doit être de 17 à 18 degrés.

Les vers qui ont accompli le second âge ne doivent être levés de dessus les claies que lorsqu'ils sont presque tous éveillés. Une partie s'éveille le neuvième jour, et le reste dans le dixième.

Il n'y aurait rien à craindre quoiqu'on laissât écouler 24 à 30 heures, et même plus, à compter du moment que les premiers vers se sont éveillés, pour attendre que presque tous le fussent.

Il est très facile de distinguer les vers éveillés

dans cet âge, comme aussi dans l'âge qui suit. Ils sortent de leur vieille peau avec un aspect si différent que tout le monde peut le reconnaître.

Un mouvement uniforme et presque ondulatoire qu'ils font avec leur tête, si on souffle horizontalement sur eux avec la bouche, est un signe de leur réveil général. Cette impression, que leur fait l'air poussé avec une certaine force, ne leur est pas agréable, et les secoue, particulièrement s'ils viennent de sortir de leur peau. Au contraire l'air doucement agité leur fait plaisir et leur est profitable, pourvu qu'il ne soit guère plus froid que la température ordinaire de l'atelier.

On doit observer, pour le transport des vers dans cette mue, la même méthode que pour le premier âge (§. II).

Les 174 pieds de claie destinés pour le troisième âge doivent être occupés dans le milieu par une bande de vers qui doit équivaloir à un peu moins de la moitié de l'espace total.

Connaissant d'avance l'espace que doivent occuper les vers à soie dans leurs différens âges, il n'y a rien de plus facile, de plus utile et de plus économique que de les enlever, de les nettoyer et de les placer de la manière que j'ai déjà indiquée. Une fois sur les claies, on n'y touche plus jusqu'à ce qu'ils aient fini leur mue; ils vivent très bien, mangent toute la feuille sans se gêner les uns les autres, et sans qu'on ait besoin de les nettoyer dans l'intervalle. Leur litière ne moisit pas, à moins que, par extraordinaire, le temps ne soit trop long-temps humide. En général, elle est d'un beau vert, presque sèche, et composée de squelettes de feuilles, et de quelques brins qui sont tombés de la bouche de ces insectes. Au lieu de dégoûter ceux qui les soignent, elle leur fait plaisir à voir.

On donne aussi, comme au second âge, les 15 livres de petits rameaux qui servent de premier repas.

Lorsque les vers ont mangé la feuille de ces petits rameaux, on leur donne un second repas avec 7 livres et demie à peu près de feuille coupée, ayant soin de remplir les intervalles que les petits rameaux dépouillés ont laissés, et de rendre les bandes égales autant que possible avec le petit balai, parce que cet ordre est utile et agréable à la vue.

Si, lorsqu'on a fini de transporter les vers, on s'aperçoit qu'on en ait trop mis dans certains endroits des claies, on enlève le surplus avec des petits rameaux, qu'on met sur les tables de transport, et qu'on place ensuite aux endroits où il y en a le moins, étant essentiel de faire toujours une exacte distribution de ces insectes.

Je le répèterai sans cesse : pour que les vers puissent conserver constamment une certaine égalité de volume entre eux, il faut que l'éduca-

teur veille avec attention sur ceux qui distribuent
la feuille, pour qu'elle soit partout égale.

Un emploi inutile de la feuille est non seulement une perte réelle, mais il a le grand inconvénient de grossir la litière de trop de parties
grasses, qui fermentent plus facilement que la
fibre, et causent des maladies.

On doit donner aux vers, pour leur dernier
repas, 7 livres et demie de feuille, ce qui com-
plètera les repas de ce jour.

Si le changement de litière a lieu trop tard, et
qu'on n'ait pas le temps de donner les trois repas
dans ce jour, la feuille qui restera doit être mêlée
avec celle du jour suivant.

Deux personnes lestes ne doivent employer
qu'une heure pour transporter les vers sur les
174 pieds de claie.

A mesure qu'on fait le transport, il faut aussi
transporter la litière hors de l'atelier, ce qui est
très facile à faire.

On roule cette litière avec le papier qui
est dessous, on la porte hors de l'atelier, et
on l'étend pour voir s'il s'y trouve des vers
assoupis. Tous les lieux sont bons pour cette
opération, pourvu qu'ils soient à l'abri de la
pluie et du vent. Non seulement ces insectes
ne souffrent pas de cette opération; mais si le
temps est doux, et que l'air ne soit pas trop
agité, ils s'éveilleront plus promptement que
dans l'atelier, où on les reportera, employant,

pour les prendre, des feuilles ou des petits rameaux.

Les vers levés les derniers doivent se mettre
sur des claies séparées. Leur assoupissement sera
retardé d'à peu près un jour ; mais si on veut que
leur mue se fasse en même temps que celle des
premiers levés, il suffira de les placer dans l'endroit le plus chaud de l'atelier, et de les tenir
plus écartés entre eux sur les claies, comme je
l'ai indiqué plus haut.

Maintenant que les vers commencent à manger un peu plus, il est avantageux de se servir
des paniers carrés que j'emploie (*Fig.* 19), avec
lesquels une personne travaille pour deux. La
coutume est que l'ouvrier tient avec une main
le panier ou le tablier dans lequel est la feuille,
et qu'avec l'autre il la distribue, chose qu'il ne
peut pas faire facilement et promptement avec
une seule main. Avec les susdits paniers, qu'on
suspend avec un crochet, et qu'on fait suivre
le long des bords des claies, la personne se sert
des deux mains, arrange et distribue mieux
la feuille, et donne à manger à deux claies en
même temps, en montant sur de petits bancs
ou sur de petites échelles commodes (*Fig.* 20
et 21).

Si on pèse toutes les litières du second âge,
on en trouve à peu près 21 livres. Cependant,
lorsque la feuille a été bien mangée, les excrémens noirs pèsent un peu moins de 6 livres. Il

faut faire attention que le plus ou moins d'humidité de ces ordures produit une grande différence dans le poids. Comme on a distribué sur les claies, depuis la fin du premier âge jusqu'à l'accomplissement du second, 90 livres de feuilles, il est clair qu'une partie des 69 livres de matière a servi à nourrir ces petits animaux, et que l'autre s'est perdue sous forme gazeuse.

Après deux ou trois repas, on aperçoit, ce premier jour, un changement sensible dans les vers. Ils ont beaucoup grossi; leur museau s'est sensiblement allongé, et la couleur de leur corps est devenue plus claire.

SECOND JOUR DU TROISIÈME AGE,

Onzième de l'éducation des vers à soie.

Il faut, pour ce jour, 90 livres de feuille mondée et coupée.

Les deux premiers repas doivent être plus petits que les deux autres, parce qu'à la fin de cette journée les vers commencent à avoir un grand appétit.

Peu à peu on élargit l'espace qu'ils occupent.

TROISIÈME JOUR DU TROISIÈME AGE,

Douzième de l'éducation des vers à soie.

Il faut, pour cette journée, à peu près 97 livres de feuille mondée et coupée, qui doit se partager en quatre repas, le premier et le second desquels seront les plus copieux. A la fin de la journée, l'appétit des vers diminue sensiblement, par conséquent le dernier repas doit être le plus petit.

Dans cette journée, les vers grossissent beaucoup; leur peau blanchit, leur corps devient presque transparent, et leur tête s'allonge sensiblement.

Si on observe une claie de vers à contre-jour, avant de leur donner le repas, ils semblent tous de couleur blanchâtre ambrée, et paraissent avoir de la poussière sur le dos.

Les contorsions qu'ils font avec la tête indiquent que le moment de l'assoupissement approche.

QUATRIÈME JOUR DU TROISIÈME AGE,

Treizième de l'éducation des vers à soie.

Il ne faut ce jour-là qu'à peu près 52 livres et demie de feuille mondée et coupée. Beaucoup de vers sont déjà assoupis.

On leur donnera quatre repas, le plus fort desquels doit être le premier, et le moindre le dernier. Ces repas ne seront donnés qu'aux vers des claies qu'on aura reconnus en avoir besoin.

Si on s'aperçoit qu'une grande partie des vers d'une table est assoupie, et que le reste désire encore de manger, il ne faut pas s'en tenir à

l'exactitude des repas, mais leur en donner un
léger une heure ou deux après, afin de rassasier
ceux qui veulent encore manger, et les faire assoupir plus vite. Ce soin est important; ces petits
repas intermédiaires produisent de très bons
effets.

CINQUIÈME JOUR DU TROISIÈME AGE,

Quatorzième de l'éducation des vers à soie.

Il faut, pour cette journée, 27 livres de feuille
mondée et bien coupée, qu'on distribue où le
besoin l'exige : il n'en restera ni n'en manquera
pas beaucoup. Dans l'un ou l'autre cas, il est facile d'y remédier.

Dès la veille les vers ont jeté partout de la bave
de soie (Chap. 1).

Ces insectes tendent à s'assoupir à l'air libre, et
à s'isoler dans un endroit sec, tenant la tête levée.
On le reconnaît à ceux qui sont près des bords
des claies, et surtout aux endroits où le papier
surpasse, et où il se rencontre quelques queues
de feuille qui dépassent en dehors. Tous les vers
ne pouvant satisfaire ce besoin, et étant forcés
de rester sur la litière, la plupart tiennent la tête
et une partie du corps droites, s'élevant au-dessus
de la feuille.

Lorsqu'ils sont au moment de s'assoupir, ils
se vident tout-à-fait, comme je l'ai déjà observé
ailleurs; ils n'ont presque pas d'excrémens, et

8

il ne reste dans leur tube intestinal qu'une lymphe jaunâtre, un peu transparente, qui tient lieu chez eux de presque tous les fluides animaux. C'est le motif pour lequel, avant que la peau qu'ils doivent quitter se ride et se sèche, elle est, comme je l'ai déjà dit, d'un blanc sale, ambré, et à demi transparente.

Lorsque les vers se disposent à la troisième et même à la quatrième mue, l'air intérieur de l'atelier doit être peu agité, et sa température ne doit pas varier beaucoup. On obtient cela en tenant les soupiraux supérieurs plus ou moins ouverts, ainsi que ceux qu'on aura dû pratiquer au pavé, comme nous en parlerons dans la suite (Chap. XIII).

SIXIÈME JOUR DU TROISIÈME AGE,

Quinzième de l'éducation des vers à soie.

Dans cette journée les vers s'éveillent, et accomplissent ainsi le troisième âge.

Faisant un résumé de cet âge, comme j'ai fait des autres, voici ce qui en résulte :

En six jours à peu près, ces insectes parcourent leur troisième âge.

Dans cet âge, les vers de cinq onces d'œufs ont consommé à peu près 300 liv. de feuilles ou de petits rameaux. Si on ajoute à ce poids 45 livres d'épluchures, il résulte que la feuille tirée de l'arbre fait en tout un poids de 345 liv., c'est-à-dire 69 liv. par once d'œufs.

Le museau des vers a conservé, dans le troisième âge, une couleur grise approchant du roux foncé; il n'a plus ce noir luisant qu'il avait dans le premier et le second âge, mais il s'est allongé, et s'avance beaucoup en dehors.

La tête et le corps sont devenus beaucoup plus gros qu'ils n'étaient du temps de la mue, quoique depuis on n'ait pas distribué de feuille. Cela démontre que ces insectes étaient trop serrés dans l'enveloppe qu'ils ont laissée, et que, s'en étant dégagés, l'air seulement leur a donné un aliment qui a suffi pour les étendre. Cet accroissement, qui est assez considérable, est beaucoup plus sensible dans le troisième âge que dans les précédens.

Dès que cet âge est accompli, le corps des vers est beaucoup plus ridé, particulièrement la tête; leur couleur est d'un blanc jaunâtre, ou pour mieux dire, peau-de-chamois. Vu à l'œil nu, leur corps paraît n'avoir plus de poils.

Les pates membraneuses, et particulièrement celles qui sont à l'extrémité postérieure, ont acquis à cet âge beaucoup de force et peuvent s'attacher fortement à tout ce qu'elles touchent. Dans ce troisième âge, on entend, lorsqu'on donne à manger aux vers, un petit bruit ressemblant assez à celui du bois vert qui brûle.

Ce bruit est l'effet du mouvement que font

les vers en détachant continuellement leurs petites pates pour les changer de place. Il diminue
à mesure que ces insectes se fixent pour manger.

La longueur moyenne des vers, qui était d'un
peu moins de 6 lignes après la seconde mue, est
devenue, en 7 jours, de plus de 12 lignes.

Le poids de ces insectes a également quadruplé
dans le même espace de temps. Après la seconde mue, 610 vers pesaient à peu près une
once; maintenant 144 seulement donnent le même
poids.

Il a suffi, dans cet âge, de tenir de temps en
temps ouvert quelque soupirail, la porte et même
la fenêtre, lorsque le temps était beau et calme,
et jusqu'à ce que le thermomètre fût descendu
d'un demi-degré.

Dans les journées très humides et pesantes,
un feu de bois léger donne assez de mouvement
à l'air intérieur pour qu'il n'y ait rien à craindre.

Dans cet âge, il ne m'est jamais arrivé que la
température extérieure, quoique plus élevée que
l'intérieure, fût au-delà des bornes établies.

§. IV.

Éducation des Vers à soie dans le quatrième âge.

La couvée de 5 onces d'œufs doit occuper alors un espace d'à peu près 412 pieds carrés, qui sera formé comme on a fait jusqu'alors.

La température de l'atelier doit être de 16 à 17 degrés.

Dans ce quatrième âge, comme dans le cinquième, il y aura probablement des journées pendant lesquelles on ne pourra pas conserver la température à 17 degrés, vu la chaleur généralement augmentée de la saison ; et, malgré toutes les précautions de l'art, elle pourra bien monter jusqu'à 18 degrés, et même plus.

Cette élévation de température ne doit inspirer aucune crainte, parce qu'elle ne produit pas de dommage. Il suffit seulement d'éviter que la circulation de l'air entre le dehors et le dedans soit interrompue. Dès qu'on s'aperçoit qu'on ne peut empêcher que l'air extérieur réchauffe l'atelier, il faut ouvrir les soupiraux, ainsi que toutes les ouvertures du côté le moins exposé au soleil. J'ai vu, dans l'espace de deux heures, la température de quelques uns de mes ateliers s'élever du 17ᵉ degré au 21ᵉ. Alors je n'ai fait qu'ouvrir toutes les ouvertures, et comme l'air était stagnant, j'ai fait faire de la flamme, avec du menu bois, dans les cheminées des angles (Chapitre XIII), pour établir un courant d'air de tous côtés, et renouveler ainsi tout l'air des chambres. Si, au lieu d'agir de cette manière, lorsque la chaleur de la saison augmente brusquement, ce qui accroît la fermentation de la litière, on empêchait que l'air extérieur entrât dans l'atelier, on courrait le risque de perdre des couvées entières de vers à soie, parce qu'à mesure qu'ils grossissent, la masse de la feuille et de la litière augmentant, l'humidité qui en résulterait ferait fermenter plus vite cette masse, la chaleur s'élèverait, et l'air deviendrait bientôt non seulement humide, mais pestilentiel (Chap. XII).

Ainsi qu'on l'a déjà fait, on ne doit enlever les vers des claies où ils ont accompli le troisième âge que lorsqu'ils sont presque tous éveillés, parce que, quoique les premiers éveillés attendent un jour et même un jour et demi avant d'être transportés, cela ne leur est pas nuisible. On place les premiers éveillés dans l'endroit de l'atelier le plus frais, et les claies des vers éveillés tard dans la partie de l'atelier qui a un peu plus de chaleur. Si on ne veut pas se donner cette peine, on peut se contenter de tenir plus écartés sur les claies les vers qui ont été les derniers à s'éveiller : en procédant ainsi, ils seront bientôt aussi gros que les autres.

Il est facile de connaître, par le moyen des thermomètres, quelle est la partie de l'atelier qui est constamment plus chaude : cette connaissance servira à rendre tous les vers égaux entre eux, particulièrement si les personnes qui leur distribuent la feuille sont un peu exercées.

Ces soins sont indispensables, si on veut que les vers montent dans la suite presque tous en même temps, d'autant plus qu'il résulte un grand dommage de leur inégalité, comme je le démontrerai dans la suite (Chap. VIII, §. V).

C'est après la troisième mue qu'il faut placer les vers de cinq onces d'œufs dans le grand atelier, où ils doivent rester jusqu'à la fin. Ce local doit pouvoir contenir au moins 917 pieds carrés de claies.

L'expérience démontre constamment l'avantage d'avoir des locaux bien proportionnés au besoin, autant pour l'économie du combustible, si la saison était froide, que pour l'utilité du service.

Il n'y aurait pas cependant un grand inconvénient, si on n'avait que deux ou trois petits locaux contigus au lieu d'un grand. On ne perdrait que l'avantage de la plus grande facilité qu'on a, dans les lieux spacieux, d'établir et de conserver, comme nous le verrons, des courans d'air plus réguliers (Chap. XIII).

Lorsqu'on se sert d'une seule pièce assez grande pour contenir les 917 pieds carrés de claies, il est avantageux d'en choisir la partie la plus commode pour y placer les 458 pieds 6 pouces carrés de claies où on doit mettre ces insectes jusqu'à l'accomplissement du quatrième âge, afin de les distribuer ensuite sur tout le reste de l'espace.

Il est facile de déterminer les 458 pieds 6 pouces de claies que les vers à soie, sortis du troisième âge, doivent occuper : il suffit de noter sur chaque claie le nombre de ses pieds carrés ; par ce moyen on voit, dans un moment, quelles sont les claies dont il faut se servir pour cet âge comme pour tous les autres.

Je dois citer ici de nouveau les avantages qu'a la méthode de distribuer les vers à soie par bandes ou par espaces qui ne doivent être occupés que par gradation, et lorsque ces insectes ont accompli les divers âges.

1°. On ne nettoie pas les claies dans le quatrième âge, parce que la litière, qui, peu à peu, s'élargit, ne s'échauffe pas, et ne prend pas de mauvaise odeur; 2°. la feuille, distribuée sur des espaces proportionnés, est entièrement mangée avant qu'elle se flétrisse et se gâte; 3°. avec ce procédé, les vers peuvent manger à leur aise, se mouvoir librement, bien transpirer et mieux respirer, tous avantages décisifs pour ces insectes (Chap. XIII).

PREMIER JOUR DU QUATRIÈME AGE,

Seizième de l'éducation des vers à soie.

Pour ce jour il faut 37 livres et demie de petits rameaux, et 60 livres de feuille mondée et
coupée grossièrement avec le grand tranchant
(*Fig.* 16).

Lorsque le moment d'enlever les vers de dessus
les claies est arrivé, il faut couvrir de petits rameaux une ou deux claies seulement à la fois.
Ces rameaux, chargés de vers, se placent ensuite
sur les petites tables, et se transportent comme
on a déjà fait pour les autres mues. Si on n'a pas
assez de petits rameaux, on peut mettre à leur
place des paquets de 15 ou 20 feuilles attachées
ensemble par leur pétiole.

Plus ces feuilles ont de la consistance, mieux
on enlève les vers; leur transport se fait mieux,
et ils éprouvent moins d'incommodité.

Il faut que cette opération soit faite par trois
ou quatre personnes, une pour remplir les petites
tables, une ou deux pour les transporter, et une
autre qui, des petites tables, fasse descendre
doucement les vers sur les claies aux endroits
déterminés pour cela : de cette manière, cette
opération se fait avec beaucoup de facilité et de
promptitude.

Les bandes de vers qu'on forme doivent occuper la moitié à peu près des claies sur lesquelles on

les place. J'ai déjà dit plus haut que les vers qui occupent 174 pieds carrés se mettent dans le milieu d'un espace de 412 pieds 6 pouces carrés de claies.

Dans le nombre qu'on a transporté on en voit quelques uns qui sont encore assoupis, ou qui, venant de s'éveiller, n'ont pas acquis assez de force pour grimper sur les petits rameaux ou sur la feuille.

Bientôt après le transport dans le grand atelier, on verra que les vers ont mangé toute la feuille des petits rameaux et toutes les feuilles qu'on avait employées pour les lever, et qu'ils restent sans aliment sur le papier.

On leur distribue alors 30 livres de feuille coupée grossièrement. Avec cette feuille, il faut remplir les intervalles qu'il y a entre les petits rameaux, et donner aux bandes qui occupent le milieu des claies l'ordre qui convient, faisant rentrer, avec le petit balai, la feuille qui dépasse la ligne latérale.

Après ce second repas, on voit que les vers qui avant étaient amoncelés çà et là sur les petits rameaux dépouillés s'étendent avec régularité.

Les 30 autres livres de feuille ne doivent se distribuer que lorsque la nourriture du second repas est entièrement consommée. Si on n'employait pas tous les petits rameaux, et s'il restait de la feuille, on la garderait pour le jour suivant.

Quoiqu'on ne soit pas dans l'usage de donner la feuille coupée dans le quatrième âge, j'ai cependant trouvé très avantageux de la faire distribuer coupée grossièrement, non seulement le premier jour, mais aussi le second et le troisième.

J'ai déjà dit plus haut que, lorsque les vers sortent de mue, ils sont faibles et ne mangent pas avec beaucoup d'appétit. La feuille récente, coupée grossièrement, exhale plus d'odeur, les stimule et les invite à manger ; d'ailleurs, les bords coupés leur présentent plus de facilité pour mordre.

On doit placer sur une claie séparée les vers enlevés les derniers de la litière, ainsi que je l'ai dit pour la seconde mue.

A la fin de ce premier jour, les vers commencent à montrer de la vigueur ; ils vont vite à la feuille, ils grossissent sensiblement, perdent leur vilaine couleur, blanchissent un peu, et commencent à se bien mouvoir.

Lorsqu'il n'y a plus de vers à soie dans ce petit atelier, il faut s'empresser de nettoyer les claies. On roule, comme je l'ai déjà dit plusieurs fois, les litières avec le papier sur lequel elles sont, et on les sort aussitôt de la chambre. Si on ne veut pas remettre de vers à soie dans cette chambre, on peut retarder cette opération.

Dans le troisième âge il y a eu sur les claies à peu près 300 livres de feuille mondée. Tout ce qu'on a enlevé ne pesait qu'à peu près 93 livres ; par conséquent, 207 livres de substance ont servi à faire croître ces insectes ou se sont perdues en vapeur. Les excrémens des vers dans cet âge pèsent à peu près 18 livres.

SECOND JOUR DU QUATRIÈME AGE.

Dix-septième de l'éducation des vers à soie.

Il faut, pour ce jour-là, 165 livres de feuille mondée et coupée grossièrement.

Les deux premiers repas doivent être les plus petits; et le dernier des quatre le plus grand.

Les vers grossissent considérablement, et leur peau continue toujours à devenir plus blanche.

En donnant la feuille, on doit continuer à étendre le lit des vers.

TROISIÈME JOUR DU QUATRIÈME AGE.

Dix-huitième de l'éducation des vers à soie.

On distribuera, ce jour-là, 225 livres de feuille mondée et coupée grossièrement.

Les deux premiers repas doivent être les plus petits, et le dernier des quatre d'à peu près 75 livres.

QUATRIÈME JOUR DU QUATRIÈME AGE,

Dix-neuvième de l'éducation des vers a soie.

Ce jour-là , la distribution de la feuille doit être de 255 livres.

Les trois premiers repas seront d'à peu près 75 livres chacun ; le quatrième de 45 livres seulement. Les vers blanchissent encore, et dans ce moment ils ont plus d'un pouce et demi de longueur.

CINQUIÈME JOUR DU QUATRIÈME AGE,

Vingtième de l'éducation des vers à soie.

Il ne faut qu'à peu près 128 livres de feuille mondée pour ce jour-là, parce que l'appétit des vers diminue beaucoup.

Le premier repas doit être le plus grand.

Les vers s'endorment dans cette journée.

On ne doit distribuer la feuille qu'en proportion du besoin , et seulement sur les claies où on aperçoit des vers encore éveillés, afin de ne pas en donner inutilement. On voit, dans la journée, des vers de vingt lignes de longueur.

SIXIÈME JOUR DU QUATRIÈME AGE,

Vingt-unième de l'éducation des vers à soie.

35 livres de feuille mondée suffisent pour cette journée.

Il est facile de s'apercevoir où et en quelle quantité elle doit être distribuée.

Depuis la veille les vers ont commencé à se ra-petisser, parce qu'ils se sont vidés, avant de s'as-soupir.

La couleur verdâtre de leurs anneaux a disparu, et leur peau semble toute ridée.

SEPTIÈME JOUR DU QUATRIÈME AGE,

Vingt-deuxième de l'éducation des vers à soie.

Les vers s'éveillent dans cette journée et ac-complissent leur quatrième âge.

En nous résumant, faisons les observations suivantes :

Dans sept jours à peu près, les vers ont accom-pli la quatrième mue.

Ils ont consommé, pendant tout ce temps, 900 livres de feuille mondée, et si nous ajoutons à ce poids 135 livres d'épluchures, nous aurons un poids total de 1,035 livres de feuille, qui, par-tagé en cinq parties, donnera 207 livres de feuille par once d'œufs.

Ce n'est pas ici le lieu de s'occuper de la dimi-nution en poids que subit la feuille par l'évapo-ration de l'humidité, depuis le moment qu'on la cueille jusqu'à celui qu'on la pèse et qu'on la met sur les claies. Nous en parlerons dans la suite (Chap. XIV).

Dans les sept jours du quatrième âge, les vers

ont grandi d'un demi-pouce, et ont augmenté de plus de quatre fois leur poids.

Après la troisième mue, 144 de ces insectes pesaient une once; maintenant il n'en faut que 35 pour le même poids.

Au sortir de cette mue, ils sont d'une couleur plus foncée; elle est grisâtre, s'approchant du roussâtre.

Pendant cet âge, il faut allumer des copeaux trois ou quatre fois par jour, dans les cheminées pratiquées aux angles de la chambre; on peut aussi employer de la paille sèche, parce qu'on ne doit avoir d'autres vues que d'agiter l'air par beaucoup de flamme, et d'augmenter momentanément la clarté de la chambre, sans intention de la réchauffer. Lorsqu'il s'agit d'établir un degré de chaleur constant dans l'atelier, on emploie les poêles, ou on brûle de gros bois dans les cheminées.

Lorsqu'on brûle les copeaux ou la paille, il faut laisser ouverts au moins les soupiraux supérieurs ou ceux du pavé, afin que l'air s'agite doucement partout.

Si la température du dehors n'est pas froide, et qu'il ne fasse pas de vent, on peut aussi ouvrir les portes et les fenêtres. Lorsque la température intérieure s'est abaissée d'à peu près un demi-degré par l'introduction de l'air extérieur, il faut fermer les portes et les fenêtres; on laisse les soupiraux ouverts, de cette manière la température remonte.

Si, au lieu de volets, on a des jalousies ou des persiennes, on doit ouvrir les vitres.

Il faut que les personnes qui servent l'atelier y respirent avec la même facilité que si elles étaient au grand air; elles n'y doivent trouver d'autre différence que celle qu'il y a entre la température intérieure et l'extérieure.

D'après cela, si l'on s'aperçoit que l'air intérieur devient un peu pesant, on fera de la flamme pour renouveler l'air.

Dans mes ateliers, l'air intérieur est plus agréable à l'odorat que l'extérieur, à cause de la bonne odeur que répand la feuille.

Nous verrons au chapitre XIII que la construction des ateliers doit être telle, qu'on puisse facilement et promptement prévoir et porter remède à tout ce qui peut contrarier les opérations.

CHAPITRE VII.

De l'éducation des Vers à soie dans la première période du cinquième âge, c'est-à-dire jusqu'au moment qu'ils se disposent à monter.

Le cinquième âge des vers à soie est le plus long et le plus décisif; il exige autant les lumières de l'homme instruit que les soins du magnanier exercé, parce que l'art d'élever ces insectes, ne

SECOND TABLEAU.

ÉDUCATION DES VERS A SOIE PROVENANT DE CINQ ONCES D'OEUFS.

1814.	MOIS.	FEUILLE MONDÉE.	TEMPÉRATURE intérieure.	TEMPÉRATURE extérieure à cinq heures du matin, au couchant.	Hygromètre du Chanoine Bellani.	TEMPS.	*OBSERVATIONS.*
PREMIER AGE. Jours d'éducation.							
Jour I	Mai 23	Livres 2 2 onces.	Degrés 18 17	Degrés 9		pluie.	Les vers à soie de certaines tables se sont éveillés un peu avant les autres. Par l'effet du froid extérieur, la température du petit atelier était, dans certains endroits, à un degré et demi au-dessous de certains autres, quoique tout l'atelier fût bien calfeutré. Ce degré de froid était du côté des ouvertures et des tables basses.
II	24	3 9	17	7		pluie et orage.	
III	25	4 9	17 16 ½	5		pluie et soleil.	
IV	26	8	16 ½	6		nuages et soleil.	
V	27	7 9	17	8		nuages.	
VI	28	1 3	17 ½	10		pluie.	
		30					
SECOND AGE.		Petits rameaux et feuilles.					
Jour VII	29	Livres 8 10	17	7	Degrés 68	pluie.	Les vers à soie s'assoupissent et s'éveillent avec plus de régularité et à des temps moins éloignés que dans le premier âge.
VIII	30	16 8	17	9 ½	70	brouillard et soleil.	
IX	31	23 6	16	11	64	*idem.*	
X	Juin 1	22 8	16	11	66	pluie.	
XI	2	10 8	16	14	66	pluie et soleil.	
XII	3	1 8	16 ½	13	70	nuages.	
		83					
TROISIÈME AGE.		Petits rameaux et feuilles.					
Jour XIII	4	Livres 21	16 ½	10	68	pluie et soleil.	Tout s'est fait avec régularité dans le troisième âge. Il s'est consommé 24 livres de feuille mondée de plus qu'en 1813. On a tiré moins d'épluchures de la feuille en 1814 qu'en 1813. En conséquence, la quantité totale de feuille a été à peu près la même les deux années.
XIV	5	45	16	10	69	nuages et soleil.	
XV	6	60	16 ½	13	70	pluie et soleil.	
XVI	7	90	16 ½	11	76	pluie.	
XVII	8	75	16 ½	10 ½	74	pluie.	
XVIII	9	30	16 ½	9	79	pluie et soleil.	
XIX	10	3	16 ½	11	78	pluie et soleil.	
		324					
QUATRIÈME AGE.		Petits rameaux et feuilles.					
Jour XX	11	Livres 75	16 ½	11	76	pluie et soleil.	On a mis deux jours à nettoyer les tables, parce que les vers à soie des tables placées dans le lieu le plus frais de l'atelier se sont assoupis et éveillés un jour après les autres. Il s'est consommé 30 livres de feuille mondée de plus qu'en 1813. Il y eut moins d'épluchures en 1814. La marche du quatrième âge a été assez régulière.
XXI	12	127 8	16 ½	14	75	nuages et soleil.	
XXII	13	180	16	14 ½	71	beau temps.	
XXIII	14	195	15 ½	13	74	nuages et soleil.	
XXIV	15	219	15 ½	14	75	soleil et pluie.	
XXV	16	105	16	15	72	*idem.*	
XXVI	17	7 8	16 ½	11	70	beau temps.	
		939					
CINQUIÈME AGE.		Petits rameaux et feuilles.					
Jour XXVII	18	Livres 180	16	12 ½	72	beau.	Le froid et l'inconstance de la saison rendent mémorables ces derniers onze jours. Les vers à soie prospéraient toujours. Mais comme les nuits étaient très froides, on n'a jamais pu obtenir, dans toutes les parties de l'atelier, une température parfaitement égale. On a été obligé d'allumer les poêles, et de brûler même du gros bois dans les cheminées, pour soutenir constamment la température nécessaire. Il a été consommé 84 livres de feuille de plus qu'en 1813. Les épluchures et le poids du fumier furent en moindre quantité qu'en 1813. Il y avait moins de mûres en 1814, et elles étaient même plus légères que les années antérieures. On a retiré six livres de cocons de plus. Quelques tables ont eu besoin d'un peu de feuille le 29 juin, XXXVIIIe jour de l'éducation; on s'est servi de celle qui n'avait pas été consommée la veille.
XXVIII	19	270	16	13	73	pluie et soleil.	
XXIX	20	360	16	11	73	*idem.*	
XXX	21	465	15 ½	12	75	pluie.	
XXXI	22	540	16	11	73	nuages et pluie.	
XXXII	23	675	16	9	72	pluie et soleil.	
XXXIII	24	825	16	10	74	*idem.*	
XXXIV	25	975	16	9 ½	74	*idem.*	
XXXV	26	740	16 ½	10	73	*idem.*	
XXXVI	27	430	16 ½	10	73	nuages et pluie.	
XXXVII	28	270	16 ½	8	72	pluie et soleil.	

Cinquième âge	livres 5,730
Quatrième âge	939
Troisième âge	324
Deuxième âge	83
Premier âge	30
Feuille mondée	livres 7,106

1,826 livres de feuille par once d'œufs.

Les vers à soie de cinq onces d'œufs, ayant consommé 9,130 livres de feuille, ont produit 601 livres 8 onces de cocons choisis, et 4 livres 8 onces de cocons de rebut. Il a été consommé à peu près vingt livres de feuille par livre de cocons.

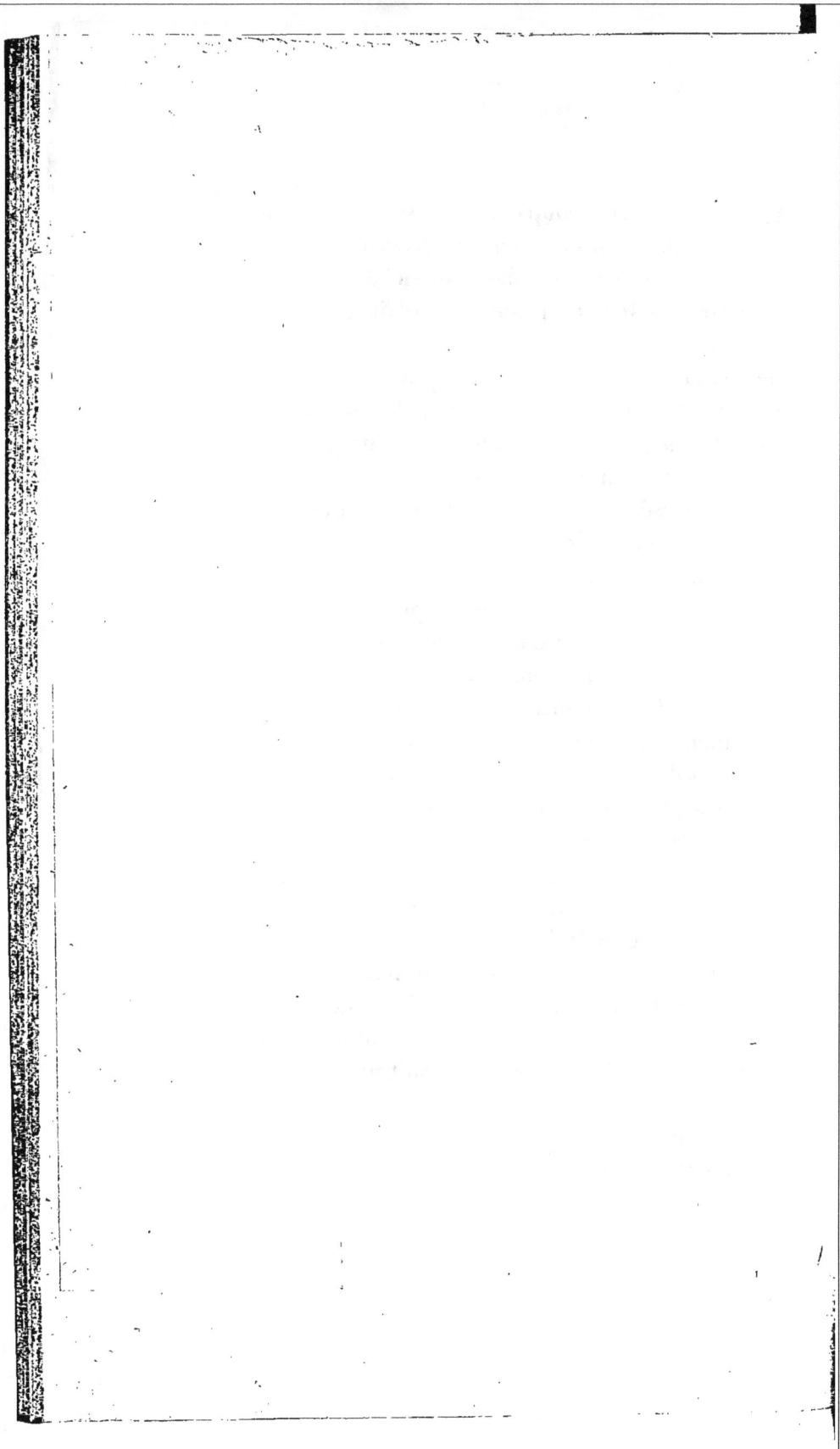

peut, comme beaucoup d'autres, se perfectionner sans l'application des sciences physiques.

Je n'entends pas cependant faire ici de la science; je désire seulement rendre populaires quelques vérités dont l'éducateur qui a du jugement peut facilement faire lui-même l'application, pour se garantir, dans tous les cas, des pertes que l'homme le plus exercé dans cet art ne peut être sûr d'éviter, s'il ne les connaît pas.

En conséquence, avant de reprendre et de continuer la description des soins journaliers des vers à soie, je ferai les observations suivantes :

Si les vers meurent dans le premier âge, la perte est petite, parce que la dépense cesse bientôt, et qu'on peut vendre la feuille qu'on avait gardée : si, au contraire, ils périssent dans le cinquième âge, la perte est considérable, parce qu'il y a déjà eu beaucoup de feuille consommée, qu'on a payé des journées d'ouvrier, et qu'on a fait d'autres dépenses : d'ailleurs on voit s'évanouir l'espoir d'un gain sur lequel on avait eu plus ou moins besoin de compter.

Il s'agit donc de bien connaître quelle est la condition des vers dans le cinquième âge pour savoir comment on doit se conduire pour les conserver sains et vigoureux malgré toutes les contrariétés, soit de l'atmosphère, soit produites par d'autres causes.

A mesure que, dans le cinquième âge, les vers grossissent, il se déclare contre eux trois ennemis

9

qui, selon qu'ils sont plus ou moins forts et réunis dans l'atelier, peuvent les affaiblir de manière à les faire périr promptement.

Ces ennemis sont :

1°. La presque incroyable quantité de vapeur aqueuse qui se dégage chaque jour de ces insectes par la transpiration et l'évaporation de la feuille qu'on leur distribue (Chap. XIV).

2°. Les émanations méphitiques et mortelles qui se dégagent chaque jour de ces vers, de leurs excrémens, de la feuille et de ses restes [1].

[1] On sera surpris d'apprendre combien est grande la quantité d'air méphitique non propre à la respiration, et par conséquent mortel, qui se dégage des vers à soie, particulièrement au cinquième âge, dans un atelier de cinq onces d'œufs.

Qu'on mette une once de fumier pris de dessus les claies dans une bouteille qui puisse contenir une livre et demie d'eau ; qu'on bouche hermétiquement cette bouteille ; six ou huit heures après, selon le degré de température, l'air respirable que la bouteille contenait s'est vicié et se trouve converti en un air mortel.

Pour s'en assurer, il suffit d'ouvrir la bouteille et d'y placer aussitôt un petit oiseau ; il tombera à l'instant en asphyxie, et mourra si on l'y laisse quelques momens. Si, au lieu d'un petit oiseau, on y introduit une petite bougie allumée, elle s'éteint. Ces phénomènes n'auraient pas eu lieu, si on avait fait ces expériences avec une bouteille dans laquelle il n'y aurait eu que de l'air atmosphérique.

D'après cela il est clair que, lorsque, dans le cinquième âge, l'atelier dont j'ai parlé plus haut contient 1,200 livres et plus de fumier, cette quantité peut vicier, chaque huit heures à peu près, un volume d'air égal à celui que peuvent contenir 16,800 pintes de Paris, c'est-à-dire des bouteilles de deux

3°. La qualité humide et chaude de l'air atmosphérique, ainsi que la chaleur étouffée de l'atelier pendant le cinquième âge.

Ces trois ennemis nuisent aux vers à soie de
trois manières :

1°. Si les vapeurs aqueuses produites par la
feuille et par la transpiration de l'insecte, sont
accumulées dans l'atelier, elles tendent sans cesse
à relâcher la peau du ver; cet organe, perdant
alors une partie de son élasticité, l'insecte se
trouve dans un état de torpeur, son appétit diminue, le mouvement de ses organes sécréteurs se
ralentit, et des maladies de divers genres, et même
la mort, en sont la conséquence (Chap. XII).

2°. Les émanations méphitiques qui se dégagent du corps de l'insecte et de la feuille rendant la
respiration difficile, produisent les mêmes effets;

3°. L'humidité et la stagnation naturelle de
l'air atmosphérique, augmentées par l'humidité
de l'atelier, provoquent une grande fermentation
dans le fumier, et conséquemment un dégagement
de chaleur qui, faisant perdre à l'air son élasticité, le rend meurtrier au point de détruire entièrement les vers en peu d'heures [1].

livres, et dans un jour cette quantité de fumier en vicierait
un volume de 50,400 pintes.

Cette observation suffira sans doute pour faire sentir combien il est nécessaire de se délivrer du mauvais air à mesure
qu'il se dégage, en le renouvelant continuellement et doucement.

[1] Il y a une autre cause de maladie et de mort dont l'auteur

A ces causes de maladies promptes, souvent il s'en joint une autre qui provient de ce qu'on ne fait pas mention, et qu'on trouve expliquée avec détail dans le Cours d'Agriculture rédigé par M. l'abbé Rozier. Voici comment s'exprime, à ce sujet, l'auteur de l'article qui traite des vers à soie :

« L'air méphitique n'est pas la seule cause de la mort prompte des vers ; l'électricité atmosphérique y contribue au moins autant, et de la même manière qu'elle concourt à faire tourner le lait, et à la prompte et étonnante putréfaction des corps animalisés, surtout du poisson de mer. Quoi qu'il en soit de cette opinion, voici un fait qui prouve la justesse de son application sur les vers à soie :

« Une année, je disposai des fils de fer assez minces le long de quatre tablettes réunies par leurs supports ; ces mêmes fils de fer furent prolongés sur toute la longueur des supports ; enfin, tous réunis par le bas et sur le carreau de la chambre, ils traversaient le mur et allaient se plonger dans une citerne pleine d'eau. Les autres tablettes de l'atelier ne furent pas ainsi armées de conducteurs électriques. La saison fut parfois orageuse, cependant exempte de ces grandes chaleurs suffocantes qu'on éprouve quelquefois. La litière de toutes les tablettes de l'atelier était changée aussi souvent que je l'avais conseillé ; ainsi toutes les circonstances furent égales. Je ne crains pas de certifier que, sur toutes les tablettes armées de conducteurs, les vers à soie furent constamment plus alertes, plus sains que sur toutes les autres ; enfin que les tablettes non armées, voisines de celles qui l'étaient, se ressentirent un peu du bienfait des conducteurs. Après cela, sera-t-on étonné que l'observation ait engagé les paysans à armer avec de la vieille ferraille le dessous des nids où les poules doivent couver? De graves auteurs ont traité cette pratique de puérilité : avant de la condamner, il convenait d'avoir suivi l'expérience. »

On ne peut douter que l'impression trop forte du fluide

tient les vers trop serrés sur les claies, particulièrement dans le dernier âge. Cet insecte, ainsi

électrique sur les vers à soie, dans certaines variations atmosphériques, ne puisse rendre malades et frapper même
promptement de mort ces insectes.

Il me semble qu'on n'observe pas assez le grand rôle que
joue ce puissant agent dans la nature, et particulièrement sur
et dans les corps organisés. Il y a de grands rapports entre sa
nature et celle de l'élément qui règle leur vie. On le trouve
dans l'intérieur du globe, à sa superficie, dans tous les êtres
organisés qui l'habitent, et dans les régions d'air qui l'enveloppent. Une infinité de phénomènes de géologie, d'histoire
naturelle et de météorologie dépendent de lui. Les médecins
ont observé ses rapports avec le système nerveux; ils l'ont
considéré comme remède, et en ont fait des applications tantôt
heureuses et tantôt malheureuses, et ces dernières ont été
cause qu'on l'a injustement négligé sous ce rapport. Ma pratique journalière m'a convaincu qu'il doit être considéré, en
médecine, sous un autre aspect non moins intéressant. Je vois
quelquefois disparaître en moins d'une heure, sans aucune
évacuation, des douleurs qu'on nomme vulgairement rhuma-
tismales, par l'application de certains médicamens, soit en
frictions, soit en forme d'emplâtre. Peut-on dire que la douleur venait de trop d'excitation, et que le remède a produit
le relâchement; ou de manque d'excitation, et que le remède
l'a augmentée? Non, puisque toute autre substance relâchante
ou excitante n'a pu produire le même effet. Ce phénomène
tient donc à une qualité particulière du remède appliqué; ou
la douleur dépendait d'une trop grande quantité, sur la partie,
d'un fluide impondérable qui paraît être de même nature
que l'électrique, et le remède, qui avait la faculté de l'attirer
à soi, en a délivré cette partie; ou la douleur dépendait d'une
diminution de ce même fluide dans cet organe, et alors le
remède lui a communiqué une partie de celui qu'il contenait.

que je l'ai déjà dit, ne respire pas par la bouche comme nous, mais bien par les petits trous qui

Les inductions que je tire peuvent être très hypothétiques ; mais les faits sont certains, et il n'est pas de praticien observateur qui ne puisse reconnaître qu'en faisant appliquer, par exemple, l'emplâtre de cantharides comme rubéfiant sur une partie douloureuse, la douleur disparaît quelquefois une heure après l'application ; et qu'en faisant faire des frictions avec une préparation de cantharides, il n'ait obtenu le même phénomène, comme aussi en faisant des frictions sèches, soit avec une pièce de laine, soit avec une brosse. Il est à désirer qu'on fasse des expériences pour connaître comment se comportent les médicamens mis en contact direct avec le fluide électrique. Je suis persuadé que de bonnes données sur ce point de science entièrement neuf seraient très avantageuses dans la pratique médicale. Dans mon traité de la variole et de la varicelle, j'invite les physiciens à s'en occuper.

Je pense que le fluide électrique est un des élémens nécessaires qui constituent et mettent en jeu tous les tissus organiques ; qu'il joue un rôle principal dans la production des phénomènes qui émanent du contact des substances médicamenteuses avec l'économie animale à l'état morbide, et que son rôle principal dépend de son état d'accumulation ou de soustraction générale ou partielle.

Mon ami le docteur Bellingeri, écrivain distingué de Turin, qui, depuis l'époque même de ses études, s'est appliqué à connaître les rapports du fluide électrique de l'atmosphère avec les diverses substances qui constituent notre organisation, ou qui en émanent à l'état physiologique et pathologique, a déjà publié des Mémoires très intéressans sur l'électricité du sang à l'état morbide, sur celle de l'urine à l'état sain et de maladie, sur les solides animaux, et sur les liquides minéraux. Pour ces derniers, il a reconnu qu'on doit les distinguer en trois classes : en liquides qui offrent l'électricité

sont tout près de ses pates, et qu'on nomme stigmates (Chap. II). Ces vaisseaux respiratoires sont
presque tout-à-fait ouverts ou bouchés lorsque
les vers sont l'un sur l'autre, ce qui rend leur
respiration très difficile, et ralentit la transpiration (Chap. XII).

Si on ne reconnaît et ne combat pas de suite
les causes de maladies, l'entière récolte se détruit

positive, en ceux qui la présentent négative, et enfin en simples
conducteurs. Il range dans la première classe les alkalis, les
terres et les sulfures ; dans la deuxième, les acides ; et dans
la troisième, l'eau et les diverses solutions dans ce liquide qui
ne changent pas son électricité, mais qui se mettent constamment en équilibre avec l'électricité de l'air, et qui, par
conséquent, peuvent être considérées comme de simples conducteurs de l'électricité atmosphérique. Il m'a dit, il y a
quelque temps, qu'il s'occupait d'expériences sur les médicamens à l'état solide. Depuis long-temps je soupçonne
que le tartre stibié a pour action principale, dans l'état in-
flammatoire de l'économie, de soustraire le fluide vital trop
augmenté et accumulé. Je citerai en faveur de ma manière de
voir générale sur le fluide électrique les succès qu'on obtient en
ce moment à Paris avec l'acupuncture. M. Pelletan, professeur de physique médicale à l'École de médecine, a démontré
à l'évidence que, lorsque les aiguilles sont enfoncées dans les
chairs, il se forme un courant électrique ; et comme les douleurs les plus vives disparaissent dans peu d'instans, on doit
penser qu'elles n'étaient que l'effet d'une accumulation de
fluide électrique sur les nerfs douloureux que l'aiguille con-
ductrice a soustrait, en l'attirant dans le réservoir commun.

Je prie mes lecteurs de m'excuser si j'ai placé ici une di-
gression qui s'éloigne du texte, et qui ne peut guère inté-
resser que les médecins.   (*Le Traducteur.*)

au moment où on avait les meilleures espérances : nous en avons malheureusement trop de preuves tous les ans et dans tous les pays.

J'oserais promettre qu'on ne verra jamais paraître aucune de ces causes si on suit exactement tout ce que je vais prescrire pour le cinquième âge.

Dans ce chapitre, je parlerai :

1°. De l'hygromètre, instrument avec lequel on mesure les degrés d'humidité de l'air dans l'atelier.

2°. De la bouteille pour purifier l'air, et pour dessécher les substances excrémentielles qui sont sur les claies.

3°. De la manière de sécher facilement les feuilles dans les temps continuellement pluvieux.

4°. De l'éducation des vers à soie jusqu'à l'approche de leur maturité.

§. Ier.

De la nécessité de l'hygromètre pour mesurer les degrés d'humidité de l'air dans l'atelier.

Nous sommes toujours entourés de corps qui tantôt attirent l'eau contenue dans l'air atmosphérique, et tantôt lui en donnent : ce phénomène se passe continuellement sous nos yeux.

Nous voyons souvent, par exemple, que le sel qu'on nous présente sur la table est plus ou moins humide selon l'état de l'atmosphère, c'est-à-dire selon qu'il y a de l'eau contenue dans l'air. C'est pour cela que nous disons souvent : *Le temps est humide aujourd'hui.*

L'air atmosphérique est, en général, sec lorsqu'il souffle des vents du nord, et humide lorsqu'ils viennent du midi.

Les physiciens ont cru utile d'inventer des instrumens propres à mesurer la quantité d'humidité que peut contenir l'air dans quelque circonstance que ce soit, se servant, pour les construire, de corps qui attirent l'humidité de l'air facilement et par gradation, et qui la rendent à l'atmosphère toutes les fois qu'elle est sèche.

Ces corps, qui s'allongent en recevant de l'humidité et se raccourcissent en la perdant, placés comme il convient dans certains instrumens, montrent par degrés la quantité d'humidité qu'ils perdent ou qu'ils reçoivent. Ces petites machines s'appellent *hygromètres* ou *hygroscopes,* c'est-à-dire *mesureurs* ou *indicateurs* de l'humidité.

Comme on a observé qu'en général l'air sec s'accompagne du beau temps, l'hygromètre sert aussi, dans beaucoup de lieux, à prédire le temps pluvieux ou serein.

Je ne m'étendrai pas davantage sur les particularités de cet instrument, et sur les corps avec lesquels on peut le former. Je dirai seulement que, de quelque manière qu'il soit fait, il sert beaucoup pour les vers à soie, et que partout on trouve à s'en procurer.

En plaçant cet instrument dans l'atelier,

l'homme le moins éclairé peut reconnaître facilement que l'air est trop humide, et y remédier
de suite, employant les moyens que j'ai déjà indiqués plusieurs fois pour faire sortir l'air pesant,
et le remplacer par celui du dehors, qui ne peut
être jamais aussi humide.

Il serait avantageux qu'il y eût deux hygromètres dans un atelier, placés à une certaine distance
l'un de l'autre, afin de mieux connaître les degrés
d'humidité des divers points de la chambre.

Il y a des hygromètres auxquels se trouve réuni
le thermomètre. Si on ne veut pas faire la dépense
des hygromètres [1], et qu'on se contente de moins

[1] Je ne saurais assez recommander à ceux qui s'occupent
de l'art d'élever les vers à soie de se servir de ce précieux
instrument, qui indique avec beaucoup de facilité l'existence
d'un des plus puissans ennemis des vers dans l'atelier (*).

On pensera peut-être que je propose trop d'ustensiles ou
d'instrumens. Je crois n'avoir choisi que ceux qui sont de
pure nécessité pour assurer la réussite des vers à soie.

Sans ces instrumens, on ne pourrait, par exemple, distinguer dans un atelier :

1°. Que la température est non seulement plus basse près
des ouvertures, et plus haute près des poêles et cheminées,
mais qu'elle est aussi plus basse autour des claies qui sont
près du pavé qu'autour des autres.

2°. Que la température dans l'atelier varie moins aux par-

(*) L'hygromètre à cheveu de M. de Saussure, qui est le plus
exact, vient d'être perfectionné par M. Lagarde, opticien, que j'ai
déjà cité dans une précédente note. Il m'a dit même qu'il peut le
livrer pour 9 francs, tandis que celui de Saussure se vend 36 fr.
Il loge maintenant quai Pelletier, 12.   (Le Traducteur.)

d'exactitude pour un objet qui est cependant bien important, on peut employer le sel de cuisine grossièrement pilé et mis sur un plat.

Lorsque l'hygromètre indique un état très humide de l'air, ou lorsque le sel paraît humide, on doit faire brûler des copeaux ou de la paille (Chap. VI) dans les cheminées, afin d'absorber tout l'air humide, et de le faire remplacer par l'air extérieur, qui se sèche aussi par cette même flamme. Je dis flamme, et non feu de gros bois, pour deux motifs :

Le premier est qu'en brûlant, par exemple, deux livres de copeaux ou de paille sèche et éparpillée, on attire promptement, de tous les points

ties supérieures qu'aux inférieures ; ce qui fait que généralement les vers réussissent mieux sur les tables hautes que sur les basses.

3°. Que l'humidité prédomine presque toujours plus dans le bas que dans le haut.

4°. Que l'air se renouvelle plus difficilement dans les angles de l'atelier que dans aucune autre partie.

5°. Que les vers à soie et les cocons réussissent constamment mieux dans les parties de l'atelier où le mouvement de l'air est continuel, bien réglé et lent.

6°. Finalement que, sans les instrumens ci-dessus indiqués, il dépendrait des ouvriers qui servent dans l'atelier, ainsi que je l'ai déjà dit à la deuxième note, de cacher au maître le degré de chaleur trop grand ou trop petit auquel ils auraient par négligence exposé l'atelier.

Toutes ces connaissances me paraissent bien précieuses, et donnent un caractère de précision et d'exactitude à l'art d'élever les vers à soie, qu'on n'avait jamais vu.

de la chambre vers les cheminées, une grande quantité d'air qui sort par le tuyau de ces cheminées. En même temps, cet air est remplacé par une autre grande quantité d'air extérieur qui se répand sur toutes les claies et restaure les vers exténués. Ce renouvellement d'air a lieu sans que le degré de chaleur de l'atelier varie beaucoup. Si, au contraire, on employait du gros bois, il faudrait plus de temps pour mouvoir l'air intérieur; on consommerait dix fois plus de bois, et on échaufferait trop la chambre. Le mouvement de l'air dans l'atelier est, à circonstances égales, d'autant plus grand qu'est grande la flamme des corps qu'on fait brûler promptement.

Ceux qui n'ont ni copeaux ni paille sèche peuvent employer d'autre petit bois sec et léger.

Aussitôt que la flamme s'élève, l'hygromètre annonce que l'air s'est un peu séché, et on en distingue même les degrés.

Le second motif qui doit faire préférer le menu bois est la grande quantité de lumière que produit sa combustion. On ne peut s'imaginer combien elle influe sur la santé et l'accroissement des vers à soie. Nous-mêmes quelquefois, étant saisis par le froid, ou fatigués et suans, nous nous sentons restaurés par la grande lumière que le feu réfléchit et qui nous pénètre. La chaleur du feu sans flamme ne produit jamais cet effet.

Concluons donc que le feu de gros bois ou de poêle est toujours utile lorsqu'il est question de maintenir stable la température dans un atelier, et que l'air n'y est pas trop humide; mais qu'il faut se servir de la flamme si on veut chasser l'air chargé de trop d'humidité, et le remplacer promptement par l'air extérieur. Quand je parlerai en particulier de l'atelier, je m'expliquerai davantage sur ce sujet (Chap. XIII).

Jusqu'à présent j'ai parlé de l'humidité qui se dégage dans l'atelier, et dont nous ferons ailleurs un calcul approximatif (Chap. VIII, §. VII), et je n'ai encore rien dit de celle dont l'atmosphère est souvent chargée.

Un hygromètre placé dans une chambre contiguë ou au dehors indiquera l'état de l'atmosphère. S'il est humide, il augmentera l'humidité de l'atelier; alors il faudra faire plus fréquemment de la flamme pour y maintenir un air plus sec que celui du dehors. Dans le cas d'humidité de l'air extérieur, il faut faire souvent de petits feux, afin de ne pas communiquer un grand mouvement à l'air extérieur, et de conserver seulement une agitation douce et graduée à l'air intérieur, ce qui est très avantageux aux vers. En conservant toujours un peu de mouvement à l'air intérieur, on obtient le même effet que s'il était plus sec. Lorsqu'il peut librement circuler et sortir, et qu'il est à une douce température, il ne se charge pas si facilement d'humidité.

Le thermomètre ensuite indiquera si la température de l'atelier n'exige pas que l'on fasse du feu

avec du gros bois, pour conserver le degré de chaleur fixé pour cet âge, qui est le plus important.

Dans notre climat, le besoin de l'air humide
dans l'atelier ne se présente jamais; il doit y être
toujours sec.

S'il souffle des vents du nord, particulièrement
au cinquième âge, il est rare qu'ils ne réussissent
pas, même entre les mains des gens de la campagne les plus ignorans, parce que l'air sec ab-
sorbe la grande humidité qui sort de ces insectes
et de la feuille, et l'entraîne au dehors. Cet air
pénètre partout; il entre même dans les chambres
fermées, et enlève l'humidité de tous les corps,
parce qu'il a une grande attraction pour l'eau,
ainsi que nous pouvons nous en apercevoir continuellement dans nos habitations. J'ai toujours
observé que les grandes pertes qui arrivent aux
magnaniers ignorans ont lieu dans le cinquième
âge, à raison de l'air rendu humide par quelque
vent du midi, qui est mortel pour les vers. Ces
petits insectes se trouvent alors dans un bain de
vapeur chaude qui les affaiblit, les empêche de
transpirer et les fait périr, quoiqu'une heure
avant ils parussent être de la meilleure santé, et
qu'ils fussent près de monter.

Dans les pays élevés, où l'air est toujours plus
sec et plus agité, on est moins sujet à éprouver
les pertes sus-indiquées [1].

[1] M. le chanoine Bellani, physicien à Milan, dont M. Dandolo a parlé à la page 46, a inventé un instrument utile aux

(143)

§. II.

De la bouteille qui purifie l'air de l'atelier.

L'application des sciences physiques à la pratique des arts agronomiques peut contribuer beaucoup, et en peu de temps, à détruire des erreurs invétérées, et à procurer des améliorations rapides.

Jusqu'à présent, par exemple, on avait cru purifier l'air intérieur d'un atelier en brûlant telle ou telle substance végétale odorante pour obtenir une bonne odeur. On ne savait pas qu'au lieu de bonifier l'air par ce moyen, on le rendait sensiblement plus mauvais.

Il serait peut-être utile d'exposer ici certains

magnaniers éclairés ; il le nomme *eudiomètre*. Ce mot exprime son usage : il fait reconnaître exactement les degrés de pureté de l'air vital (gaz oxigène) que contient l'air atmosphérique. Avec cet instrument, on connaît aisément si les couches d'air qui sont immédiatement au-dessus du lit des vers à soie ne contiennent pas assez d'air vital, et si elles sont chargées d'air fixe (acide carbonique). L'eudiomètre à la main, le magnanier peut, à chaque instant, s'assurer sur tous les points de l'atelier si l'air est vicié. Il n'est pas nécessaire, ajoute M. Dandolo, que tous les magnaniers aient cet instrument ; mais il sera toujours avantageux dans les mains d'un cultivateur éclairé, qui doit savoir que l'art d'élever les vers à soie est susceptible, avec le temps, d'acquérir un grand perfectionnement, ce qui n'aurait jamais eu lieu sans le secours des sciences physiques et des ustensiles qui facilitent prodigieusement la réussite des récoltes.   (*Le Traducteur.*)

principes qui appartiennent plus aux sciences physiques qu'à l'art dont je traite ; mais je pense qu'il suffira d'indiquer quelques faits certains et positifs, desquels la science elle-même a déduit ces principes.

1°. De quelque manière qu'on brûle un végétal, non dans la cheminée, mais dans une chambre fermée, et quelle que soit la bonne odeur qu'il répande en brûlant, il consume une partie de l'air respirable ou vital contenu dans la chambre : ce qui doit nécessairement le rendre plus malsain.

2°. Ce végétal non seulement consume de l'air, mais il produit en échange un air méphitique funeste à la respiration, et qui peut faire périr dans peu les vers qui le respirent.

3°. Le vinaigre même qu'on verse sur des corps embrasés se décompose, et augmente l'air méphitique. Ces inconvéniens sont mitigés.

1°. Si on brûle les plantes odorantes dans la cheminée, dans ce cas, l'effet est le même que lorsqu'on fait produire de la flamme.

2°. Si, lorsqu'on met le feu aux végétaux odorans, on ouvre partout, alors le mouvement qui a lieu entre l'air extérieur et intérieur chasse une partie de l'air vicié de la chambre.

3°. Si les corps sur lesquels on verse le vinaigre ne sont qu'échauffés, au lieu d'être rougis par le feu, alors le vinaigre ne se décompose pas ; il se met seulement en vapeur, et est moins nuisible.

La fumée des cheminées, qui se répand souvent dans les ateliers, et qui y reste stagnante, nuit aussi aux vers; cet inconvénient dépend ou de la mauvaise construction des cheminées, ou d'un manque de soins dans l'atelier. Il peut se faire que la fumée soit causée par quelque courant d'air. Dans ce cas, elle est bien moins mauvaise, parce qu'alors l'air est agité; cependant, si elle se répand fréquemment dans la chambre, elle peut être très nuisible.

Lorsque la fumée a pour cause l'air extérieur poussé avec force du tuyau de la cheminée dans l'atelier, et quand cet air déjà méphitique s'échauffe par le feu qu'on fait dans la chambre, il peut occasionner, dans peu, la suffocation et la mort des vers, surtout s'il se trouve de l'humidité dans l'atelier, ce qui malheureusement a trop souvent lieu.

L'obscurité est une autre cause de la corruption de l'air des ateliers; plus elle est grande, plus il se dégage d'air mortel de la feuille du mûrier. Si l'exposition des vers à soie au soleil n'entraînait pas des inconvéniens, ils se trouveraient au milieu de l'air vital, parce que la feuille qui, placée à l'ombre et à l'obscurité, exhale un gaz délétère, dégagerait alors l'air le plus pur qui existe[1].

[1] Il y a dans l'ordre de la nature un fait constant très surprenant : lorsque les feuilles des végétaux sont frappées par les rayons solaires, elles dégagent une quantité immense d'air

10

A l'inconvénient que produit l'obscurité en
viciant l'air des ateliers il faut ajouter celui que
vital qui est nécessaire à la vie des animaux, et qu'ils consomment continuellement par la respiration.

Ces mêmes feuilles, placées à l'ombre ou dans l'obscurité,
dégagent une quantité immense d'air fixe ou méphitique qui
ne peut servir à la respiration, et au milieu duquel tous les
animaux périssent.

Qu'on place une once de feuilles fraîches de mûrier dans
une bouteille à goulot large, de la grandeur d'une pinte de
Paris, et bien fermée ; qu'on expose ensuite cette bouteille aux
rayons solaires : au bout d'une heure ou à peu près, selon la
force du soleil, on s'apercevra, en renversant la bouteille et
en y introduisant une bougie allumée, que la flamme deviendra
plus vive, plus blanche, et qu'elle s'agrandira. Cela prouve
que l'air vital qu'il y avait dans la bouteille a été augmenté
par celui qui s'est dégagé des feuilles.

Qu'on mette en même temps dans une bouteille égale à la
première, et bouchée comme elle, une autre once de feuilles,
et qu'on la place à l'obscurité, soit dans quelque caisse, soit
en l'enveloppant de linge, de manière qu'elle se trouve entièrement privée de lumière : deux heures après, selon le
degré de température, si on ouvre la bouteille, et qu'on y
plonge une bougie allumée ou un petit oiseau, on verra
bientôt la bougie s'éteindre, et l'oiseau périr, comme si l'un
et l'autre eussent été plongés dans l'eau. Ceci prouve que la
feuille a dégagé, à l'obscurité, de l'air méphitique, tandis
qu'au soleil elle a produit de l'air vital.

Ce que je viens d'exposer fait voir jusqu'à l'évidence combien il est essentiel que les ateliers soient bien éclairés.

D'ailleurs la lumière tend, pour ainsi dire, à volatiliser la
vapeur aqueuse avec laquelle elle se trouve en contact : il
n'y a donc pas de doute qu'à circonstances égales l'air d'un
atelier bien éclairé ne soit plus sec.

Il y a beaucoup de personnes qui croient que la lumière

causent aussi les lumières qu'on y emploie pour y voir.

Cette série de causes d'altération de l'air intérieur que doivent respirer les vers peut être appelée une presque continuelle conjuration contre leur santé et leur vie; et s'ils y résistent et ne succombent pas plus qu'on ne le voit, cela prouve bien qu'ils ont une grande force de tempérament.

Parlons maintenant du remède propre à purifier l'air intérieur de l'atelier, à neutraliser ou à détruire en partie le venin qui émane des substances fermentées qui sont sur les claies, et à produire une espèce de desséchement de celles qui se disposent à fermenter.

Je commence par faire observer que ce remède

nuit aux vers à soie. Il est certain que, dans les climats dont ils sont originaires, elle ne leur est pas nuisible, quoiqu'ils s'y trouvent exposés en beaucoup de circonstances. Il n'est pas d'ailleurs ici question de mettre les vers au soleil, mais bien de rendre leurs habitations éclairées comme les nôtres.

Il m'a paru constamment que, du côté où la lumière donne plus directement sur les claies, les vers étaient en plus grand nombre et plus vigoureux qu'aux endroits où les bords des claies faisaient ombrage : motif pour lequel je donne peu de bord aux claies; tout le monde peut facilement faire la même observation. J'ai vu plusieurs fois des rayons solaires frapper directement les vers, et je ne me suis jamais aperçu qu'ils en fussent agités. Si les rayons avaient été trop chauds, et qu'ils eussent dardé trop long-temps, les vers en auraient peut-être été incommodés.

ne coûte, pour chaque atelier de cinq onces d'œufs, qu'à peu près trente sous.

On prend six onces de muriate de soude presqu'en poudre (sel commun), qui coûtent moins de deux sous; on les mêle bien avec deux onces de poudre d'oxide noir de manganèse (manganèse), qu'on vend ordinairement un sou et demi l'once : on met ce mélange dans une bouteille de verre noir, et on y ajoute à peu près deux onces d'eau commune : on bouche cette bouteille avec un bon bouchon de liége, de manière qu'il en reste dehors une suffisante quantité pour pouvoir le tirer.

On doit tenir cette bouteille dans un point de l'atelier éloigné du poêle et des cheminées. On met dans une autre petite bouteille quelconque une livre et demie d'acide sulfurique, vulgairement appelé huile de vitriol, qu'on trouve chez les apothicaires, et on tient cette bouteille près de la première. Il faut avoir aussi un petit verre à liqueur ou une cuillère de fer.

On emploiera ce remède toutes les fois qu'en entrant dans l'atelier on sentira que l'air n'est pas aussi agréable à l'odorat qu'à l'ordinaire, et que la respiration est gênée.

Voici maintenant comment on doit en faire usage :

On remplit le petit verre à liqueur, ou les deux tiers de la cuillère, d'huile de vitriol, qu'on verse dans la grande bouteille : il se dégage bientôt une vapeur blanche. On promène de suite cette bouteille dans tout l'atelier, la tenant élevée, afin que la vapeur se répande bien partout.

Lorsqu'il ne sort plus de vapeur, ce qui arrive au bout de deux ou trois minutes, il faut boucher de nouveau la bouteille, et la remettre où elle était.

Quand même on ne sentirait aucune différence entre l'air extérieur et intérieur pendant le cinquième âge, il est bon de répéter cette fumigation deux ou trois fois par jour, de la manière ci-dessus indiquée.

A mesure qu'on renouvelle l'opération, on diminue la dose d'huile de vitriol ; la quantité d'ingrédiens indiquée suffit pour chaque atelier de cinq onces d'œufs.

On peut laisser la bouteille ouverte une ou deux heures, dans les derniers trois ou quatre jours du cinquième âge, ayant soin de la placer tantôt d'un côté et tantôt de l'autre, et même sur les angles des claies, afin d'étendre mieux la vapeur.

L'usage de cette fumigation peut être utile aussi sur la fin du quatrième âge, si on s'apercevait que l'air intérieur ne fût pas pur. Je n'en ai cependant eu besoin qu'au commencement du cinquième âge.

Je me sers d'un appareil pour les fumigations, qui est beaucoup plus commode que la bouteille, et que je décrirai lorsque je parlerai de l'atelier (*Fig.* 23) et des ustensiles (Chap. XIII).

S'il y a plusieurs petites cheminées dans l'atelier, et qu'on y fasse fréquemment de la flamme pour agiter, comme je l'ai dit, l'air intérieur, on n'a pas alors besoin de répéter si souvent les fumigations.

Je fais observer qu'il ne faut pas laisser tomber de cette huile de vitriol sur la peau, ni sur les habits, parce qu'elle brûle : on doit avoir l'attention de tenir la bouteille, lorsqu'elle est ouverte, plus haut que la figure de la personne, parce que cette vapeur est trop pénétrante, et qu'elle incommoderait beaucoup.

Si la matière qui est dans la bouteille se durcit, on ajoute un peu d'eau, et on remue avec une petite baguette. [1]

[1] Quoiqu'on ait adopté la bouteille qui purifie l'air, composée des ingrédiens que j'ai décrits, et que ce soit cette bouteille que mes fermiers emploient, et que je leur prépare moi-même, cependant il peut se faire qu'on ne trouve pas toujours le manganèse, ou qu'on soit embarrassé pour le faire piler. Je propose une autre méthode plus facile pour obtenir presque le même effet.

Achetez à peu près dix onces de nitrate de potasse (nitre du commerce), mettez-le dans la bouteille à la place du sel de cuisine et du manganèse, et agissez comme pour l'autre procédé : au lieu de dix onces d'huile de vitriol pour un atelier de cinq onces d'œufs, il suffira d'en employer à peu près huit onces.

Le nitre doit être très humide. On peut verser dans la bouteille, toutes les fois qu'on veut faire la fumigation, un peu moins d'huile de vitriol que la dose indiquée.

Le gaz qui se dégage produit à peu près les mêmes effets que l'autre ; il est même moins irritant ; sa composition est de l'air

Ce remède si facile à faire, et bien plus puissant que tous les parfums dont on se sert ordinairement, produit dans l'atelier cinq avantages :

1°. La vapeur qui se répand détruit presque
immédiatement toutes les odeurs qu'il y avait.

2°. Elle affaiblit la fermentation de la litière, et
semble en opérer une espèce de desséchement.

3°. Elle neutralise l'effet de tous les miasmes et
de toutes les émanations vicieuses qui pourraient
altérer la santé des vers à soie.

4°. Elle anime les vers, les stimulant doucement, parce qu'elle est formée en très grande
partie d'air vital pur.

vital et de la vapeur nitreuse. Il détruit promptement toutes les
émanations animales qui existent dans l'atelier (*). (*L'Auteur.*)

.(*) Lorsque M. Labarraque, pharmacien de Paris, eut fait la précieuse découverte du chlorure de chaux qui neutralise instantané-
ment les exhalaisons que dégage la fermentation animale, on s'em-
pressa de faire des essais dans les ateliers de vers à soie, et l'expérience
a prouvé à plusieurs magnaniers que ce moyen est préférable à ceux
employés par notre auteur. Voici comment il faut procéder :

Pour désinfecter un atelier de cinq onces de semence, on emploie
communément cinq onces de chlorure de chaux en poudre, qu'on
verse dans un grand plat de terre ou dans une gamelle, ou bien dans
tout autre vase très évasé contenant déjà environ dix litres d'eau pure.
On remue bien avec un morceau de bois; on laisse reposer et on passe
à travers un linge. Le vase se place au milieu de l'atelier. L'opération
se répète deux ou trois fois en vingt-quatre heures, selon le besoin. Le
même dépôt sert tant qu'on reconnaît qu'il répand de l'odeur, et on
n'a qu'à renouveler l'eau. Je crois plus avantageux, lorsque la dissolution est passée au clair, de la partager en six portions égales, et
d'en placer une à chaque coin et aux deux côtés de l'atelier, de cette
manière le chlorure se répand plus vite et plus uniformément. (Voyez
*nouveaux procédés de M. Labarraque, pharmacien, pour purifier
l'air des magnaneries.*)   (*Le Traducteur.*)

5°. Non seulement cette vapeur est favorable à la santé des vers, mais elle influe sur la bonté des cocons, ainsi que j'en ai fait l'expérience.

§. III.

De la manière de sécher facilement la feuille, même dans les temps continuellement pluvieux.

Les vers à soie consomment une si grande quantité de feuilles dans le cinquième âge, que, si on ne pense pas à temps à surmonter les inconvéniens que peuvent faire naître les variations de l'atmosphère, on peut manquer de feuille sèche.

Quoique ordinairement nous n'ayons pas de longues pluies dans le mois de juin, j'en ai pourtant vu pendant trois jours aux deux tiers de ce mois, en 1813, et au moment de la plus grande consommation de la feuille; j'ai observé qu'un pareil accident peut occasionner une grande perte, si on ne fait pas sécher la feuille promptement, comme je fus obligé de le faire alors.

Dans les autres âges, on peut en conserver facilement pendant deux ou trois jours; mais, dans les journées de l'appétit dévorant des vers, on est obligé d'employer continuellement un grand un nombre de bras pour pourvoir au besoin journalier; et c'est alors beaucoup faire lorsqu'on peut cueillir d'avance la feuille pour un jour entier.

Plusieurs auteurs disent que, dans le cas de

pluies longues et constantes, on ne peut mieux faire que de couper les petites branches de mûrier, de les transporter sur des chars et de les suspendre dans les maisons, afin de faire sécher la feuille le mieux possible. Ce sont de ces erreurs qu'un écrivain copie d'un autre, sans penser que c'est une absurdité. Dans un seul jour de grand appétit, les vers à soie provenant de cinq onces d'œufs, et en bon état, consomment 275 livres de feuille (§. IV).

D'après ce qu'on propose, si on voulait obtenir une telle quantité de feuille, il faudrait couper plus de 6,000 livres de branches, en supposant qu'on ne coupât que celles des mûriers destinés à être défeuillés cette année.

On pourrait procéder de cette manière dans les temps où, avec une once d'œufs, on n'obtenait que quinze ou vingt livres de cocons, parce que les vers naissaient en petite quantité ou périssaient dans leurs différens âges; mais cela ne peut se pratiquer de nos jours, puisque avec une once d'œufs on obtient cent et même cent vingt livres de cocons.

On peut couper les petits rameaux lorsqu'il ne faut pas beaucoup de feuille, comme il arrive jusqu'au quatrième âge accompli, ou lorsqu'on n'a à soigner que de petits ateliers.

Outre l'inconvénient d'avoir la feuille mouillée dans les temps pluvieux, il y a celui de voir se mouiller aussi les personnes qui sont sur les arbres pour la cueillir. On doit leur recommander d'avoir des habits prêts pour se changer.

Pour sécher dans un jour plusieurs centaines de livres de feuille mouillée, j'agis de la manière suivante :

Lorsque la feuille a été portée à la maison, je la fais étendre sur des pavés de briques; si on n'a pas de ces pavés, on peut la mettre sur le sol, qu'on doit rendre aussi propre que possible.

Alors, selon la quantité, une ou deux personnes l'étendent avec des fourches de bois, la jettent en l'air et la remuent beaucoup; ces mouvemens souvent répétés font tomber promptement par terre la plus grande partie de l'eau.

Quoique la feuille semble presque entièrement sèche après cette opération, elle contient cependant encore de l'eau dans ses plis. On prend alors un grand drap commun, et on met dessus quinze ou vingt livres de feuille; on le plie en deux dans sa longueur, ce qui doit le faire ressembler à un grand sac : deux personnes doivent tenir les deux extrémités, et l'agiter faisant porter la feuille d'une extrémité du drap à l'autre, jusqu'à ce qu'on s'aperçoive qu'elle est presque sèche, ce qui a lieu en peu de minutes. Si on pèse le drap avant et après l'opération, on trouvera qu'il a augmenté sensiblement en poids par l'eau de la feuille qu'il a retenue.

Si on veut faire sécher encore plus la feuille, qu'on fasse brûler une bonne quantité de copeaux ou d'autre bois menu, et qu'on place la feuille tout autour, ayant soin de la tourner et retourner dans tous les sens avec des fourches; elle devient aussi sèche, par ce moyen, que si on l'avait cueillie dans une très belle journée et en plein midi.

J'ai donné aux vers de la feuille séchée par ces divers moyens, et j'en ai toujours été satisfait. Si elle n'était mouillée que par la rosée, la seule opération du drap l'essuie.

Je dois à ce sujet faire observer,

1°. Qu'il vaut mieux faire jeûner les vers pendant quelques heures, que de leur donner de la feuille mouillée qui augmenterait l'humidité de leur corps, et nuirait à leur santé.

2°. Que l'air intérieur se trouve plus humide et méphitique, ce qui exige plus de soin et d'attention.

§. IV.

De l'éducation des vers à soie jusqu'à l'approche de leur maturité.

Conduisons maintenant les vers à soie jusqu'au moment où l'instinct les porte à monter, et qu'ils se dégoûtent de l'aliment qu'ils appétaient et dévoraient auparavant.

PREMIER JOUR DU CINQUIÈME ÂGE,

Vingt-troisième de l'éducation des vers.

De la veille à ce jour, presque tous les vers doivent avoir accompli la quatrième mue et être éveillés.

Alors l'atelier ne doit avoir constamment que 16 degrés ou 16 degrés et demi de température.

Les vers provenant de cinq onces d'œufs doivent occuper, jusqu'au terme de leur cinquième âge, 917 pieds de claies, c'est-à-dire à peu près 183 pieds 5 pouces par once d'œufs.

Les vers provenant d'une once d'œufs consomment, dans le cinquième âge, à peu près 1,098 livres de feuille mondée, ce qui fait pour les cinq onces une consommation de 5,490 livres.

Dans cette première journée du cinquième âge (qui, comme je l'ai dit ailleurs, commence, d'après mon système, après midi), les vers doivent occuper à peu près 500 pieds carrés de claies, qui, joints aux 413 pieds qu'ils occupent et qu'on doit nettoyer ce jour même, forment les 921 pieds carrés de claies sur lesquels ils doivent s'étendre graduellement jusqu'à la fin.

On doit changer les vers des 413 pieds de claies, et les répartir sur les 921 pieds ; cette opération se fait parfaitement bien dans quatre heures au plus, par six ou sept personnes.

Dans cette première journée il faut 90 livres de petits rameaux ou de feuille non mondée, et autant de feuille mondée.

On doit de suite distribuer les petits rameaux sur quatre ou cinq claies, et si on n'en a pas assez, on y substitue quelques pincées de feuilles de la manière que je l'ai indiqué plus haut.

Dès que les petits rameaux sont garnis de vers, on les prend et on les met sur des tablettes de transport. Si les vers d'une claie sont presque tous éveillés, ils suffisent pour occuper un peu plus de deux claies, et on doit former au milieu de chacune de ces deux claies un espace en long un peu plus grand que la moitié de la claie.

Lorsque les 508 pieds carrés sont occupés, il faut nettoyer les claies qui sont restées vides.

Si, en faisant le nettoiement, on trouvait des vers éveillés, on répandrait près d'eux de la feuille pour les enlever, et on les transporterait comme on a fait des autres. Si après cela il en est resté encore quelques uns, on prend avec la main ceux qui sont éveillés, et on jette ceux qui sont assoupis. On roule la litière avec le papier, comme on a dû faire la troisième fois qu'on a changé les vers; on la verse dans le panier (*Fig.* 24) préparé pour cela, qu'on vide ensuite hors de l'atelier.

En observant la litière, qu'on aura eu soin de transporter dans un lieu qui ne soit pas humide, on y verra des vers éveillés, qu'on placera, comme on a dû faire dans les autres mues , sur des claies séparées, situées dans le lieu le plus chaud de l'atelier, ayant soin de les tenir un peu plus au large pour qu'ils se développent vite et qu'ils puissent se trouver aussi avancés que les autres.

On verra constamment que les litières transportées sont vertes et sans odeur ; mais, malgré cela , pendant qu'on les nettoie, il faut faire promener deux ou trois fois la bouteille à vapeur purifiante.

Il faut veiller, comme je l'ai déjà dit, à ce que les vers transportés occupent un peu plus de la moitié des claies qui leur ont été destinées; de cette manière on finit l'opération, si bien que toutes les claies se trouvent occupées, ayant un large espace dans leur milieu.

En général , la quantité de petits rameaux ou de feuilles que j'ai déterminée suffit pour faire le changement et le transport : on doit cependant se régler selon le besoin.

Des six personnes qu'il faut pour le moins dans cette opération , une ou deux , des plus adroites, doivent être chargées de lever les vers et de les placer sur les petites tables; deux doivent les transporter, une les lever et les distribuer sur les claies, une rouler les litières et nettoyer les claies, et une autre transporter le fumier hors de l'atelier.

Si on le juge nécessaire, il faut employer quelqu'un de plus pour distribuer les petits rameaux ou la feuille sur les claies où il est resté encore des vers qu'on n'a pu transporter; afin que tout se fasse promptement et sans confusion. Si on veut partager en deux temps l'opération du nettoiement et celle du transport, on peut le faire en nettoyant la moitié à peu près des claies le matin, et l'autre le soir; en pareil cas, il faut donner un ou deux repas aux vers qu'on ne transporte pas, pour qu'ils puissent attendre leur changement. Quoique cette manière d'opérer ne soit pas préjudiciable, je préfère faire le changement entier dans une seule fois, et je l'accomplis dans quatre heures de temps, lorsqu'on travaille assidûment.

Les 90 livres de petits rameaux ou de feuilles employés pour lever les vers leur servent pour un repas abondant, les 90 livres restant doivent se partager en deux autres repas, qu'on donnera à six heures de distance l'un de l'autre. En donnant le premier il faut avoir soin de rendre droites les lignes des bandes du milieu des claies, faisant rentrer dans la ligne, avec le petit balai, les feuilles qui en seraient écartées.

Au troisième repas, c'est-à-dire lorsqu'on distribue les dernières 45 livres, on doit avoir le soin d'élargir un peu les bandes occupées par les vers.

Si on s'apercevait qu'il y eût plus de vers sur certaines claies, on les placerait où il y en aurait moins.

Dans ce premier jour les vers à soie paraissent tous assez vigoureux.

Au quatrième âge on a distribué sur les claies 900 livres de feuille; la litière de cet âge pèse 300 livres. Les vers ont donc profité 600 livres de substance, y compris ce qui s'est évaporé. Les excrémens pèsent à peu près 93 livres.

Si la température extérieure est douce et peu différente de celle de l'atelier, il faut ouvrir de tous les côtés pendant qu'on fait le nettoiement, pour faire entrer rapidement une grande colonne d'air. On doit aussi, pour cet objet, employer la flamme, qui est toujours très utile, particulièrement lorsque le froid extérieur ou le vent ne permettent pas d'ouvrir. Dans le cas de froid ou de vent fort, il faut tenir ouverts les soupiraux du haut et du bas : par ce moyen l'air se renouvelle comme avec la flamme.

Dans tous les cas, le thermomètre et l'hygromètre indiquent exactement la manière de se régler.

SECOND JOUR DU CINQUIÈME AGE,

Vingt-quatrième de l'éducation des vers.

Il faut, pour ce jour, 270 livres de feuille mondée; on la partage en quatre repas : le premier, qui doit être le plus petit, sera d'à peu près 52 livres, et le dernier, qui doit être le plus grand, de 97 livres.

En distribuant la feuille on doit toujours éten-dre les bandes occupées par les vers.

A la fin de ce jour les vers commencent bien à blanchir et se développent sensiblement.

TROISIÈME JOUR DU CINQUIÈME AGE,

Vingt-cinquième de l'éducation des vers.

Pour ce jour-là il faut aux vers à soie à peu près 420 livres de feuille mondée. Le premier repas doit être de 77 livres ; c'est le plus petit. Le dernier sera de 120 livres ; c'est le plus grand.

Les vers continuent à blanchir, et on en voit beaucoup qui ont 26 ou 27 lignes de longueur.

Ils mangeraient ce jour-là plus de feuille que je n'ai indiqué ; mais je crois très utile de ne pas augmenter cette quantité, afin qu'ils puissent bien la digérer : d'ailleurs, en agissant ainsi, leur constitution devient plus forte, et ils se disposent toujours à une santé plus vigoureuse. Il faut élargir les bandes qu'ils occupent, chaque fois qu'on leur donne à manger.

QUATRIÈME JOUR DU CINQUIÈME AGE,

Vingt-sixième de l'éducation des vers.

La quantité de feuille mondée pour ce jour-là doit être d'à peu près 540 livres ; le premier repas sera de 120 livres, et le dernier de 150.

Le vers commencent à avoir un appétit très

vif ; ils deviennent toujours plus beaux et plus
vigoureux : il y en a qui ont déjà 32 ou 33 lignes
de longueur.

CINQUIÈME JOUR DU CINQUIÈME AGE,

Vingt-septième de l'éducation des vers.

Les vers à soie ont besoin pour ce jour-là de
810 livres de feuille mondée; le premier repas doit
être de 150 livres, et de 210 livres le dernier.

Si le besoin l'exige, on donnera quelques repas
intermédiaires. Lorsque la feuille est toute mangée dans moins d'une heure et demie, il ne faut
pas laisser les vers à jeun pendant près de cinq
heures qu'il y aurait de ce repas à l'autre ; mais
on distribue un peu de feuille dans l'intervalle,
particulièrement sur les claies où on s'aperçoit
que, par hasard, on en a moins distribué la première fois.

Quoique j'aie aussi fixé, pour ce jour, la quantité de feuilles qui convient ordinairement, on
doit cependant se régler selon le besoin.

Dans le cours du cinquième âge, il faut nettoyer les claies; si les litières sont encore fraîches
et sèches, on fera bien d'employer pour le nettoiement la fin de ce jour ou le commencement
du suivant : cela doit dépendre, je le répète, des
circonstances et de la volonté de l'éducateur.

Il faut avoir soin, en distribuant le dernier
repas de cette journée, de ne le donner qu'à

quatre claies à peu près à la fois, afin d'avoir le temps d'enlever insensiblement les vers avant qu'ils mangent toute la feuille qu'on leur a donnée.

Comme cette fois-ci les vers ne doivent pas être transportés, il faut nettoyer d'une autre manière les tables ou claies sur lesquelles on les laisse.

Voici comment :

On appuie sur les bords des claies les tables de transport, et dès que la feuille est chargée de vers, on en fait une seule couche sur chaque tablette. Lorsqu'on en a rempli quelques unes, on enlève la litière avec ou sans le papier, qu'on met dans des paniers carrés dont j'ai parlé ailleurs (*Fig.* 19), et qui sont suspendus aux claies. La litière étant enlevée et le papier nettoyé avec de petits balais légers, on replace les feuilles de papier l'une après l'autre, et on y met les vers. On continue de cette manière jusqu'à ce que le changement de litière soit fait sur toutes les claies.

Lorsqu'un panier est plein de litière, on le fait transporter hors de l'atelier et on y en substitue un vide. Il faut bien prendre garde de ne pas blesser les vers en les prenant.

On doit employer au moins six personnes pour opérer promptement ce changement de litière. Dans ce nombre, je ne comprends pas celles qui transportent la litière hors de l'atelier.

Cette litière n'a aucune mauvaise odeur ; elle est aussi verte que la feuille même, et le papier sur lequel elle était placée n'est qu'un peu humide.

On ne peut faire cette opération en moins de huit heures ; ainsi, pendant ce temps, on donnera à manger aux vers qui ont été nettoyés les premiers, ou à ceux qui ne doivent l'être que tard, pour ne pas laisser les uns et les autres trop long-temps à jeun.

Il ne faut pas oublier que pendant l'opération on doit, selon que le cas le requiert, faire souvent des feux légers, promener au moins deux fois autour de la chambre la *bouteille à vapeur purifiante*, et donner de l'air par les soupiraux et les fenêtres selon l'état de l'atmosphère ; dans tous les cas, on ouvrira les portes, les soupiraux supérieurs, et une partie de ceux du pavé.

Si l'air extérieur est très humide, ce qui indiquerait que celui de l'atelier l'est encore plus, il faut répéter souvent les petits feux de flamme dans les cheminées.

Si, par ce moyen, la température intérieure s'élevait trop, on la ferait baisser aisément en donnant de l'air ; on prendrait alors pour guides le thermomètre et l'hygromètre.

On connaîtra, à la fin du cinquième âge, le poids total de la litière qu'il a fournie.

SIXIÈME JOUR DU CINQUIÈME AGE,

Vingt-huitième de l'éducation des vers.

Il faut 975 livres de feuille mondée, qu'on distribue en quatre repas, dont le dernier doit être un peu plus copieux. Les vers mangent avec fureur, et plusieurs mangent même les mûres.

Si, après avoir distribué la feuille, on s'aperçoit qu'on n'en ait pas mis assez sur quelques claies, ou qu'elle ait été toute mangée dans une heure, on donnera quelque petit repas intermédiaire.

Connaissant la quantité de feuille qu'il faut donner dans la journée, il est bien facile de la distribuer en quatre ou cinq repas, selon le besoin.

Si l'on n'avait pu nettoyer toutes les claies le jour précédent, on doit accomplir cette opération au commencement de celui-ci.

Le prolongement écailleux et d'un noir luisant qui est à l'extrémité du museau des vers, est devenu plus fort. C'est dans ce prolongement que sont placées les scies qui déchirent facilement les nœuds de la feuille, et souvent même les côtes.

Dans ce jour, plusieurs vers ont presque trois pouces de longueur; ils sont en général devenus plus blancs; ils présentent de la mollesse au toucher, et une espèce de velouté; ils annoncent une santé très vigoureuse.

En ayant soin de donner un peu plus à manger à ceux qui ont été les derniers levés des claies, et en les tenant plus au large que les autres, ils les égaleront bientôt.

SEPTIÈME JOUR DU CINQUIÈME AGE,

Vingt-neuvième de l'éducation des vers.

Il faut 900 liv. de feuille mondée. Le premier repas doit être le plus grand, et les autres doivent toujours aller en diminuant. On fera comme pour les autres jours, s'il fallait quelque repas intermédiaire.

On verra des vers de 38, 39 et 40 lignes de longueur.

L'extrémité de ces insectes commence à devenir luisante et jaunâtre, ce qui annonce qu'ils approchent de la maturité. Quelques uns ne mangent plus avec tant de voracité.

Dans cette journée, ils arrivent à leur plus grande longueur et à leur plus grand poids.

Considérés en masse, six vers à soie pèsent à peu près une once.

Leur poids a donc augmenté de plus de cinq fois dans sept jours après la quatrième mue, puisqu'alors il en fallait à peu près 33 pour faire une once.

Ils ont également acquis, dans sept jours, 18 ou 20 lignes de plus en longueur, c'est-à-dire à peu près le double, puisque le vingt-deuxième jour ils n'avaient que 18 ou 19 lignes.

Sur la fin de cette journée, ils commencent

à diminuer en poids et en longueur, parce qu'à compter de ce jour, ils prennent moins de nourriture, en proportion de la quantité d'excrémens et de substance aériforme et vaporeuse qui sort de leur corps.

Nous continuerons à les observer dans ce décroissement de poids, comme nous l'avons fait dans leur accroissement.

Ils sont maintenant dans leur plus grande vigueur.

HUITIÈME JOUR DU CINQUIÈME AGE,

Trentième de l'éducation des vers.

Il ne faut à peu près que 660 liv. de feuille mondée. L'appétit des vers diminue sensiblement.

Cette feuille se partage en quatre repas, dont le premier doit être le plus grand, c'est-à-dire de 210 livres, et le plus petit le dernier.

Pour que la maturité des vers arrive également sur tous les points, il faut donner quelque petit repas extraordinaire, selon le besoin et le lieu.

Dans les derniers jours de l'éducation des vers, on doit leur choisir la meilleure feuille; elle doit être toujours cueillie sur de vieux arbres.

Ces insectes s'approchent de leur maturité. On s'en aperçoit à la couleur jaunâtre, qui de l'extrémité monte d'anneau en anneau.

Leur dos commence à prendre un peu de luisant et les anneaux perdent sensiblement une partie de leur couleur vert foncé.

L'approche de la maturité de beaucoup de ces insectes est aussi marquée, dans cette journée, par la diminution sensible de leur volume, et parce que quelques uns vont se fixer contre les bords des claies pour pouvoir s'y vider commodément.

On s'aperçoit dans cette journée que les signes de maturité augmentent, et que la litière est plus ou moins humide; il faut donc s'empresser de nettoyer les claies de la même manière que la première fois, ayant soin de prendre doucement les vers avec les feuilles sur lesquelles ils sont, pour ne pas les endommager.

Les feux légers, la vapeur de la bouteille qui purifie l'air, le renouvellement fréquent de l'air, et l'usage du thermomètre et de l'hygromètre, sont, dans ce changement de litière, plus nécessaires que dans tous les autres.

L'odeur de l'air intérieur est toujours agréable dans mes ateliers, pendant qu'on nettoie les claies; on ne dirait jamais qu'on y remue du fumier; la litière est verte et fraîche, de bonne odeur et peu humide.

NEUVIÈME JOUR DU CINQUIÈME AGE ,

Trente-unième de l'éducation des vers.

Il faut 495 livres de feuille mondée, qu'on doit distribuer selon le besoin.

La couleur jaune des vers se charge toujours davantage, leur dos devient un peu plus luisant; chez beaucoup d'entre eux les anneaux prennent une couleur dorée; le museau est devenu d'un rouge plus clair.

On doit, de temps en temps, faire un feu léger, particulièrement dans la nuit. Il faut, matin et soir, faire le tour de l'atelier avec la *bouteille à vapeur purifiante*. Les soupiraux ne doivent plus être fermés, surtout lorsqu'on allume du feu, afin que l'air se renouvelle entièrement.

Dans un atelier bien construit, on n'a pas à craindre les variations atmosphériques qui, dans ces derniers jours, seraient fatales aux vers (Chap. XIII).

Depuis que j'élève des vers à soie, ils ont été exposés à toutes les intempéries des saisons et à beaucoup d'accidens qui pouvaient leur être nuisibles; cependant ma manière de les soigner a été telle qu'ils n'ont pas cessé d'être bien portans et vigoureux.

Faisons maintenant un résumé de ce que nous avons dit, comme nous l'avons fait à chaque chapitre.

Dans le courant d'à peu près trente jours, pendant lesquels les vers sont parvenus à leur plus grand développement et à leur plus grand poids, voici ce que j'ai pu observer :

1°. Que, dans leur accroissement, ils sont devenus quarante fois plus grands qu'ils n'étaient, venant de naître : ils n'avaient alors qu'à peu près une ligne ;

2°. Que, dans trente jours, leur poids a augmenté de plus de neuf mille fois, puisqu'il a fallu 54,525 vers à soie venant de naître pour faire le poids d'une once (Chap. V, §. III), tandis que six de ceux qui ont acquis leur plus grand accroissement suffisent pour le même poids.

3°. Que le cinquième âge seul, qui leur est le plus prospère et le plus heureux, comprend à peu près les deux tiers de leur vie.

Depuis le neuvième jour du cinquième âge, qui est le trente-unième de leur vie, jusqu'à leur maturité complète, nous verrons que, quoiqu'il faille peu de feuille, ils exigent encore beaucoup de soins. Nous en parlerons dans le chapitre suivant, pour traiter notre sujet avec plus d'ordre.

En comptant les 240 livres de feuille mondée qu'on doit distribuer le lendemain, les vers provenant de cinq onces d'œufs auront consommé dans le cinquième âge, 5,490 livres de feuille mondée.

Si on ajoute à cette quantité 510 livres d'épluchures, on aura un poids total de 6,000 livres.

Le poids total du fumier tiré des claies dans le cinquième âge est d'à peu près 3,300 livres : cela indique que sur 2,190 livres, une partie a servi à nourrir les vers, et le reste s'est perdu en vapeur.

Si on compare le fumier provenant de cet âge avec la feuille employée, on voit qu'il est proportionnément en plus grande quantité que celui produit dans les autres âges relativement à la feuille aussi employée. Nous en expliquerons les motifs dans la suite (Chap. VIII, §. IV).

Si on calcule le poids de la feuille, distraction faite de l'humidité qui s'est perdue et dont nous parlerons (Chap. XIV), les vers auront consommé seulement dans le cinquième âge, 1,200 livres de feuille par once d'œufs.

Nous verrons, dans le chapitre suivant, que les vers accomplissent le cinquième âge et déposent leur peau, en se convertissant en chrysalide, lorsqu'ils ont perdu plus de la moitié de leur poids et de leur grosseur.

Alors on voit reparaître sur le dos de ces insectes quelques uns des signes en forme de parenthèses, dont j'ai parlé; et l'avancement écailleux, noir et luisant, attaché à l'extrémité du museau, a acquis une force très considérable. A cette époque les vers sont plus blancs qu'ils ne l'ont jamais été.

Comme ces insectes ont été élevés ainsi que je l'ai indiqué, ils ont constamment donné des preuves d'une santé vigoureuse, et se sont conservés charnus et veloutés au tact.

J'ai déjà dit que, s'il n'était pas possible de rafraîchir beaucoup l'atelier, vu la trop grande chaleur de la saison, il faudrait du moins employer tous les moyens possibles, permettant l'entrée de l'air extérieur, afin de conserver le renouvellement de l'air intérieur.

Si, par inattention, on laissait entrer un air trop froid, ce qui m'est arrivé quelquefois, les vers seraient exposés à durcir un peu. Il faudrait alors faire du feu aux poêles ou aux cheminées, jusqu'à ce que la température fût remontée à 16 degrés et demi, laissant les soupiraux un peu ouverts. La peau des vers reprendrait bientôt la douceur qu'elle avait, et le peu de froid qu'ils auraient souffert leur aurait été peu nuisible.

Les vers paraissent au tact avoir la peau plus fraîche que ne l'indique la température de l'atelier; leur transpiration en est en partie cause; quoiqu'elle soit insensible, elle est très abondante, parce que, n'évacuant que dans très peu de cas des excrémens bien humides, et ne rendant d'humeur liquide que quand ils montent, la transpiration est presque le seul moyen qui leur reste pour se dégager de l'excessive humidité qu'ils avalent avec la feuille.

Nous-mêmes nous n'avons jamais la peau plus fraîche que quand elle est exposée à l'impression de l'air, lorsque nous suons ou que nous transpirons. L'évaporation et le froid augmentent en proportion du degré d'agitation de l'air, quoique la température soit un peu chaude.

Il serait donc dangereux de ne pas tenir agité l'air de l'atelier, parce qu'il ne pourrait pas absorber et entraîner au dehors la grande quantité d'eau en vapeur qui émane du corps des vers, outre celle qui se dégage de la feuille, des excrémens, etc.

CHAPITRE VIII.

De l'éducation des Vers à soie dans la dernière période du cinquième âge, c'est-à-dire jusqu'à ce que le cocon soit parfait. — Observations à ce sujet.

Laissons un moment les vers sur les claies, pour parler des divers objets qui ont rapport à eux, et pour disposer tout ce qui concerne l'accomplissement de leur cinquième âge.

On ne doit considérer le cinquième âge comme terminé que quand le cocon est parfait. Lorsque le ver a versé toute sa soie et en a formé le cocon, il y dépose sa dépouille et devient chrysalide (Chap. I).

Mais, pour qu'il forme le cocon, il faut qu'il arrive à ce point, qu'il ne soit presque qu'un composé de deux substances, c'est-à-dire de la partie soyeuse et de la partie animale [1]. Il doit donc avoir rendu tous les excrémens que contient son tube intestinal.

Il n'est pas seulement important de connaître le dernier degré de perfection des vers pour leur faciliter les moyens de former le cocon, mais il faut encore être instruit de toutes les autres opérations nécessaires pour que les cocons se trouvent de très bonne qualité.

La propreté des tables, dans ces derniers jours du cinquième âge, exige beaucoup d'attention, pour que les vers conservent bien leur santé.

Il en est de ces insectes comme de tous les autres animaux : il y en a qui agissent promptement dans leurs opérations, et d'autres lentement; je crois très important de bien observer ces phénomènes.

[1] Outre les substances animale et soyeuse qui composent presque entièrement le ver à soie, il a dans ses organes des principes terreux, acides et alcalins, dont une partie est même en dissolution, comme je le démontrerai dans la suite. Ces matières n'agissent pas les unes sur les autres quand elles se trouvent en petite quantité, et lorsque, par l'action de la vitalité, ou par la disposition des organes, elles sont à des distances telles, que la loi de l'affinité chimique ne peut s'exercer sur elles. Mais, lorsqu'elles s'accumulent faute de soins, et que l'action vitale diminue alors, comme nous le verrons aux 20e et 21e notes, elles peuvent réagir les unes sur les autres dans le corps de l'animal, détruire l'équilibre, et produire certaines maladies qui ne sont que le résultat évident d'actions et d'attractions chimiques.

Afin que ceux qui élèvent des vers à soie aient des idées justes et sûres sur la nécessité de maintenir dans l'atelier un air sec et suffisamment agité, je veux les convaincre, dans ce chapitre, par des faits et des calculs évidens que, quoiqu'il leur paraisse qu'il n'y a plus d'évaporations aqueuses ni d'exhalaisons méphitiques, c'est au contraire le moment qu'il s'en développe une quantité incroyable, particulièrement du corps de l'animal, dans le temps qu'il travaille à faire le cocon, et même lorsque le cocon est formé.

Il est inutile d'observer que, si la quantité de feuille que j'ai indiquée n'est pas suffisante pour le dixième et dernier jour du cinquième âge, il faut en mettre de nouvelle, et l'économiser, quand bien même il devrait y en avoir de reste ; et que s'il fallait plus de dix jours pour accomplir la perfection des vers, on devrait attendre. Il y a des causes qu'on ne peut pas déterminer, qui avancent ou retardent de douze et vingt-quatre heures même la parfaite maturité des vers à soie.

Voici ce qui fera le sujet du paragraphe suivant :

1°. Perfection accomplie des vers à soie ;

2°. Premières dispositions pour former les haies, afin que les vers puissent monter ;

3°. Dernier repas qu'on donne aux vers ;

4°. Avant-dernier nettoiement des claies, accomplissement du travail des haies et du bois ;

5°. Séparation des vers qui s'obstinent à ne pas monter, et dernier nettoiement des claies ;

6°. Soins de l'atelier jusqu'à ce que les vers aient accompli le cinquième âge ;

7°. Quantité de substances excrémentitielles, vaporeuses et gazeuses que produisent les vers du moment qu'ils sont arrivés à leur dernier degré d'accroissement jusqu'à leur perfection et jusqu'à la formation parfaite du cocon.

§. Ier.

Perfection accomplie des vers à soie.

DIXIÈME JOUR DU CINQUIÈME AGE,

Trente-deuxième de la naissance des vers.

Nous avons vu, dans le dernier chapitre, de quelle manière les vers commencent et continuent à donner des marques de leur perfectionnement.

Dans ce dernier jour, ils atteignent leur perfection. Cela se reconnaît clairement par les signes suivans :

1.°. Lorsqu'en mettant sur les claies quelque peu de feuille, ces insectes montent dessus sans en manger, et qu'ils haussent le cou, ayant l'air de chercher quelque autre chose ;

2°. Lorsqu'en regardant horizontalement ceux qui se tiennent droits, on voit à travers la lu-

mière, dans leur transparence, une couleur blanche qui s'approche de la couleur jaune d'or ;

3°. Lorsque beaucoup de vers qui étaient ap-
puyés et presque droits contre le bord des claies
montent dessus et qu'ils marchent lentement ,
leur instinct les portant à se transporter ailleurs ;

4°. Lorsqu'une quantité de ces insectes part de
différens points de la claie et essaie d'arriver au
bord, pour y monter ;

5°. Si leurs anneaux rentrent, et que leur couleur verdâtre se soit changée en jaune d'or ;

6°. Quand la peau de leur cou s'est beaucoup
ridée, et que leur corps a acquis au tact une
mollesse plus grande qu'il n'avait auparavant, et
ressemblant à de la pâte molle ;

7°. Lorsqu'enfin, en prenant dans la main un
ver à soie, et l'observant à travers la lumière, on
s'aperçoit que tout le corps a acquis une transparence égale à celle d'une prune jaune, ou du
raisin blanc roussâtre parfaitement mûr. A ces
signes, on doit de suite tout disposer, afin que les
vers qui sont prêts à monter ne perdent, en cher-
chant, ni de leur soie, ni de leurs forces.

§. II.

Premières dispositions pour former les haies.

Pour éviter la perte que pourrait produire le
retard, on doit s'être procuré et avoir prêts des
petits fagots faits soit avec des plantes sèches de

12

navet, soit avec des genêts, soit avec toute autre plante ou arbuste, bien nettoyés.

Il faut avoir soin de bien arranger ces petits fagots, afin que les vers puissent y grimper aisément et s'y placer assez bien pour verser leur première base, et travailler ensuite à faire leur cocon. Ces fagots ne doivent être ni trop épais, ni trop clairs, pour éviter les inconvéniens dont je parlerai plus bas.

Aussitôt qu'on a observé que les vers veulent monter, il faut placer les fagots contre les parois intérieures des bords des claies, du côté qui incommode le moins pour agir, ayant soin de les placer à quinze pouces à peu près de distance l'un de l'autre.

Les rameaux des fagots doivent toucher le dessous de la claie qui sert de couvert ou de plancher à celle où on a planté le fagot, et y former une espèce d'arc.

A ce sujet il faut bien observer :

1°. Que les rameaux ou fagots soient plantés de manière que les vers qui montent ou qui sont montés ne puissent jamais tomber par terre ;

2°. Que les rameaux ou fagots soient toujours plus longs qu'il n'y a de distance d'une claie inférieure à sa supérieure, afin qu'ils puissent former la courbe ; de cette manière les vers qui tendent à monter sur la courbure que font les fagots ne salissent pas, en se vidant, ceux qui montent perpendiculairement sous eux ;

3°. Que les rameaux soient toujours bien placés
et étendus en forme d'éventail, afin que l'air
puisse y passer facilement, et que les vers y tra-
vaillent à leur aise. Lorsque ces insectes se trouvent trop près l'un de l'autre, ils ne font pas
aussi bien leur ouvrage ; il se forme alors des cocons doubles, qui valent moitié moins que les
simples. Cette inattention, qui est presque générale, produit tous les ans beaucoup de perte, qui
n'est guère connue que des ouvriers qui filent la
soie, lesquels sont obligés de séparer les cocons
doubles des simples, parce que la soie que les
premiers produisent est de qualité inférieure.

Il faut planter les petits fagots entre les osiers
de la claie, et non sur le papier qui les couvre,
ce qui est très facile : on n'a qu'à lever suffisamment le papier qui est contre le bord de la claie,
pour y placer l'extrémité des petits fagots, de
manière à ce qu'ils touchent les bords mêmes de la
claie. Nous verrons que cette disposition des petits
fagots est très utile dans le prochain nettoiement
des claies.

Ayant ainsi placé sur chaque claie et à leurs
angles le nombre suffisant de petits fagots, les
premiers vers qui sont prêts trouvent facilement
le chemin pour monter. Si dans cette journée,
qui exige de grands soins, on s'aperçoit, en observant les claies, qu'il y ait des vers prêts à
monter, on doit les prendre et les mettre au pied
des petits fagots : cette opération sera très avan-

tageuse. On peut aussi placer sur les claies de petits rameaux secs de chêne, d'ormeau, de châtaignier ou de noyer, sur lesquels on verra bientôt monter les vers. On prend alors ces rameaux et on les place au pied des petits fagots. Cette opération est très utile, parce qu'elle dispense de fixer constamment les yeux sur les claies pour chercher les vers qui sont prêts à monter.

J'observerai cependant à ce sujet que, dans les premières trois ou quatre heures pendant lesquelles on voit distinctement les signes qui annoncent que les vers sont prêts à monter, il ne faut pas se presser trop de les faire monter, parce qu'en restant quelques heures de plus sur les claies, ils se vident bien sur leur litière.

Quelle que soit d'ailleurs la méthode qu'on suive dans cette opération, il sera toujours avantageux que les petits fagots soient bien placés, bien arqués, propres et peu épais, afin que, comme je l'ai déjà dit, l'air puisse y passer librement, et que les vers puissent y travailler commodément.

§. III.

Dernier repas qu'on donne aux vers à soie.

Les 240 livres de feuille mondée qu'on a encore en réserve doivent être données aux vers peu à peu et à mesure de leurs besoins.

Le peu d'appétit de ces insectes, et leur disposition à monter sur la feuille, prouvent que, quand même on leur en donnerait beaucoup dans une seule fois, elle ne ferait qu'augmenter la litière, qui serait bientôt sale, parce que c'est alors le temps dans lequel ils se vident en plus grande quantité. D'après cela, il vaut toujours mieux être avare que prodigue à chaque distribution.

On ne peut donc pas fixer des heures de repas dans ce dernier jour; on ne peut pas même savoir s'il ne faudra pas encore un peu de feuille pour le lendemain.

On voit manifestement, dans ces derniers temps, que les forces digestives des vers ont beaucoup diminué, et que ce n'est souvent que l'habitude ou l'intempérance qui les portent à manger sans besoin. Il arrive, en effet, qu'à mesure qu'ils approchent du moment qu'ils doivent monter, leurs excrémens sont plus ou moins de la couleur de la feuille, et même du même goût, ce qui démontre qu'elle n'a presque pas été décomposée dans leur corps.

Il arrive aussi que beaucoup de vers, trop pleins d'alimens, ont ensuite besoin d'un jour et même de plus de temps pour les évacuer, et qu'ils laissent apercevoir qu'ils souffrent avant de pouvoir se vider, parce que l'organe qui, chez eux, fait les fonctions d'estomac et d'intestins, est sensiblement affaibli.

§. IV.

Avant-dernier nettoiement des claies. Accomplissement du travail pour la montée.

Dès que beaucoup de vers sont prêts à monter, il faut s'occuper de l'avant-dernier nettoiement des claies. Cette opération, quoique assez ennuyeuse, se fait avec beaucoup de facilité, par le moyen des petites tables de transport. Ces petites tables ne peuvent pas bien se poser sur les bords des claies, parce que les fagots placés autour en empêchent; cependant elles s'appuient assez pour qu'on puisse agir. Lorsqu'elles sont placées, on prend les vers avec soin, et on en remplit deux ou trois.

Cela fait, on suspend les paniers carrés; on lève les feuilles de papier chargées de litière, et on les vide dans les paniers.

Lorsqu'on a nettoyé une partie de la claie, on y replace le papier. On verse les vers dessus, faisant toujours pencher la petite table. On ne leur donne strictement que la feuille qu'il leur faut, parce qu'on est à temps à en mettre de nouvelle. Lorsque le panier carré est plein de litière, on le fait transporter de suite hors de l'atelier, et on y en suspend un autre.

De cette manière, il faut peu de personnes pour nettoyer toutes les claies en quelques heures.

Les vers qu'on met sur la petite table de transport doivent être pris avec beaucoup de délicatesse, ayant soin de leur laisser le peu de feuilles ou petits rameaux sur lesquels ils se trouvent fortement attachés, pour ne pas leur faire de mal en les détachant ; le moindre mal, à cet âge et dans ces momens, influe sur la qualité du cocon.

En versant les vers sur les claies, il faut les distribuer en petits carrés d'à peu près deux pieds sur les côtés. Ces petits carrés doivent commencer du côté où les haies sont déjà formées, afin que les vers trouvent plus de facilité à monter. On doit laisser une distance d'à peu près six à huit pouces.

Au milieu de cet espace vide, on plantera de la bruyère ou d'autre bois léger. Si cette opération est faite par huit personnes, elle est terminée dans huit heures.

A ce nettoiement, on s'aperçoit qu'il y a une plus grande quantité d'excrémens et de litière, parce que les vers se vident beaucoup plus ces derniers jours, et que la feuille qu'on leur donne en dernier lieu est bien plus chargée de mûres et de parties ligneuses et grossières qu'ils n'ont pu manger.

Pendant cette opération, on doit faire entrer l'air extérieur de tous côtés, et même l'attirer en faisant un feu léger alternativement dans toutes les cheminées.

On doit aussi laisser tous les soupiraux ouverts, ainsi que les portes et les fenêtres, s'il ne fait pas de vent, et si l'air extérieur n'est guère au-dessous de 16 degrés et demi de chaleur, que doit avoir l'intérieur de l'atelier.

Quoique ordinairement l'air extérieur ne soit pas, dans cette saison, assez froid ni agité pour ne pas permettre d'ouvrir partout, il m'est cependant arrivé plusieurs fois d'être obligé d'user de précaution. Dans le mois de juin 1813, à l'époque du dernier nettoiement des claies, l'air extérieur n'avait guère plus de 9 degrés de chaleur. Le désordre de l'atmosphère dura longtemps; nous eûmes des pluies et des vents presque continuels. J'étais contraint d'agir avec beaucoup de prudence lorsque je voulais ouvrir seulement les soupiraux.

Dans des cas pareils on ne laisse ouvert qu'une partie des soupiraux supérieurs et inférieurs; on fait du feu dans les poêles ou dans les cheminées, et on multiplie les feux légers. Par ce moyen on obtient une circulation d'air douce et constante, sans le refroidir; l'humidité se dissipe; l'air intérieur se bonifie; les vers respirent mieux et prennent de la vigueur. On promène aussi autour de la chambre la bouteille dont j'ai parlé plus haut, pour purifier l'air. L'hygromètre indique si l'air a acquis le degré de sécheresse qui convient.

Pendant ce temps les vers continuent à se perfectionner et à monter. Il est donc indispensable de finir bientôt la haie, et de travailler à l'intérieur du bois.

Nous avons dit que les premiers fagots doivent être placés à six ou huit pouces de distance entre eux. Pour former la haie, il faut placer d'autres petits fagots dans ces intervalles, qui, se joignant aux courbures des premiers, forment une voûte continue au dessous de la claie supérieure. La haie ne doit pas être trop épaisse. On peut placer les fagots ou rameaux contre les bords de la claie, sans en ôter le papier.

Dans le milieu de la claie, et dans les intervalles qu'il y a entre deux petits carrés de vers, il faut disposer les fagots de manière qu'en en mettant quatre ensemble, ils forment un groupe ou une touffe sous la claie supérieure. Ces quatre fagots doivent être unis légèrement, et assez écartés de tous côtés pour que l'air y passe librement, et que partout les vers puissent y grimper et s'y placer.

Lorsque les haies sont faites autour de trois côtés des claies, et qu'on a planté les groupes de petits fagots, il faut y approcher, avec ménagement, les vers, afin qu'ils puissent monter plus facilement partout. Les groupes de fagots, placés à environ deux pieds de distance l'un de l'autre, peuvent recevoir une grande quantité de vers.

Aussitôt qu'on s'aperçoit que les haies et les groupes de fagots sont presque chargés de vers, il faut placer d'autres fagots entre les groupes du milieu et la haie, et entre ces mêmes groupes et les bords extérieurs des claies. De cette manière, on forme, à travers les claies, des haies parallèles à une distance d'à peu près deux pieds l'une de l'autre; et comme les rameaux se recourbent tous sous les claies supérieures, le bois en entier ressemble à de petites allées fermées par la haie qui en est le fond. C'est peut-être de cette forme qu'est dérivé le mot *cabane*, qu'on donne généralement à ces petits espaces fermés. Ce bois suffit ordinairement pour recevoir tous les vers à soie d'une claie. Si cependant il en restait encore en bas, le bois étant presque plein, il faudrait appuyer légèrement un petit rameau à un fagot chargé de vers; par ce moyen le bois n'est jamais trop chargé. Si on a eu soin de mettre des fagots assez longs, bien courbés et bien distribués, afin que les vers n'y aient pas été entassés, et que l'air ait pu y passer librement, on verra qu'il n'en faut pas une grande quantité pour placer commodément beaucoup de vers, qui pourront travailler à faire leurs cocons sans se toucher l'un l'autre, et éviter ainsi les cocons doubles, qui, comme je l'ai déjà dit, valent toujours beaucoup moins.

Il faut sans cesse faire attention à deux choses essentielles : la première est d'approcher des fagots tous les vers qu'on reconnaît prêts à monter; la seconde, de leur donner de temps en temps un peu de feuille lorsqu'ils sont encore occupés à manger. On choisira une personne soigneuse, et même deux, s'il le faut, pour cette seule opération.

Tant que les vers se sentent envie de manger, ne fût-ce qu'une bouchée, ils ne s'occupent pas du cocon, et il arrive souvent que quelques uns de ces insectes, déjà montés et presque vidés, descendent pour prendre encore un peu de nourriture. Ils restent quelquefois arrêtés la tête en bas, peut-être parce qu'ils ne sentent plus le besoin de manger; il faut alors les tourner, vu que cette position pourrait leur être nuisible.

Ces soins, qui paraîtront d'abord trop minutieux, produisent souvent une récolte de cocons plus abondante, de meilleure qualité, et avec moins de doubles.

Il m'est arrivé souvent de voir, en visitant des ateliers qui n'avaient que le seul défaut de construction des haies et des cabanes, c'est-à-dire où on avait placé les fagots trop épais, et sans ordre suffisant, que l'air n'y pouvait pas passer librement, que les vers étaient trop gênés, et que beaucoup de cocons étaient doubles, bien d'autres imparfaits, sales, et ayant le ver étouffé avant d'avoir accompli sa métamorphose. J'ai remarqué que, dans ces cas, l'air de l'atelier avait l'odeur puante qui s'exhale des vers en corruption.

§. V.

Séparation des vers à soie qui s'obstinent à ne pas monter.
Dernier nettoiement des claies.

Vingt-quatre ou trente heures au plus après que les vers ont commencé à monter, et les $\frac{4}{5}$ au moins étant déjà au bois, il en reste sur les claies qui sont faibles et paresseux, ne mangent point, et restent immobiles sur la feuille.

Le soin de ces vers étant tout-à-fait différent de celui qu'on a pris des autres, on doit les enlever de suite, et les porter dans le petit atelier ou dans une autre chambre bien sèche, propre, ayant au moins 18 degrés de chaleur, où l'air soit agité doucement, et où il y ait les claies nécessaires, couvertes de papier sec et propre, et la haie préparée (§. IV).

Aussitôt qu'on aura placé ces vers sur les claies près de la haie, on verra que quelques uns monteront de suite, d'autres peu de temps après, et enfin que d'autres mangeront encore et monteront ensuite. Ces vers auront acquis la vigueur qui leur manquait, par la seule raison qu'ils sont passés dans une chambre un peu plus chaude et beaucoup plus sèche.

Lorsque les vers du grand atelier se vident, il arrive souvent que beaucoup se salissent entre eux avec leurs excrémens. L'humidité, ainsi que je l'ai déjà dit plusieurs fois, fait beaucoup de mal à ces petits animaux ; et s'ils sont mouillés, leur transpiration diminue de suite : cela suffit pour les rendre moins vigoureux et moins disposés à monter. A mesure que les haies et les cabanes se forment, les vers qui montent répandent toujours de nouvelles matières liquides sur la litière et sur le papier où se trouvent ceux qui sont retardés, ce qui augmente en ceux-ci l'état de mollesse et d'inertie, quoiqu'on suppose que l'air intérieur soit pur; s'il est plus humide qu'à l'ordinaire, les vers deviennent plus paresseux et indisposés. Le meilleur remède est donc de les transporter dans un lieu sec et assez chaud.

S'il y en avait beaucoup, non seulement il faudrait disposer les haies dans le petit atelier, mais y placer aussi quelques uns des groupes formés de quatre petits fagots, afin que tous pussent monter facilement et s'y loger.

S'il n'y a que peu de ces paresseux, lorsqu'ils paraissent prêts à monter, on les couvre avec un peu de feuille, et on place par-dessus quelques rameaux d'arbre. Ceux qui montent sur les rameaux sont prêts à aller au bois; il faut les prendre avec les mains, et les mettre sur les fagots.

Avec ces soins, j'ai obtenu le cocon de presque tous les vers paresseux.

Lorsque les claies du grand atelier sont entièrement vides, on les nettoie, et on prend d'abord avec les mains le peu de litière qui s'est amassée à

côté des haies et dans les cabanes ; on enlève ensuite tous les excrémens qui ont pu rester avec
le petit balai, le porte-fumier (*Fig.* 25), ou tout
autre ustensile commode, ayant soin de ne rien
laisser. Il est d'un très grand avantage d'enlever
le plus tôt possible tout ce qui peut corrompre
l'air ou le rendre humide.

§. VI.

*Soins de l'atelier jusqu'à ce que les vers à soie aient
accompli le cinquième âge.*

1°. Lorsque les vers annoncent manifestement
qu'ils sont prêts à monter, il faut avoir bien soin
d'éviter que la température de la chambre s'abaisse ;
on doit faire en sorte qu'elle se conserve entre
le 16e et le 17e degré. Si l'air extérieur est plus
froid, il ne doit pas frapper directement les vers ;
la circulation intérieure doit se faire doucement
de haut en bas, c'est-à-dire des soupiraux supérieurs aux inférieurs, qu'on tiendra plus ou moins
ouverts, selon les circonstances. On peut aussi
faire circuler dans l'atelier l'air des chambres con-
tiguës, soit en ouvrant les portes, soit par les
soupiraux du pavé.

On n'a pas besoin de tous ces soins lorsque
l'air extérieur est aussi chaud que celui de l'intérieur, et qu'il n'est pas fortement agité. Il est démontré que la grande agitation de l'air engourdit

les vers, qu'elle les fait souvent tomber, ou qu'elle leur fait suspendre le travail qu'ils avaient commencé [1].

[1] L'opinion la plus commune est que les secousses occasionnées par l'air, soit par le bruit du tonnerre, soit par celui des coups de fusil, font tomber les vers de la bruyère ; aussi les habitans de la campagne redoutent-ils les effets du tonnerre ; et si les vers ne réussissent pas à la montée, et que le tonnerre se soit fait entendre, ils le regardent comme la seule cause de la perte qu'ils éprouvent : par la même raison, ils évitent de faire du bruit, craignant de déranger les vers dans leur travail.

« Mais si l'on consulte l'expérience (dit l'auteur de l'article des vers à soie du Cours d'Agriculture rédigé par l'abbé Rozier), l'on se convaincra que ni le bruit du tonnerre, ni celui d'une forte mousqueterie, ne font point tomber les vers, et qu'ils continuent à travailler comme s'ils étaient dans l'endroit le plus solitaire. Voici un fait qui confirme ce que j'avance : il y a environ 35 ou 40 ans que, chez M. Thomé, grand éducateur de vers, un des premiers qui aient écrit sur la culture des mûriers et l'éducation des vers à soie, nous tirâmes, en présence de plusieurs témoins dignes de foi, plusieurs coups de pistolet dans l'atelier même, lorsque les vers étaient au plus fort de la montée. Un seul tomba, et il fut reconnu par tout le monde qu'il était malade et qu'il n'aurait pas coconné. Personne ne révoquera en doute le témoignage de M. Sauvages, qui répéta chez lui la même expérience, sans qu'il en résultât aucun effet. L'opinion générale est donc démentie par l'expérience, enfin par des faits absolument contraires à ce qu'elle veut propager.

« La secousse occasionnée dans l'air par le bruit du tonnerre ne nuit donc en aucune manière aux vers qui filent leur cocon ; mais la fulguration, les éclairs, le bruit, annoncent un amas d'électricité dans l'atmosphère, qui se décharge, ou d'un

2°. Lorsque les vers sont prêts à monter, il faut toujours conserver l'air sec autant que possible, afin que tout le papier qui couvre les claies puisse facilement sécher, étant continuellement mouillé par les excrémens, et pour qu'il puisse absorber et entraîner au dehors l'eau qui se dégage de ces insectes par la transpiration, et qui, comme nous le verrons plus bas, est en grande quantité.

nuage qui en a en surabondance, sur un autre nuage qui en a moins ou pas du tout, ou enfin, entre des nuages et la terre, jusqu'à ce que l'électricité soit en équilibre dans la masse totale. Cet équilibre ne peut point s'établir sans que des êtres faibles en soient affectés. Ne voit-on pas des personnes dont les nerfs sont délicats ou trop électriques pour eux-mêmes avoir des convulsions et même la fièvre dans de pareilles circonstances? Est-il donc étonnant que des vers remplis de soie, qui, comme on le sait, devient électrique par le frottement, mais sans transmettre son électricité aux corps qui l'environnent, soient cruellement fatigués et tourmentés par leur électricité propre, et par la surcharge qu'ils reçoivent de celle de l'atmosphère? Si à cette première cause une seconde vient se joindre, on reconnaîtra évidemment ce qui occasionne la chute des vers, et l'on ne l'attribuera plus aux secousses produites dans l'air par le bruit du tonnerre, etc.

« Avant que l'orage se décide, le temps est bas, lourd et pesant, la chaleur si suffocante, qu'on peut à peine respirer; l'air semble accabler la nature; on ne ressent pas le vent le plus léger; on ne voit pas une seule feuille agitée; les substances animales se putréfient promptement; enfin la *touffe* se manifeste plus ou moins en raison de l'air atmosphérique, et surtout de celui de l'atelier. Les vers peuvent donc éprouver une asphyxie dans ces momens critiques. Le tonnerre et les éclairs indiquent le mal, mais ne sont pas le mal. » (*Le Traducteur.*)

3°. S'il tombe des vers déjà montés, il faut les transporter dans le petit atelier où on a mis ceux qui sont tardifs, afin d'éviter, dans le grand atelier, l'irrégularité dans le travail des cocons.

4°. Lorsque les vers ont versé la *bave*, et qu'ils se sont en partie enveloppés de leur soie, comme alors l'air ne les frappe plus directement, on peut de temps en temps le faire circuler, quand il serait même un peu agité.

5°. Lorsque le cocon a acquis une certaine consistance, on peut laisser tout ouvert, parce qu'on n'a plus à craindre les variations de l'air. Le cocon est d'un tissu si serré, que l'agitation de l'air, loin de faire du mal au ver, lui est agréable, quand bien même sa température serait plus froide que celle de l'atelier.

Ce que je viens d'exposer montre le grand avantage d'avoir dans le même atelier tous les vers à soie montés à peu près en même temps ; s'il y avait une grande disproportion de temps entre eux, l'éducation générale irait mal, et il en résulterait inévitablement beaucoup de perte.

Dans les pays où, par l'effet du climat, la température est toujours plus chaude que celle que j'ai indiquée pour l'époque de la montée, l'air y est sec, sans néanmoins être agité, comme on le voit presque constamment dans les pays tempérés, et particulièrement dans les climats voisins des montagnes. Dans ces pays, il ne faut que laisser le courant de l'air libre du côté où il est le plus frais.

13

Quoiqu'il soit inutile, pour les climats chauds, d'entrer dans les détails dont je me suis occupé, comme, dans un ouvrage élémentaire, on doit fixer, pour tous les cas et pour tous les lieux, les règles sûres de l'art, j'ai dû parler de tout ce qui arrive, et indiquer les moyens d'y remédier.

Tous les soins que j'ai recommandés jusqu'à présent tendent :

1°. A conserver constamment la fluidité de la matière soyeuse placée dans les réservoirs des vers à soie;

2°. A maintenir la peau ou la superficie du ver suffisamment sèche, et par conséquent au degré de contraction qui lui est nécessaire, et sans lequel cet insecte périrait;

3°. A empêcher que l'air ne s'altère jamais assez pour faire tomber malades ou pour suffoquer les vers dans les momens qu'ils ont le plus grand besoin de vigueur pour verser toute la soie qu'ils contiennent.

Si on n'observe pas exactement ces règles et ces soins, on court le danger d'éprouver les pertes que je crois encore à propos de faire connaître.

1°. Un air trop froid ou trop agité, introduit dans l'atelier, peut de suite endurcir plus ou moins la matière soyeuse des vers qu'il frappe. Cette matière ne pouvant plus passer par les petits trous des filières, l'insecte en souffre, et le travail du cocon ne tarde pas à être suspendu. Alors une grande partie de ceux qui ne sont pas

encore enveloppés dans la soie peuvent tomber
d'un moment à l'autre, ce qui diminue la récolte
des cocons. Pour se convaincre de cette perte, on
peut faire l'expérience suivante : que l'on couvre
avec du papier plusieurs petits fagots garnis de
vers à soie, ayant soin de ne placer le papier qu'entre le second et le troisième fagot, le quatrième et
le cinquième, le sixième et le septième, et ainsi
de suite, et que cette opération se fasse du côté
qui est exposé à l'air agité, on trouvera, dans les
petits fagots qui sont défendus de l'air par le papier, de très beaux cocons et en quantité, tandis
que dans les autres il y en aura peu, parce que
les vers seront tombés, ou qu'ils se seront transportés ailleurs, ou enfin qu'ils auront mal filé.

2°. Un air trop humide, empêchant les vers
de contracter leur peau pour évacuer les derniers
excrémens, et pour exprimer la soie par les filières, les fait souffrir, les affaiblit, ralentit leur
travail, et leur occasionne divers genres de maux
qu'on ne peut aisément définir.

3°. Un air vicié par la fermentation des ordures
et des claies, ou par le séjour des vers tardifs sur
la litière, ainsi que le défaut de circulation de l'air
intérieur, qui rend la respiration de ces insectes
difficile et qui relâche tous les organes, sont des
causes qui produisent aussi des maladies. Dans de
pareils cas, bon nombre de vers tombent, d'autres
forment de mauvais cocons, meurent dedans dès
qu'ils l'ont fini, et s'y corrompent.

4°. Un cas très rare parmi nous, mais que je veux cependant faire noter, afin que l'on connaisse toutes les causes qui peuvent nuire aux vers à soie, c'est qu'un air constamment trop chaud et trop sec, séchant les vers et produisant sur leur peau une contraction trop forte et non proportionnée au vide qui se fait insensiblement dans ces insectes par le versement lent de la matière soyeuse et de l'humeur de la transpiration, les oblige à une action violente et fatigante dans le travail du cocon.

Dans ce cas, ils vident les réservoirs de la soie plus tôt qu'il ne faut, forçant d'une certaine manière le diamètre des filières; alors la soie n'a jamais la finesse de celle qu'ils versent à 16 degrés et demi de température. En effet, ayant moi-même exposé beaucoup de vers à soie à un air sec, et à trente degrés de chaleur, j'obtins des cocons, desquels ayant fait tirer, par le moyen de la filature ordinaire, plusieurs mille pieds de *bave*, le poids de cette *bave* fut d'à peu près un sixième de plus d'un égal nombre de pieds extraits des cocons formés à la température de 16 degrés et demi. Cette observation peut servir à expliquer pourquoi, dans les climats chauds, la soie est généralement moins fine et plus forte que celle des climats tempérés, où les vers à soie sont élevés à un moindre degré de chaleur.

L'art enseigne à éviter tous les inconvéniens dont nous venons de parler, inconvéniens qui détruisent tous les ans un nombre immense de vers à soie, et contribuent à former une grande quantité de mauvais cocons.

Le vulgaire a des idées confuses de toutes ces maladies; mais, comme il n'en connaît pas les causes, il arrive souvent que, croyant appliquer un remède, il donne un poison.

L'usage du thermomètre et de l'hygromètre, faisant connaître les causes des maladies, indique les moyens d'y remédier; et ces moyens sont ceux que j'ai déjà décrits, tels que le feu dans les cheminées situées aux angles de l'atelier, les feux légers faits à propos, l'ouverture des soupiraux, etc.

Le cinquième âge s'accomplit à mesure que les vers versent leur soie et forment le cocon.

Cet âge est terminé lorsqu'en touchant le cocon, on reconnaît qu'il a beaucoup de consistance; alors le ver y a déposé son enveloppe; il s'est changé en chrysalide, et son sixième âge commence.

§. VII.

Quantité de matières excrémentitielles, vaporeuses et aériformes, que rendent les vers à soie, depuis le moment qu'ils sont arrivés à leur plus haut degré d'accroissement jusqu'à la formation parfaite du cocon.

J'offre ici un calcul qui résulte des faits que m'a fournis la quantité de matière qui sort des vers à soie à la fin du cinquième âge, afin de faire connaître jusqu'à l'évidence quels sont les ennemis qui peuvent continuellement faire des ravages dans un atelier.

On doit faire attention que je n'entends parler que des matières nuisibles qui se dégagent des vers, et non de celles que peuvent produire la feuille, les épluchures et les excrémens, toutes matières qui vicient l'air et sont funestes aux vers, pour peu qu'elles séjournent dans l'atelier. J'en parlerai ailleurs (Chap. XIV).

Il résulte de mes expériences que 360 vers à soie, qui donnent environ une livre et demie de très beaux cocons, pèsent à peu près trois livres trois onces et demie lorsqu'ils sont arrivés à leur dernier degré d'accroissement.

Ces vers sont prêts à faire le cocon dans deux ou trois jours, et alors ils ne pèsent plus qu'à peu près deux livres sept onces.

Lorsque ces vers montent, ils se vident d'une plus ou moins grande quantité d'eau presque pure, soit par l'anus, soit par les filières, soit par la transpiration ; ils évacuent aussi une petite quantité de matières solides et forment ensuite leurs cocons dans trois ou quatre jours. Ces cocons ne pèsent en tout qu'environ une livre et demie.

Supposons maintenant un atelier comme celui dont j'ai parlé jusqu'ici, contenant la quantité de vers produits par cinq onces d'œufs, et suffisante pour donner à peu près six quintaux de cocons, voici quels en seront les résultats.

1°. Si 360 vers, qui donnent une livre et demie
de cocons, pèsent trois livres trois onces et demie
lorsqu'ils sont à leur dernier degré d'accroissement, il est clair que le total des vers de mon
atelier, qui donnent 600 livres de cocons, doivent peser à peu près 1,285 livres trois onces,
lorsqu'ils sont arrivés à leur plus haut degré d'accroissement.

Et si les 360 vers prêts à faire leur cocon ne
pèsent qu'à peu près 42 onces, il est clair également que la totalité de ceux de mon atelier doit
peser à peu près 10 quintaux 50 livres; en trois
jours, il se sera donc séparé du corps des gros
vers environ 237 livres et demie de matières, soit
solides, soit liquides, vaporeuses et gazeuses.

2°. Et si, après trois ou quatre jours, les vers,
qui ne pèsent plus qu'à peu près 10 quintaux
50 livres, sont changés en 600 livres de cocons,
il est clair aussi que, dans trois ou quatre jours,
il se sera séparé de leur corps à peu près 450 livres
de matières liquides, vaporeuses et gazeuses.

3°. En six ou sept jours, il se sera donc séparé du corps des vers propres à donner seulement 600 livres de cocons à peu près 700 livres
de matières excrémentitielles solides, liquides,
vaporeuses et gazeuses. Cette quantité surpre-
nante de matières sorties du corps de ces insectes,
en si peu de jours, est plus grande que le poids
total des cocons et des chrysalides, qui n'est que
de 600 livres. On ne croirait pas que les vers à

soie produissisent tant de matières nuisibles en peu de jours, si cela n'était démontré par des calculs positifs (Chap. XIV).

Il est aisé de concevoir comment cette immense quantité d'exhalaisons, séjournant dans l'atelier, peut, dans les derniers jours, engendrer promptement les maladies, et produire une grande mortalité au moment qu'on espère faire une récolte abondante de cocons. Cela doit donc convaincre de la nécessité d'observer attentivement les soins que j'ai prescrits.

CHAPITRE IX.

Du sixième âge des vers à soie, ou de la chrysalide. Récolte, conservation et diminution en poids des cocons.

Nous avons vu dans les deux chapitres précédens que le cinquième âge des vers à soie, qui commence après la quatrième mue, finit dès le moment que ces insectes ont fait leur cocon et qu'ils se sont transformés en chrysalide, laissant leur vieille dépouille dans le cocon.

Le sixième âge commence à leur état de chrysalide, et finit à leur transformation en papillon, après avoir déposé dans le cocon l'enveloppe qui les couvrait.

A dire vrai, cet âge exige moins de soins que

les précédens, surtout si l'on a bien exécuté tout
ce que j'ai déjà prescrit.

Cependant les différentes opérations et soins
qui regardent cet âge sont de quelque importance
et de quelque intérêt. Examinons donc ce qu'il
y a à faire :

1°. Récolte des cocons;

2°. Choix de ceux qui doivent fournir les œufs;

3°. Conservation des cocons jusqu'à la sortie
des papillons;

4°. Perte journalière en poids que font les cocons, du moment qu'ils sont parfaits, jusqu'à
l'apparition du papillon.

§. Ier.

Récolte des cocons.

D'après les conditions que j'ai fixées ci-dessus,
les vers sains et vigoureux terminent leurs cocons
dans trois jours et demi au plus, à compter du
moment qu'ils rendent la première *bave*.

Cette période de temps est plus courte, si les
vers filent la soie étant exposés à une température au-dessus de celle que j'ai déterminée, et
dans un air sec.

Elle est plus ou moins longue, si les vers ne
sont pas bien sains, ou s'ils se trouvent exposés
à une température plus froide que celle déjà indiquée; s'ils éprouvent des alternatives de chaud

et de froid; si l'air qui les entoure est humide ou
vicié; si les vers sont exposés à des coups d'air
lorsque le cocon n'est pas encore assez formé pour
les garantir entièrement; enfin si une quantité
de ces insectes est montée long-temps après l'autre,
ce qui est toujours un effet des mauvais soins et
d'une direction mal entendue.

Je conviens qu'il sera peut-être difficile aux
éducateurs de changer de suite beaucoup de vieux
usages et d'en introduire de nouveaux, quoique
faciles. Afin d'éviter les pertes que leuroccasion-
neraient les inattentions qu'ils auraient pu commettre, il vaudra mieux pour eux qu'ils n'enlèvent
pas les cocons avant le huitième ou le neuvième
jour, à compter du moment que les vers ont commencé à monter. Je les fais enlever le septième et
même le sixième jour, parce qu'on exécute dans
mes ateliers tout ce que j'ai prescrit jusqu'à
présent.

Nous verrons d'ailleurs dans la suite que ce
retard n'occasionne qu'une petite diminution en
poids des cocons, qui fait qu'ils deviennent meilleurs, ainsi que ceux des vers qui ont employé
beaucoup de temps à se vider, et qui par conséquent ont commencé leur travail plus tard.

Lorsque les sept ou huit jours sont passés, on
recueille les cocons.

Cette opération doit commencer par les claies
lesplus bass es, montant insensiblement jusqu'aux
plus hautes, et cela afin de pouvoir facilement

enlever tous les cocons qui se trouvent attachés sous les claies et où il n'y a pas de rameaux.

On ne doit point jeter les petits fagots ou rameaux chargés de cocons, mais bien les faire prendre doucement pour les remettre à ceux qui sont chargés de les détacher. Par ce moyen on évite les taches que font les vers morts dans le cocon.

Aucun de ces inconvéniens n'a lieu dans un atelier bien dirigé.

Les personnes destinées à détacher les cocons des fagots doivent être assises en rang l'une à côté de l'autre, et on porte aux pieds de chacune les fagots garnis.

Il doit y avoir un panier entre deux ouvriers pour y déposer les cocons. Un autre ouvrier doit prendre les fagots dépouillés, et, s'ils sont de genêt ou d'autres arbustes, il les entassera quelque part pour une autre année; s'ils sont de paille ou de quelque autre plante légère [1], on peut les

---

[1] La bruyère peut servir pour bien des années; elle est même meilleure la seconde année que la première.

La paille qu'on emploie pour former les haies, la bruyère même de la première année, nuisent à beaucoup de vers à soie, parce que leurs extrémités sont trop fines et trop faibles.

Le ver monte et va toujours en avant jusqu'à ce qu'arrivé à ces extrémités légères, il les fait pencher, et les détache de celles sur lesquelles elles étaient appuyées; alors, n'ayant pas lui-même assez d'appui, il tombe sur la claie, et même à terre si on n'a pas eu le soin de placer la bruyère de manière à l'en empêcher.

Ces chutes sont toujours nuisibles, et même quelquefois

brûler, parce qu'ils se remplacent aisément chaque année.

Les personnes qui détachent les cocons doivent avoir devant elles du papier pour ne pas se salir, si elles rencontrent quelque ver pourri.

Tous les cocons mous doivent être mis à part, afin d'éviter que l'acheteur, pour les avoir tous à un sou de moins par livre, n'ait le prétexte qu'il y a des cocons de mauvaise qualité.

On doit d'autant plus faire le choix avec sévérité, qu'on peut tirer bon parti des cocons de rebut. Il m'est arrivé, chaque année, qu'en les faisant filer, la soie que j'en ai retirée m'a valu

mortelles aux vers, s'ils sont tombés de haut. Il faut donc arranger la bruyère de manière qu'elle n'ait pas des extrémités si faibles.

Lorsqu'elle a servi un an, je la fais passer en petits fagots, légèrement et avec beaucoup de promptitude, sur de la flamme du même bois. De cette manière, la bave de la soie qui y est restée se brûle, ainsi que les extrémités de la bruyère; et, comme je l'ai déjà dit, elle devient meilleure pour l'année suivante. Après cette petite opération, il faut bien battre ces fagots contre un corps dur, afin de faire tomber tout ce qui s'est brûlé. On leur fait ensuite prendre l'air, pour qu'ils ne conservent que leur odeur naturelle.

On les amoncelle, et lorsqu'on veut les employer de nouveau, on leur fait avant prendre l'air. Au lieu de bruyère sèche et vieille, il serait plus avantageux, si on le pouvait, d'employer des rameaux de plantes fraîches, et particulièrement de navets; mais pour cela il faudrait les priver des feuilles et des rameaux les plus faibles.

presque autant que celle des beaux cocons. On peut aussi employer cette soie pour les usages de la famille.

Mais revenons aux opérations dont je parlais.

Les paniers de cocons doivent se vider sur des claies placées en file et élevées au-dessus du sol, afin de pouvoir examiner commodément les cocons, comme nous le dirons dans la suite.

On doit les étendre sur les claies par couches de quatre travers de doigt, ou à peu près à la hauteur des bords des claies.

Il faut avoir l'attention de bien nettoyer les paniers, le pavé, et tout ce qui sert à recueillir et à déposer les cocons.

On doit diriger les opérations des personnes employées dans l'atelier de manière que leur travail soit terminé en même temps que celui des autres personnes qui, hors de l'atelier, sont chargées de détacher les cocons des petits fagots.

Lorsque les cocons sont séparés des petits fagots, il faut avoir le soin d'en ôter lestement, et avec adresse, la *baye* dans laquelle le ver a formé son cocon, et qu'on nomme *bourre*.

En commençant le travail au lever du soleil, et le finissant avant quatre heures du soir, douze personnes suffisent pour séparer de la bruyère 600 livres de cocons, les nettoyer et les mettre sur les claies.

Aussitôt qu'on a terminé l'opération, on prend les cocons des claies et on les met dans les hottes.

S'ils sont déjà vendus, on les pèse, et on les transporte chez l'acheteur.

Avant le transport, il ne faut pas oublier de visiter les feuilles de papier, les murs, la boiserie, et tous les endroits où les vers ont pu faire le cocon. Si on en trouve, on doit les bien nettoyer comme les autres, avant de les mêler, afin qu'ils soient tous également beaux.

On sera agréablement surpris de voir que la quantité ou le poids des cocons correspond toujours à l'espace des claies que les vers avaient occupé.

En suivant la méthode que j'ai indiquée, on obtiendra constamment de 183 pieds 4 pouces carrés de claies, sur lesquelles on a élevé les vers provenant d'une once d'œufs, depuis 112 jusqu'à 127 livres de cocons de première qualité.

Que l'atelier soit grand ou petit, le produit en cocons égalera toujours la susdite proportion et ne diminuera jamais, quelque mauvaise qu'ait été la saison, si on a observé et exécuté tout ce que j'ai enseigné.

§. II.

Choix des cocons pour la reproduction des œufs.

Dans l'état d'imperfection où se trouve l'art d'élever les vers à soie, il faut au moins la soixantième partie des cocons qu'on recueille pour en retirer les œufs.

Ce calcul est fondé sur une longue série d'expériences qui tendent à démontrer :

1°. Qu'on retire à peu près deux onces d'œufs d'une livre et demie de cocons mâles et femelles [1].

2°. Qu'en général, dans les pays d'Italie où on élève des vers à soie, on ne retire pas plus de 45 livres de cocons par once d'œufs ; et, comme il est de fait que, dans l'étendue de pays qui formait le royaume d'Italie, la valeur commerciale à l'étranger, de la soie et de tout ce qu'on retire des cocons, monte à plus de 80 millions, il est évident que la valeur des cocons employés pour les œufs, qui s'élèvent à peu près à un million et demi, est enlevée à notre commerce avec l'étranger.

Si donc, dans l'intérêt de l'art, la production des cocons est augmentée depuis 45 livres par once d'œufs jusqu'à 90 livres, il est évident qu'on ajoutera pour le commerce extérieur une quantité de soie correspondante à la moitié des cocons employés pour les œufs, ce qui produit une forte somme.

Cet avantage est un des moindres que le perfectionnement des soins des vers à soie peut pro-

---

[1] L'auteur de l'article sur les vers à soie, du Cours d'Agriculture de l'abbé Rozier, dit qu'on compte communément une livre de cocons pour avoir une once de graine. La différence en plus de semence qu'obtient M. le comte Dandolo paraît dépendre de la meilleure éducation qu'il donne aux vers. (*Le Traducteur.*)

duire, comme je le démontrerai par la suite
(Chap. XV).

Revenant aux cocons destinés aux œufs, on
peut dire avec assurance que, si on les prend
d'un atelier bien soigné, il est tout-à-fait inutile
de se donner la peine de les choisir : plusieurs
expériences m'en ont convaincu, et diverses personnes qui ont pris de mes cocons sans aucun
choix ont obtenu de très bons œufs.

Cependant, dans l'état actuel de l'éducation
des vers à soie, ce serait heurter un peu trop
l'opinion des éducateurs que de leur proposer de
supprimer ce choix. Cela convient d'autant moins
à présent, que, s'il arrivait quelque désastre
pendant qu'on élève les vers, on ne manquerait
pas d'en attribuer la cause à la négligence du
choix. Avec le temps, les lumières et l'expérience
convaincront ceux qui cherchent leur avantage
que ce choix est inutile.

Si on veut faire ce choix, il faut prendre
les cocons qui sont de couleur de paille pâle,
les plus durs, surtout aux deux extrémités, où
le tissu semble plus fin ; ceux qui ont une espèce d'anneau ou cercle rentrant qui les serre
dans leur milieu, et qui ne sont pas les plus
grands.

Les petits cocons très durs aux extrémités,
et un peu serrés au milieu, indiquent que le
ver a eu beaucoup de force, puisqu'il a pu
attacher sa *bave* long-temps, et la contourner

souvent dans les points les plus éloignés les uns des autres, ce que n'aurait pas fait un ver à soie faible.

Jusqu'à présent je n'ai pu découvrir, par mes expériences, que la force déployée par le ver à soie en formant le cocon ait ensuite influé sur la fécondation des mâles, ou sur la qualité des œufs dans les femelles. Des cocons de consistance et de formes différentes m'ont donné également une plus ou moins grande quantité de très bons œufs fécondés. Des vers à soie très sains, parfaitement mûrs, d'égal poids, m'ont donné des cocons dont le poids variait un peu.

Il est de fait que la quantité plus grande de matière soyeuse filée par un ver sain, plutôt que par un autre également sain, démontre seulement que le premier avait accumulé dans ses réservoirs plus de substance soyeuse que le second, sans qu'on puisse en déduire que l'un soit inférieur à l'autre quant à la force fécondatrice. La parfaite santé du ver à soie est absolument indépendante de la quantité plus ou moins grande de soie qu'il peut produire. Il y a plus, c'est qu'un ver peut être très sain et très fort, quoique ses réservoirs contiennent un peu moins de soie qu'un autre qui paraîtrait moins vigoureux. J'ai trouvé chez des vers malades qui n'auraient pas même pu faire leur cocon si je ne les avais secourus, et tels sont tous ceux qui se sont raccourcis et ont grossi, et qu'on nomme *harpions* (ric-

14

cioni) [1] ; je leur ai trouvé, dis-je, plus de matière soyeuse qu'à beaucoup d'autres très sains que j'avais ouverts moi-même (Chap. XII).

Il conste des expériences que j'ai faites sur mes cocons et sur ceux de mes fermiers qu'il sort toujours d'un cocon produit par un ver à soie sain un très bon papillon , soit mâle, soit femelle, et j'ignore qu'il puisse y avoir des exceptions à ce que je dis.

Lorsqu'on choisit les cocons pour les œufs, beaucoup de personnes les secouent l'un après l'autre, pour entendre si la chrysalide bat un coup sec contre les parois du cocon ; et d'après cela, elles décident qu'elle y est et qu'elle est saine. Cette opération ennuyeuse est inutile. La chrysalide existe toujours dans le cocon, et elle est saine lorsque les ateliers ont été bien soignés. Il arrive quelquefois que quelques vers, en faisant leurs cocons, ont de la peine, dans les derniers momens qu'ils filent la soie, à porter jusqu'aux deux extrémités les dernières portions de *bave*, ou qu'ils ne les attachent pas bien aux parois intérieures ; malgré cela, quoique les deux extrémités du cocon se trouvent un peu moins garnies de soie, et qu'il y ait beaucoup de fils confusément

[1] De toutes les maladies des vers à soie que décrit M. le comte Dandolo, *le riccione* est la seule qui ressemble à celle qu'on trouve décrite dans le Cours d'Agriculture de l'abbé Rozier, sous le nom de *harpions* ou *passis*.

disposés dans le cocon, on trouve la chrysalide saine et parfaite.

Dans des cas pareils, si on secoue le cocon, il peut bien se faire qu'on n'entende pas la chrysalide, qui se trouve fixée par quelques fils, quoiqu'elle soit saine ; au reste, ceux qui désirent faire cette expérience en sont les maîtres ; il me suffit d'avoir dit la chose telle qu'elle est [1].

Il n'y a point de signes certains pour distinguer les cocons qui doivent donner les papillons mâles de ceux qui contiennent les femelles ; mais les moins trompeurs et les plus reconnus sont les suivans :

Le cocon le plus petit, pointu d'un ou des deux côtés, et serré dans son milieu, contient ordinairement un mâle ; celui qui est très rond aux extrémités, gros et peu serré, ou pas du tout dans son milieu, contient en général une femelle.

Dans le prochain chapitre, nous verrons que les chrysalides et les papillons femelles pèsent presque le double des mâles, ce qui suppose naturellement que le cocon de la femelle doit être,

---

[1] On trouve ce qui suit dans l'ouvrage de l'abbé Rozier : « Lorsqu'on a fait le choix de la quantité de cocons dont on veut avoir les papillons, il faut s'assurer de la vie de la chrysalide, en secouant chaque cocon auprès de l'oreille. Si elle est morte et détachée du cocon, elle rend un bruit aigre, le muscardin ou cocon-dragée rend le même bruit ; mais lorsque la chrysalide est vivante, elle rend un bruit sourd, et elle a moins de jeu dans le cocon. (*Le Traducteur.*)

à circonstances égales, plus gros que celui du mâle.

Ayant formé des tables de cocons que je croyais tous mâles, et d'autres que je croyais tous femelles, j'ai trouvé que, dans l'un et l'autre cas, la majeure partie correspondait aux signes ci-dessus indiqués.

Un ver à soie, quoique femelle, forme assez souvent un cocon petit et pointu, parce qu'étant vigoureux, il a pu se mouvoir et se retourner avec facilité dans tous les sens; lorsqu'au contraire cet insecte est sans vigueur, ses mouvemens sont faibles, ce qui fait qu'un ver mâle fait quelquefois un cocon gros et qui n'est pas pointu.

On doit donc conclure que les cocons provenant des ateliers bien tenus, qui ont de la consistance, et qui sont d'un grain fin, sont tous propres à donner de très bons œufs; sur cent, à peine y en a-t-il un qui ne produise pas un papillon vigoureux. Nous devons dire aussi, quant aux moyens de reconnaître les sexes, qu'il y a, il est vrai, des signes qui en général indiquent la vérité, mais que cependant ils ne sont jamais assez sûrs pour ne pas induire quelquefois en erreur.

§. III.

Conservation des cocons destinés à donner les œufs.

La conservation des cocons destinés à reproduire des œufs est une opération importante.

L'expérience démontre que si la température

est au dessus de 18 degrés, la conversion de la chrysalide en papillou se fait trop rapidement, et qu'alors les accouplemens sont moins féconds. Si elle se trouve au dessous de 15 degrés, le développement du papillon a lieu trop tard, ce qui est aussi nuisible, comme nous en parlerons au chapitre suivant. On doit donc faire en sorte que la température de la chambre où on place les cocons soit toujours de 15 à 18 degrés; on donnera la préférence aux chambres du premier. Si la chambre n'est pas sèche, la chrysalide en souffre, et le papillon est faible.

Dès qu'on a rassemblé les cocons choisis pour les œufs, et qu'on les a étendus sur un pavé sec ou sur les tables, une personne leste doit les dépouiller, l'un après l'autre, du reste de bourre qu'ils peuvent avoir.

Cette bourre ne fait pas partie essentielle du cocon; on l'enlève parce que non seulement cela rend le cocon plus propre et moins susceptible de se salir, mais aussi pour que le papillon, en sortant, n'ait pas ses pates embarrassées dans cette bourre, dont il ne se débarrasse que très difficilement.

Cette opération est, il est vrai, un peu ennuyeuse; cependant une main exercée débourre trente livres de cocons dans un jour, sans prendre beaucoup de peine. On ne doit pas négliger de mettre de côté les cocons qui paraissent avoir quelque imperfection.

C'est alors le moment de séparer les cocons qu'on croit femelles des mâles.

Aussitôt que l'opération est finie, on place les cocons choisis sur des tables, par couches de trois travers de doigt au plus, afin que l'air puisse s'y insinuer et passer partout, et qu'on n'ait pas besoin de les remuer souvent.

Si on les entasse trop, les cocons qui sont dessous ne sont pas remués, et peuvent alors devenir trop humides et nuire à la chrysalide.

Si la chaleur de la chambre destinée à cet usage est à plus de 18 degrés, et qu'on ne veuille pas transporter ailleurs les cocons, on doit au moins tenter de diminuer la chaleur, en tenant parfaitement fermé du côté par où entre le soleil. Il faut établir de temps en temps des courans d'air, afin de chasser l'humidité qu'exhalent les chrysalides. Il est aussi utile de remuer les cocons chaque jour, quoique peu entassés, si l'atmosphère se maintient long-temps humide; mais si la température monte à 20 ou 22 degrés, il faut de suite transporter les cocons dans une chambre plus fraîche. Les températures moyennes sont toujours les plus convenables pour soigner les vers, les chrysalides et les papillons.

Si la chambre n'est pas sèche, l'humidité, qui est toujours nuisible aux vers, l'est alors à la chrysalide, et la fait changer en papillon faible.

§. IV.

*Perte journalière en poids que fait le cocon du moment qu'il
est formé jusqu'à celui où le papillon en sort.*

Il n'y a aucune connaissance inutile, quelque
minutieuse qu'elle soit, lorsqu'elle peut contribuer à diminuer les pertes et à augmenter les profits d'un art quelconque ; et, comme je me suis
proposé de mettre tout le monde en état de bien
élever les vers à soie, pour en retirer tous les
avantages possibles, j'ai voulu aussi connaître et
calculer combien chaque jour le cocon perd en
poids.

C'est une opinion vulgaire que le cocon diminue de son poids pendant un certain temps, après
lequel il augmente. Cette vieille opinion est cause
que plusieurs personnes s'empressent trop de donner les cocons au fileur avant qu'ils diminuent de
poids, ou qu'elles retardent trop à les lui donner,
dans l'espoir qu'ils augmenteront. Je ne saurais dire
comment peut être née cette opinion erronée :
serait-ce l'intérêt des fileurs qui l'aurait formée et
lui aurait donné de la valeur ?

Pour bien connaître et calculer la diminution
de poids dans le cocon, j'ai pesé scrupuleusement
tous les jours 1,000 onces de cocons, à compter
du moment qu'ils étaient entièrement formés,
jusqu'à celui où je me suis aperçu que quelque
papillon, mouillant un peu l'extrémité du cocon,

indiquait qu'il avait mis la tête hors de la gaîne qui couvrait la chrysalide, et qu'il se disposait à déchirer le cocon.

Voici le résultat de la diminution journalière de ces mille onces de cocons dans une chambre entre 17 et 18 degrés de température :

Levés de la bruyère et nettoyés, co-

cons. . . . . 1,000$^{onc.}$

Un jour après, le poids était de. . . 991

Deux jours après, de. 982

Trois jours après, de. 975

Quatre jours après, de. 970

Cinq jours après, de. 966

Six jours après, de. 960

Sept jours après, de. 952

Huit jours après, de. 943

Neuf jours après, de. 934

Dix jours après, de. 925

Les cocons perdent donc dans dix jours sept et demi pour cent par le seul effet du desséche- ment de la chrysalide. Dans les premiers quatre jours, ils perdent trois pour cent, c'est-à-dire trois quarts par cent chaque jour. Dans les derniers jours, ils perdent un peu plus, parce qu'alors le moment de la formation du papillon approchant, il se dégage une plus grande quantité d'humidité.

L'état plus ou moins sec de l'atmosphère peut augmenter ou diminuer la perte de quelques onces. Il est donc clair que ceux qui, pour faire plaisir au fileur, tiendraient deux, trois ou quatre jours de plus les cocons à la bruyère, perdraient chaque jour à peu près deux centimes par livre de cocons sur le prix convenu.

Les personnes dont les vers à soie sont montés à cinq ou six jours les uns des autres, et qui n'ont pu lever les cocons que douze jours, et même plus, après que les premiers vers ont commencé à monter, sont exposées à éprouver une perte de trois ou quatre pour cent, sans que personne leur sache gré de ce sacrifice.

Dans beaucoup de cas, c'est une perte pour celui qui achète les cocons dans l'intention d'en faire tirer de la soie, s'il en reçoit qui aient été achevés en différens jours, parce que, lorsque dans quelques cocons les papillons se disposent à naître, dans d'autres ils en sont encore éloignés; et alors ceux qui font filer ne savent pas s'ils doivent le faire faire de suite, ou bien faire mourir les chrysalides pour conserver les cocons.

Si on suit exactement les règles indiquées dans le chapitre précédent, on évitera cette perte, et on aura des cocons parfaitement formés et en état d'être livrés après sept jours, à compter du moment que les vers commencent à monter.

~~~~~~

CHAPITRE X.

Du septième âge des vers à soie ; de la naissance et de l'accouplement des papillons ; de la ponte et de la conservation des œufs.

Le septième et dernier âge du ver à soie comprend toute la vie du papillon.

Ce n'est point dans un ouvrage de cette nature que je dois démontrer comment, dans l'enveloppe qui couvrait la chrysalide, le papillon se forme par la force de la vie et des affinités chimiques, et comment se forment aussi l'humeur qui féconde les œufs, une certaine quantité de matière fluide qu'on voit s'accumuler dans divers réservoirs, et enfin tout ce qui peut constituer son être ; je dirai seulement qu'aussitôt que le papillon est formé, il emploie une portion de la substance liquide, presque de la saveur de l'eau, qui sort de sa bouche, pour humecter et déchirer non seulement l'enveloppe qui le couvre, mais encore le tissu très fort du cocon dans lequel il se trouve renfermé.

On reconnaît que le papillon est formé, et qu'il cherche à sortir, lorsqu'on aperçoit une extrémité du cocon mouillée, qui est la partie où est la tête du papillon. Quelques heures après que ces signes paraissent, et même quelquefois en moins d'une heure, le papillon perce le cocon et sort. Il arrive aussi quelquefois que le cocon est d'un tissu si dur, et a tant de soie, que le papillon s'efforce en vain d'en sortir, et qu'il y meurt. Quelquefois aussi la femelle est obligée de déposer une certaine quantité d'œufs dans le cocon avant d'en sortir; elle peut aussi y périr.

Ne se pourrait-il pas que cette observation nous indiquât le besoin d'extraire la chrysalide des cocons en les coupant, afin que le papillon n'eût qu'à sortir de son enveloppe? Je l'ai fait moi-même avec succès à beaucoup de cocons; mais j'ai trouvé que cet avantage ne dédommage pas de l'ennui qu'occasionne cette opération; sans compter l'embarras que donnent les papillons qui sont privés d'une partie de leur cocon, sur lequel ils ne peuvent s'étendre commodément [1].

[1] Il est très avantageux que, lorsque le papillon sort la tête et les premières jambes, il puisse rencontrer quelque corps qui lui facilite sa sortie en lui donnant un appui pour se pousser en avant; pour cela, il faut arranger les cocons par couches de trois ou quatre travers de doigt.

Si on tire la chrysalide du cocon pour que le papillon sorte facilement de son enveloppe, il arrive que, si les papillons sont placés sur une table unie, il y en a cinq sur cent qui ne peuvent pas sortir; ils traînent leur enveloppe avec eux pendant long-temps, et finissent par mourir dans cet état.

Si la table sur laquelle on place les chrysalides n'est pas passée au rabot, les papillons sortent avec un peu plus de facilité, parce que les rugosités de la table leur servent d'appui.

Je pense donc que la méthode pratiquée comme je l'ai dit

La vie du papillon dure dix, douze ou quinze jours, selon la force de sa constitution et l'état plus ou moins doux de l'atmosphère. Une température chaude tend en général à activer toutes les opérations auxquelles la nature a destiné cet animal, et à accélérer son presque total desséchement, qui le conduit à la mort.

Ce dernier âge a aussi grand besoin de soins attentifs. Quoique les papillons des vers à soie aient des ailes comme tous les autres papillons, ils n'ont cependant pas assez de force pour s'élever et chercher un lieu propre à déposer leurs œufs, et pour les mettre en sûreté, comme font les autres espèces de chenilles que nous connaissons (Chap. I).

Il appartient donc à l'industrie de l'homme de recueillir et de conserver les œufs des vers à soie, afin de les bien disposer pour l'année suivante par les moyens les plus avantageux.

Il me paraît qu'il est de l'intérêt de tous ceux qui élèvent des vers d'obtenir de leurs cocons mêmes de bons œufs, plutôt que de les acheter, afin d'être certains de leur parfaite qualité; cependant un grand nombre de personnes ne s'en occupent pas. Je vais leur faire connaître des moyens faciles, simples et sûrs, pour obtenir une

plus haut est la meilleure; il faut cependant avoir soin de resserrer les espaces que les cocons occupent, à mesure que les papillons sortent, et qu'on enlève les cocons percés.

petite comme une grande quantité d'œufs de bonne qualité.

Selon moi, il ne peut y avoir que trois motifs pour lesquels on ne conserve pas les œufs qu'on récolte, et on préfère prendre ceux des autres.

Le premier est que les couvées ont mal réussi, et qu'elles ont produit de mauvais cocons; ce cas ne peut jamais avoir lieu si on a bien élevé les vers à soie.

Quant au second, l'expérience a constamment démontré que les œufs qu'on a récoltés, quoique produits par des cocons de bonne qualité, obtenus sur le lieu, ne font pas une bonne réussite eu égard à d'autres œufs qu'on croit meilleurs; ce qui prouve que les vers à soie de celui qui achète les œufs ont été plus mal soignés que ceux de celui qui les vend.

Le troisième est que, pour s'épargner de la peine, on achète les œufs, pourvu qu'on soit assuré d'en trouver d'une qualité très bonne. Cela indique qu'il n'y a que la paresse qui détermine à acheter les œufs des autres, et on peut quelquefois en être la dupe.

Il n'y a donc que des cas bien rares qui puissent autoriser à acheter les œufs plutôt que de les faire pondre soi-même.

Je devrais aussi exposer, dans ce chapitre, s'il convient de changer tous les deux, trois, quatre ans, les œufs qui proviennent du même atelier. Je ne dirai que deux mots sur toutes les opinions erronées ou populaires qui existent à ce sujet.

D'abord, si, pendant mille ans, on retirait de très bons cocons d'un atelier, qu'on en fît produire les œufs, et qu'on les conservât avec les soins que j'ai décrits dans cet ouvrage, ces œufs seraient, pendant mille ans, comme le sont toujours les œufs fécondés de tous les autres animaux ovipares domestiques et sauvages que nous connaissons.

Supposer que les bons cocons d'un éducateur ne sont plus propres, après quelques années, à lui donner de bons œufs, et que cependant ces mêmes cocons soient propres à en produire de très bons pour les autres, ce serait admettre une influence superstitieuse que la raison, la science et la pratique condamnent hautement.

Nous embrasserons dans trois paragraphes tout ce qui regarde la production et la conservation des œufs.

1°. Naissance des papillons, et leur accouplement;

2°. Séparation des papillons, et déposition des œufs fécondés.

3°. Conservation des œufs.

§. I.

Naissance des papillons et leur accouplement.

Si les cocons qu'on a choisis pour obtenir les œufs sont tenus à une température de 15 degrés, les papillons commencent à naître après quinze jours; si on tient les cocons entre 17 et 18 degrés, ils commencent à sortir après onze ou douze jours.

Dans le premier cas, il faut à peu près quatorze ou quinze jours pour que tous les papillons soient sortis.

Dans le second, ils n'y mettent que dix ou onze jours.

Les changemens de température depuis 14 jusqu'à 19 degrés font un peu varier ce calcul.

Ainsi que je l'ai dit plus haut, on reconnaît que les papillons commenceront bientôt à naître, quand les cocons sont humides ou mouillés à l'extrémité où se trouve la tête du papillon.

La chambre où naissent les papillons doit être obscure, ou du moins il ne doit y avoir que la clarté à peine suffisante pour y distinguer les objets.

Les papillons ne sortent pas en grand nombre le premier ni le second jour; ils naissent pour la plupart dans les 4e, 5e, 6e et 7e jours, selon le degré de température du lieu où sont placés les cocons.

Les heures auxquelles les papillons percent le cocon en plus grande quantité sont les trois ou quatre premières après le lever du soleil. Il en naît bien peu dans toutes les autres heures du jour, si la température est de 14 ou de 15 degrés, si elle est de 18 degrés, il en sort davantage.

Dans les journées où il en naît le plus, on voit, d'une heure à l'autre, que la superficie des cocons en est presque couverte. Quelques personnes pensent que les premiers qui sortent sont mâles; pour moi, j'ai vu qu'il y a parmi ceux-là des mâles et des femelles, et je ne crois pas qu'il y ait rien de certain à ce sujet.

Les papillons mâles, à peine sortis du cocon, montrent un très grand désir de s'accoupler aux femelles.

J'ai dit ailleurs qu'on pourrait difficilement distinguer tous les cocons mâles des femelles, quoiqu'il y ait cependant des signes qui en font reconnaître un bon nombre (Chap. IX, §. II).

Malgré cela, il est toujours très utile de séparer les cocons qu'on croit mâles de ceux qu'on croit femelles. Par ce moyen, il se fait moins d'accouplemens sur les tables, et il en résulte :

1°. Qu'on les voit de suite, et qu'on peut lever ceux qui sont accouplés;

2°. Que ceux qui ne sont pas accouplés peuvent se laisser plus long-temps sur la table, ce qui est avantageux, comme nous le verrons bientôt;

3°. Qu'il est plus facile de les accoupler ensuite,

pouvant plus aisément lever ceux qui ne sont pas accouplés.

Voilà la meilleure manière de favoriser la naissance et l'accouplement des papillons.

Ainsi que je l'ai déjà dit, les papillons commencent à sortir du cocon aussitôt qu'il est jour.

Leur sortie n'est pas aussi nombreuse dans la 1re et la 2e heure que dans la 3e et la 4e.

Lorsqu'on voit les papillons accouplés, on les place sur des espèces de châssis couverts de toile (*Fig.* 26) faits exprès de manière à pouvoir facilement changer la toile lorsqu'elle est sale.

L'accouplement parfait s'annonce par dès tremblemens qu'on distingue au mâle qui est sur la femelle.

Il faut agir avec beaucoup d'attention lorsqu'on enlève les papillons accouplés. On les prend par les ailes pour ne pas les séparer, et si cela arrive, on les remet chacun sur les tables des papillons de leur sexe.

Lorsqu'on a rempli une petite table de papillons accouplés, on les transporte dans une chambre un peu grande, fraîche, assez aérée, et qu'on puisse rendre bien obscure. On place ces petites tables par terre ou toute autre part.

Après avoir employé les premières heures de la journée à lever et à transporter les papillons accouplés, on s'occupe à accoupler les mâles et les femelles qui se trouvent séparés sur les tables.

Cette opération est ennuyeuse, mais facile. On

15

lève alternativement les mâles et les femelles, et on les met ensemble sur d'autres châssis, qu'on transporte dans la chambre obscure.

Au bout d'un certain temps on peut très facilement connaître s'il y a plus de femelles que de mâles. La femelle se distingue aisément par sa grandeur et la grosseur de son ventre, qui est presque le double de celle du mâle. J'en ai fait aussi la preuve par leur poids : cent mâles pèsent 1,700 grains, cent femelles en pèsent 3,000. Il est donc inutile d'indiquer d'autres caractères pour distinguer les mâles des femelles; d'ailleurs le mâle non accouplé bat en général des ailes à la moindre clarté qui le frappe.

Pour des raisons que je ferai connaître dans la suite, il faut noter l'heure pendant laquelle on aura placé dans la chambre obscure les tables des papillons qu'on a trouvés accouplés sur les claies. On doit en faire autant de l'heure à laquelle on transportera les autres petites tables des papillons qui se seront accouplés ensuite.

Si, lorsqu'on a fini cette opération, il reste quelques papillons de l'un ou de l'autre sexe, on les place dans la petite boîte percée (*Fig.* 27), jusqu'à ce que le moment de les accoupler soit favorable.

Il faut observer de temps en temps s'ils se détachent, pour séparer les mâles des femelles, afin de pouvoir faire ensuite de nouveaux accouplemens.

On ne doit laisser entrer dans la chambre
obscure que le peu de lumière qu'il faut pour
pouvoir distinguer les objets. Plus il y a de lumière, plus les papillons sont agités et troublés
dans leurs opérations : cet élément est pour eux
un très fort stimulant qui les inquiète.

Le papillon du ver à soie appartient à l'espèce
de ceux qui volent la nuit, et que nous voyons
souvent tourner autour des chandelles allumées ;
c'est pour cela qu'on les nomme phalènes ou papillons de nuit, pour les distinguer de ceux qui
volent le jour, et qu'on nomme papillons de jour.

Les boîtes (*Fig.* 27) sont très bonnes, particulièrement pour tenir en repos les mâles qu'il y
a de reste.

Il est difficile d'empêcher que les papillons
mâles ne battent des ailes. Lorsqu'ils font ce mouvement, il se sépare de leurs ailes une grande
quantité d'une espèce de duvet qui fait beaucoup
de poussière, qui s'attache partout, et incommode même la respiration. Si on n'avait le soin de
modérer ce mouvement par l'obscurité, il en résulterait une destruction presque totale de leurs
ailes, et par conséquent une grande perte de leurs
forces vitales.

Dans le temps qu'on transporte les papillons
accouplés, et qu'il en naît d'autres, il faut avoir
le soin d'enlever continuellement les cocons percés. Comme ils sont mouillés, ils communiquent
leur humidité à ceux qui ne sont pas percés.

Le papier même qui est sur les claies se salit
facilement; il faut alors changer les morceaux
salis, afin de tenir propres, autant que possible,
les claies et les cocons, pour éviter que l'air de la
chambre se corrompe.

Lorsque la température est chaude, les soins
doivent être assidus pendant toute la journée,
parce qu'il naît toujours des papillons, qu'il y a
toujours des accouplemens, et qu'on trouve dans
les accouplemens quelques mâles ou quelques femelles de reste.

Parmi toutes les méthodes qu'on met en pratique pour ces opérations, j'ai choisi celle que je
viens d'expliquer comme étant la plus simple, la
plus facile à exécuter partout, et celle qui me paraît offrir les avantages réels que voici :

1°. Les papillons, naissant et restant presque
tous séparés quelque temps avant de s'accoupler,
ont le temps d'évacuer une portion des humeurs
mêlées de substances terreuses qui les surchar-
gent.

2°. Tous ceux qui s'accouplent d'eux-mêmes sur
les tables ne se touchent qu'une fois, et c'est en
les enlevant; ils restent ensuite toujours tran-
quilles pendant tout le temps qu'ils doivent être
accouplés.

3°. On ne touche non plus qu'une seule fois,
pour les mettre sur le châssis, les papillons qui
ne s'accouplent pas,

4°. Les femelles et les mâles qui se trouvent

de reste et séparés sur des tables, lorsque les accouplemens sont faits, et qui ont été mis dans la
boîte (*Fig.* 27), ne se touchent plus jusqu'à
ce qu'on ait trouvé les papillons du sexe qui
manque.

Il paraîtrait que, par cette méthode, les cocons
devraient se salir beaucoup sur les claies; mais
il n'en est pas ainsi. Si on a soin de lever souvent
les cocons percés, et de remuer ceux qui ne le
sont pas, le papier qui recouvre les claies s'im-
bibe de presque toute l'humidité des cocons qui y
touchent, de manière qu'en ayant soin de changer
ce papier lorsqu'il est bien mouillé, les cocons se
salissent très peu.

On peut se servir, au lieu de châssis, de papier,
de carton et autres choses, pour faire déposer les
œufs. Je parle des châssis, parce qu'ils entrent
aussi dans la description des ustensiles utiles à
l'art d'élever les vers à soie.

Il y a bien peu de bons cocons qui ne fassent
pas le papillon, et de ce peu, la plupart sont ceux
dont la dureté et la petitesse empêchent le papillon
de faire le trou pour sortir.

Le rapport de poids qu'il y a entre le cocon
dont le papillon n'est pas encore sorti, et celui
dont il est sorti, mais qui n'est pas encore parfaitement nettoyé, est comme de 6 à 1, c'est-à-
dire que de 28 onces de cocons pleins, on retire
à peu près 4 onces et 3/4 de cocons percés (**Cha**-
pitre **XIV**).

Le rapport qu'il y a entre le poids des deux dépouilles qu'on trouve dans le cocon percé, et le cocon percé lui-même bien nettoyé, est à peu près comme 1 à 13, c'est-à-dire que les deux dépouilles pèsent, en général, un demi-grain, et le cocon vide à peu près six grains et demi.

§. II.

Séparation des papillons, et ponte.

Dans le paragraphe précédent, j'ai supposé, en parlant de l'accouplement des papillons, que le nombre des mâles était égal à celui des femelles, et qu'en conséquence, lors de leur séparation, il n'y aurait qu'à garder les femelles et jeter les mâles.

Cependant cela n'arrive jamais ainsi, et il y a toujours ou plus de mâles ou plus de femelles.

S'il y a plus de mâles, il faut les jeter; s'il y a plus de femelles, on peut leur donner des mâles qui aient été déjà accouplés. Il faut avoir grand soin, lorsqu'on sépare les accouplés, de ne pas faire du mal aux mâles.

J'ai dit plus haut qu'il est utile de noter l'heure à laquelle les accouplemens ont lieu, parce que le mâle ne doit rester sur la femelle que six heures. Ce temps écoulé, on prend les deux papillons par les ailes et le corps, et on les sépare doucement, ce qui peut se faire avec facilité.

Il faut placer sur des châssis tous les mâles qui

ne sont plus accouplés ; on choisit ensuite les plus vigoureux, et on les place sur les femelles qui jusqu'alors en avaient été privées. Si, pour le besoin du moment, on a plus de mâles vigoureux qu'il n'en faut, et qu'on prévoie qu'ils pourront servir dans la suite, on doit les conserver dans la boîte de réserve, où on les tiendra dans l'obscurité. Lorsque je m'aperçois que je puis avoir besoin de mâles, je ne les laisse accouplés, la première fois, que cinq heures au lieu de six.

Il paraît que les femelles ne souffrent pas, quoiqu'elles attendent le mâle pendant plusieurs heures ; il n'en résulte alors que la perte de quelques œufs non fécondés.

Si on veut conserver vigoureux les mâles pour le temps de l'accouplement, il faut toujours avoir soin qu'ils ne battent pas trop des ailes.

Avant de séparer les deux sexes, il faut préparer, dans une chambre fraîche, sèche et aérée, les linges sur lesquels le papillon doit déposer les œufs.

Vingt-deux pouces carrés de toile peuvent suffire pour contenir, sur une seule superficie, six ou sept onces d'œufs.

Voici de quelle manière on disposera les choses : au bas d'un chevalet de bois léger, d'à peu près 4 pieds sept pouces de hauteur et 3 pieds 8 pouces de longueur (*Fig.* 28), on fait placer horizontalement, à chaque côté de la longueur, deux petites tables ou planches, arrangées de manière qu'un de leurs côtés soit cloué aux pieds du chevalet, à la hauteur d'à peu près 5 pouces et demi au-dessus du sol, et que l'autre côté de la planche soit un peu plus haut et fasse saillie en dehors. On place sur le chevalet une pièce de toile d'à peu près 9 pieds 2 pouces de long, et qui pende moitié de chaque côté du chevalet. Les deux extrémités de la toile vont recouvrir les planches qui sont en bas.

Si le chevalet a un peu plus de 3 pieds 8 pouces de longueur, on pourra y placer deux toiles, qui présenteront une superficie de 18 à 20 pieds carrés; si elles ont 22 ou 23 pouces de largeur, cette superficie peut contenir plus de 60 onces d'œufs. Plus les deux parties latérales du chevalet seront perpendiculaires, moins la toile se salira par l'évacuation des matières liquides que font les papillons.

Il faut disposer autant de chevalets qu'il sera nécessaire pour la quantité d'œufs à recueillir. Et je rappelle ici que 28 onces de cocons donnent plus de deux onces d'œufs, lorsque les papillons qui en sortent sont bien choisis (Chap. XIV).

En plaçant ainsi les papillons, ils ont de l'air de tous côtés, et ils peuvent être commodément maniés, c'est-à-dire placés et replacés selon le besoin, sur tous les points de la toile.

Lorsqu'on a tout bien préparé, se rappelant que la chambre doit être sèche, et ne doit avoir de clarté que ce qu'il en faut pour pouvoir

agir, on désunit avec délicatesse les papillons accouplés pendant six heures, on met les femelles
sur le châssis, on les porte sur la toile à la chambre
où sont les chevalets, et on les y place l'une après
l'autre, en commençant par le haut du chevalet
jusqu'au bas. On continue cette opération au fur
et à mesure qu'on trouve des femelles qui ont été
accouplées le temps convenu.

On doit noter chaque fois l'heure à peu près à
laquelle on dépose les papillons sur la toile, ayant
soin, autant que possible, de tenir séparés ceux
qu'on met après, pour ne pas les confondre.

Ainsi que je l'ai dit plus haut, le temps auquel
il sort un plus grand nombre de papillons commence à six ou sept heures du matin. En conséquence les accouplemens se font à peu près à huit
heures, et vers les deux heures après midi il faut
détacher les mâles, et mettre les femelles au lieu
indiqué.

On doit agir pour les femelles qui ont eu un
mâle vierge de la même manière que pour celles
qui ont eu celui qui avait été accouplé cinq
heures.

On peut laisser les femelles sur la toile 36 ou
40 heures sans les toucher.

Je dois observer, à ce sujet, qu'on peut obtenir
sur divers linges séparés les trois qualités d'œufs
suivantes :

1°. Les œufs des femelles qui ont eu un mâle
vierge;

2°. Les œufs des femelles qui ont eu un mâle qui n'était pas vierge;

3°. Ceux des femelles qui, dans les deux cas ci-dessus, ayant déjà pondu dans les 36 ou 40 heures, ont encore à pondre.

Comme l'opinion vulgaire est qu'on obtient trois différentes qualités d'œufs par ce moyen, ceux qui y croient doivent avoir soin de les mettre sur des linges séparés.

Je dois cependant dire que je n'admets aucune différence entre ces qualités, et que je crois fermement que tous les œufs fécondés, obtenus par les moyens décrits ci-dessus, sont toujours propres à produire de très bons vers à soie, pourvu qu'ils aient été bien conservés.

La véritable différence dans ces qualités dépend du plus grand nombre d'œufs non fécondés qu'on trouve dans les qualités appelées inférieures [1].

[1] Lorsque la troisième ponte est faite, et qu'elle contient beaucoup d'œufs jaunes non fécondés, et de roussâtres mal fécondés, si on veut connaître avec une exacte précision la quantité d'œufs fécondés dont on veut avoir les vers, il faut faire ce qui est indiqué à la note de la page 63.

On pèse la totalité des œufs qu'on place dans l'*étuve*; on jette le peu de vers à soie qui naissent le premier jour et après le troisième; on pèse ensuite les œufs qui restent; et en ajoutant à ce poids le douzième pour l'évaporation qu'ils ont éprouvée, on aura le poids de ceux qui auront produit les vers.

Si ces œufs étaient en grande quantité, et qu'on pût élever séparément les vers qu'ils auraient produits, on pourrait

Le papillon rend, dans les premières 36 ou 40 heures, la plus grande partie des œufs qu'il contient; ceux qui viennent ensuite ne sont plus à peu près que la sixième partie de ceux déjà rendus. Il y a cependant quelques papillons qui en fournissent plus du sixième après les premières 36 ou 40 heures.

La disposition particulière des femelles produit une grande différence dans le temps qu'elles emploient à pondre tous leurs œufs.

De toutes les différentes méthodes en usage pour obtenir les œufs, celle que j'ai exposée en procure une plus grande quantité.

Lorsqu'après les 36 ou 40 heures, on a ôté les papillons d'une partie du linge, si on s'aperçoit qu'il n'est pas bien garni d'œufs, il faut y placer d'autres femelles, afin que les papillons se trouvent également distribués sur tout le linge.

Quelques papillons se promènent sur le linge, et quelquefois même ils s'éloignent : cependant, en général, ils restent fixes sur le lieu où on les place, ou ils s'en écartent peu.

garder aussi ceux nés le quatrième jour, si cependant ils étaient en suffisante quantité.

Lorsqu'on connaît exactement le poids des œufs qu'on met dans l'*étuve*; lorsqu'on peut séparer facilement les coques de ceux qui ont produit les vers, pour peser ceux qui sont restés; quand on sait ce qu'on doit ajouter au poids des œufs qui ne sont pas éclos, et comment on peut calculer aussi le poids des vers nés le premier jour et jetés, il me semble qu'on n'a plus rien à désirer pour agir avec la plus grande précision.

Lorsque la saison ou la température de la chambre est trop chaude, c'est-à-dire qu'elle est à 20 ou 21 degrés, ou quand elle est trop froide, c'est-à-dire à 14 ou 15 degrés, on trouve plus ou moins d'œufs jaunes ou non fécondés, ou d'un jaune roussâtre mal fécondés, qui ne produisent pas de vers.

Ayant séparé, avec soin, les œufs non fécondés, j'ai trouvé qu'ils formaient la septième ou huitième partie du produit. Cela a eu lieu surtout en 1813; la température fut à 13, 14 et 15 degrés pendant presque tout le temps de la récolte des cocons et jusqu'après que les œufs furent éclos. On doit, en pareil cas, mettre en pratique les moyens dont j'ai parlé plus haut pour obtenir toujours une température convenable.

Il arrive aussi quelquefois que des papillons femelles échappent au mâle avant qu'il les ait fécondés, ce qui produit beaucoup d'œufs non fécondés.

Huit ou dix jours après que les œufs sont déposés, la couleur jonquille qui leur est propre devient foncée, se change ensuite en gris roussâtre, et enfin en couleur d'ardoise pâle. Tous ces changemens de couleur proviennent de l'humeur des œufs, et non de la coque, qui est presque transparente (Chap. V).

Que les œufs soient fécondés, qu'ils ne le soient pas, ou qu'ils le soient mal, ils sont toujours d'une forme lenticulaire. Peu de temps après qu'ils sont déposés, il se forme dans le centre de leurs deux superficies plates une fossette qui fait connaître qu'il s'est opéré une espèce de desséchement. Il n'y a presque aucune différence de poids des œufs fécondés entre eux (Chap. V, §. III).

En 15 ou 20 jours, selon les divers degrés de température des chambres, les œufs parcourent presque toutes les gradations de couleur sus-indiquées, et ont alors les caractères d'œufs fécondés.

Lorsque toutes les opérations du septième âge ont été faites, on n'a plus qu'à penser à conserver les œufs.

Je finis ce paragraphe en observant que, dans le septième âge, la femelle fécondée, qui pesait alors à peu près 30 grains, ne pèse, trois ou quatre jours après avoir rendu les œufs, qu'à peu près 12 grains. Lorsqu'elle est morte ou desséchée, son poids n'est plus que de 3 grains et demi.

§. III.

Conservation des œufs.

Lorsque les œufs fécondés ont acquis la couleur grise, et que les linges sont bien secs, on doit s'occuper des moyens de les conserver.

On peut laisser quelques jours, dans la même chambre, les linges sur lesquels les œufs sont déposés, pourvu qu'elle ne soit qu'à 15 ou 16 degrés.

Si la température se trouvait plus chaude, il faudrait les placer dans un endroit plus frais.

On trouve aux bords des linges portés par les tablettes des chevalets, des œufs détachés en remuant les linges. On doit les recueillir avec soin dans une petite boîte de carton. La couche ne doit avoir qu'un demi-travers de doigt d'épaisseur. On recueillera également les œufs qu'on trouvera attachés ailleurs que sur les linges.

Il importe peu que tous ces œufs ne soient pas bons. Lorsqu'on voudra les faire éclore, on les pèsera en les mettant dans l'étuve; et si on les pèse encore le troisième jour après la naissance des vers, on connaîtra quelle était la quantité non fécondée (Chap. V, §. V).

Lorsque la saison est chaude, on voit que plusieurs vers à soie naissent dans les premiers 10 ou 15 jours, à compter du jour que la ponte a eu lieu. Certaines années j'en ai vu naître plusieurs dans ce court délai, et quelquefois je me suis aperçu que ces œufs appartenaient presque tous à une même femelle. Cette précocité n'est d'aucun inconvénient; elle dépend de la conformation particulière de l'embryon ou de la coque. L'œuf duquel est sorti le ver se reconnaît bientôt par sa couleur blanche, et parce qu'il reste attaché au linge.

On trouve sur les linges où sont les œufs beaucoup de matières excrémentitielles déposées par les papillons. Ces ordures ne sont pas nuisibles aux œufs, pourvu qu'on ait le soin de n'enlever les linges que lorsqu'ils sont parfaitement secs.

La forme des linges sur lesquels on recueille les œufs est très commode pour les conserver. Les bandes de toile qu'on enlève de dessus les chevalets se plient en huit doubles, qui ne doivent former qu'à peu près un pied de largeur.

Ces linges, ainsi pliés, se mettent dans des endroits frais et assez secs, dont la température, dans l'été, ne doit pas être au dessus de 15 degrés et ne pas descendre à zéro dans l'hiver.

Si on craint qu'il ne gèle dans le lieu où on a placé les œufs, on y met un thermomètre ou un peu d'eau dans un plat. Lorsque l'eau n'y gèle pas, on peut laisser les linges dans ce lieu jusqu'au mois de mars suivant.

Pendant la saison chaude, il faut donner un coup d'œil aux linges tous les 10 ou 15 jours. Il arrive quelquefois que, lorsque les œufs sont trop amoncelés dans une partie du linge, et que beaucoup d'excrémens s'y trouvent mêlés, il s'y fait une espèce de fermentation et il s'y développe des insectes qui gâtent les œufs et s'en nourrissent. Si on a soin, dans l'été, de déplier les linges de temps en temps, on s'en aperçoit de suite. On y remédie, et on les replie comme avant. Je n'ai trouvé qu'une seule fois deux de ces insectes dans un de ces linges.

Pour conserver les linges toujours à l'air frais, on les place dans un châssis de corde (*Fig.* 29), qu'on attache à la voûte ou au plancher d'un lieu frais et sec. De cette manière les linges ont de l'air de tous côtés ; les souris ne peuvent pas les atteindre, et ils se conservent très bien. On doit les visiter à peu près tous les mois.

Les œufs s'altèrent dans un lieu humide, et les vers à soie qu'ils produisent ne sont pas vigoureux (Chap. XII).

Lorsqu'on a perdu des couvées entières, et qu'on est remonté à l'origine du mal, on a facilement découvert que les œufs avaient été tenus dans un lieu humide, qu'on n'avait pas imaginé pouvoir être la cause de cette perte.

Si on soupçonne que le lieu où l'on met les œufs n'est pas sec, on peut le vérifier avec l'hygromètre.

CHAPITRE XI.

Observations sur les variétés des vers à soie, et sur la différence essentielle qu'il y a entre la feuille du mûrier greffé et celle du mûrier sauvage donnée aux vers à soie de la même qualité.

J'ai dit précédemment (Chap. III) qu'outre la substance sucrée de la feuille qui nourrit les vers à soie, ces insectes s'en approprient aussi, d'après

leur organisation particulière, la substance résineuse, qui s'épure et est reçue graduellement dans
les réservoirs soyeux, pour être ensuite filée par
les vers en forme de cocons. Ces insectes ne sont
donc, sous cet aspect, quelle que soit leur variété, qu'une machine propre à extraire la susdite substance soyeuse de la feuille du mûrier.
Ils ne peuvent donc en retirer que la quantité
qu'elle contient.

La chose étant ainsi, on pourrait dire que
toutes les variétés des vers à soie sont également
bonnes, et qu'il est en conséquence inutile d'examiner le plus ou moins d'avantage, et peut-être
même la perte qui peut avoir lieu en élevant
telle ou telle espèce de vers à soie.

Cependant, comme la durée de la vie des diverses espèces de vers n'est pas la même, et que
d'ailleurs les différens vers donnent, selon leur
organisation, des soies d'un prix différent, il est
essentiel de donner des explications sur cela pour
l'importance des conséquences qui en résultent,
d'autant plus que l'expérience prouve qu'il y a
une différence notable entre la quantité de substance résineuse que contient la feuille du mûrier
greffé, et celle du mûrier sauvage. Pour m'expliquer avec clarté sur ce sujet, je parlerai :

1°. Des petits vers à soie de trois mues ;

2°. Des gros vers de quatre mues ;

3°. Des vers communs blancs de quatre mues ;

4°. Des vers communs jaunâtres de quatre mues ;

16

5°. **De la feuille du mûrier greffé comparée à** celle du mûrier sauvage.

§. Ier.

Des Vers à soie de trois mues.

Je me suis occupé d'élever dans un local à part beaucoup de ces vers, dont on trouve les œufs dans plusieurs endroits de la Lombardie, et tout près du lieu que j'habite.

Les œufs de cette espèce ne pèsent qu'un onzième de moins que les communs, puisque 39,168 de ces derniers font une once, tandis que, pour faire ce même poids, il faut 42,620 des premiers ; les vers de trois mues et leurs cocons sont plus petits de deux cinquièmes que les communs.

Mon expérience me prouve que cette variété consomme, pour produire une livre de cocons, une quantité de feuille presque égale à celle des vers à soie communs ; et, quoique plus petits, lorsqu'ils sont à leur plus haut degré d'accroissement, ils dévorent plus de feuille que ces derniers.

Les cocons des petits vers ont une soie plus belle et plus fine que ceux des communs (Ch. XIV); cependant ils ne se vendent pas plus que ces derniers.

Il paraît donc que, dans cette variété, les filières sont plus fines.

Les cocons de cette variété semblent même mieux construits ; et c'est à cette bonne construction qu'est due la quantité de soie qu'à égal poids on retire de plus que des cocons communs (Chap. XIV).

Tout ce que je viens de dire indique qu'on devrait élever beaucoup plus de vers à soie de trois mues qu'on ne le fait ; et ceux qui font filer la soie, sachant que cette qualité a plus de valeur, devraient la payer plus que les autres : de cette manière le commerce serait mieux servi, et cela encouragerait l'industrie des propriétaires, qui sont naturellement lents à introduire des découvertes nouvelles ou qui ne sont pas encore généralement adoptées.

Outre les avantages sus-indiqués, il y en a d'autres non moins importans :

1°. L'éducation de ces vers dure quatre jours de moins que celle de la variété ordinaire ; on fait par conséquent économie de temps, de bras et d'argent.

2°. Cette variété se trouve exposée moins longtemps à des causes nuisibles, puisque sa vie est plus courte.

Plusieurs personnes prétendent qu'elle est plus délicate ; elle me semble très vigoureuse, d'après d'ailleurs ce que j'en ai dit plus haut.

Comme 600 cocons de cette variété pèsent une livre et demie, et que 360 de la commune font le même poids, on croit que les vers qui produisent les 600 cocons mangent davantage ; mais l'expérience prouve qu'on se trompe.

§. II.

Des gros Vers à soie de quatre mues.

J'ai élevé beaucoup de vers à soie d'une qualité très grosse dans un endroit séparé ; les œufs venaient du Frioul. Quoique ces œufs produisent de plus gros vers et de plus gros cocons que ceux des vers ordinaires, ils ne sont cependant guère plus gros ni plus pesans ; ils n'ont qu'un 50e de plus : 37,440 œufs du Frioul pèsent une once, tandis qu'il en faut pour ce même poids 39,168 des vers ordinaires.

Les vers provenant des œufs du Frioul pèsent, à leur plus haut degré d'accroissement, presque deux fois et demie autant que les vers ordinaires. Les cocons suivent la même proportion : 150 de la grosse variété pèsent une livre et demie, tandis qu'il en faut 360 de la variété commune pour faire le même poids.

Le seul avantage qu'ils offrent est qu'à peu près 18 livres $\frac{1}{4}$ de feuille produisent une livre et demie de cocons, tandis qu'il faut 20 livres $\frac{1}{4}$ de feuille pour le même poids de cocons ordinaires. Cet avantage est moindre et même presque nul dans le climat de la Lombardie, parce que,

1°. La soie que ces cocons produisent est moins fine et moins pure (Chap. XIV) : ceci expliquerait la raison pour laquelle ces vers consomment un peu moins de feuille ;

2°. Ces vers emploient cinq ou six jours de plus que les vers ordinaires pour arriver à leur dernier degré de perfection et pour monter ;

3°. L'*éducateur* est exposé à faire effeuiller les mûriers plus tard, ce qui est toujours nuisible à ces arbres ;

4°. Il faut occuper plus long-temps les ouvriers, ce qui entraîne à plus de dépense ;

5°. Ces insectes se trouvent exposés à d'autant plus de danger, que leur vie est plus longue.

En conséquence, cette variété de vers à soie ne peut convenir dans les lieux et dans les climats analogues à ceux que j'habite ; il est possible qu'on les élève avec plus d'avantage dans des climats plus chauds.

§. III.

Des Vers à soie qui produisent de la soie blanche.

J'ai élevé en grand cette qualité de vers dans un lieu séparé ; je les ai trouvés égaux en tout aux autres vers ordinaires de quatre mues.

Mais les cocons blancs qu'ils produisent devraient être payés plus que les autres, parce qu'il est certain que leur soie a plus de prix que la soie jaune.

On devrait donc s'occuper de choisir les cocons

les plus blancs, afin d'obtenir des œufs qui ne dégénérassent pas.

L'art de faire produire les cocons étant généralement distinct de celui de filer la soie, il en résulte, entre les personnes qui s'occupent de chacune de ces deux branches de l'art, une espèce d'isolement qui nuit à toutes deux ; aussi on ne voit presque personne qui s'occupe d'élever particulièrement les vers à soie de trois mues, ni les blancs, quoique ces deux variétés présentent de l'avantage sur les autres.

Non seulement on ne paie pas davantage les cocons blancs, mais l'opinion générale est que les vers qui les produisent sont plus délicats que les autres, ce qui est absolument faux.

Les vers à soie à cocon blanc méritent l'attention de l'*éducateur*. Si je m'adonnais à faire filer la soie, je n'élèverais que des vers de trois mues, et de ceux à cocon blanc ; j'aurais grand soin, tous les ans, de choisir les cocons les plus blancs pour la graine, afin qu'ils ne s'abâtardissent pas.

§. IV.

Des *V*ers à soie ordinaires de quatre mues.

C'est la variété qu'on élève généralement, et dont traite principalement cet ouvrage. On considère comme la meilleure celle qui produit des cocons couleur de paille ou jaune pâle.

Pour obtenir une livre et demie de ces cocons,

il faut à peu près 20 livres $\frac{1}{4}$ de feuille de mûrier (Chap. XIV), comme nous le verrons dans peu.

L'*éducateur* préfère cette variété, parce qu'il en a l'habitude; elle est généralement adoptée, et je n'ai rien à ajouter à tout ce que j'ai déjà dit à ce sujet.

§. V.

Comparaison de la feuille du mûrier greffé avec celle du mûrier sauvage donnée aux vers à soie de la même qualité.

J'ai alimenté, quoique avec difficulté, une quantité de vers à soie seulement avec de la feuille de mûrier sauvage. Cette feuille est rare parmi nous, parce qu'on greffe même les mûriers qui sont destinés à former des haies.

L'agriculteur, voyant que le mûrier greffé donne plus de feuille que l'autre, s'empresse de faire cette opération. Cela m'a empêché de faire une expérience en grand; il est cependant de fait :

1°. Que, d'après mes expériences, avec à peu près 15 liv. de feuille de mûrier sauvage, pesée venant d'être cueillie, on obtient 25 onces de cocons, tandis que, comme je l'ai dit plus haut, il faut 20 livres $\frac{1}{4}$ de feuille de mûrier greffé, pour récolter la même quantité de cocons (Chap. XIV);

2°. Que 7 livres 13 onces de cocons, provenant de vers alimentés par la feuille du mûrier sauvage, donnent à peu près 14 onces de soie très fine, tandis qu'en général le même poids de cocons, provenant de la même quantité de vers soignés de la même manière, mais alimentés avec la feuille de mûrier greffé, ne donne guère plus de 12 onces de soie;

3°. Que les vers nourris avec la feuille sauvage sont toujours vigoureux et de bon appétit.

Ces faits démontrent donc que la feuille de mûrier sauvage, comparée à celle du mûrier greffé, fournit, à égal poids, une plus grande quantité de substance alimentaire et résineuse, et moins de parenchyme.

J'ai dit plus haut que je parlais de la feuille venant d'être cueillie, et non mondée, parce qu'on doit faire le compte sur le poids total de la feuille qu'on retire de l'arbre, d'autant qu'elle s'achète au poids qu'elle a eu venant de l'arbre, et non mondée (Chap. XIV).

Le fruit du mûrier sauvage, à circonstances égales, pèse beaucoup moins que celui du mûrier greffé.

Sur 100 parties de feuille tirée d'un vieux mûrier greffé, et payées pour 100 livres de poids, je séparai moi-même 28 portions de mûres, 32 de brins, et 40 de pure feuille. Voilà comme ce grand volume de la feuille de mûrier greffé, tirée des arbres lorsque la saison est avancée, disparaît en bonne partie, si on examine tout avec détail, et voilà le motif pour lequel, pendant le cinquième âge, la quantité de la litière est si grande (Chap. XIV).

Si, entre deux mûriers du même âge et de

même vigueur, celui qui est greffé donne 50 livres de feuille, et le sauvage 30 seulement, qu'on fasse bien le compte, on verra que le poids de la substance alimentaire que mangent les vers sera presque égal pour les deux qualités de mûriers', et ces insectes auront l'avantage, avec le mûrier sauvage, de se nourrir d'une meilleure feuille; ce qui produira aussi plus de soie.

D'après ce que je viens de dire, il paraîtrait que je devrais me décider pour la culture des mûriers sauvages; cependant, avant de prononcer sur ce grand objet, il faudrait que beaucoup de propriétaires eussent fait des expériences d'après les observations suivantes :

1°. Dans la grande famille des mûriers sauvages, il y a des variétés de très mauvaise qualité qui donnent peu de feuille, qui est d'ailleurs très découpée, et dont les rameaux sont pleins d'épines. (*Voy.* la note de l'auteur page 29.)

2°. Il y en a qui donnent beaucoup de feuille belle et si peu découpée, qu'on la distingue à peine de celle du mûrier greffé.

3°. Les mûriers sauvages de mauvaise qualité peuvent être greffés avec des mûriers sauvages de la meilleure qualité.

4°. Comme il est de la nature du mûrier sauvage d'avoir beaucoup de petits rameaux qui garnissent trop l'arbre, il doivent être élagués; cela le rend d'ailleurs plus vigoureux.

5°. Les haies de mûriers sauvages devraient

être toutes greffées avec les meilleurs mûriers sauvages, et on devrait en planter partout où elles
ne nuisent pas aux autres productions.

Si on veut augmenter la production des cocons,
il est nécessaire de faire toutes sortes de tentatives
pour multiplier la production de la feuille de
mûrier, soit greffé, soit sauvage. En agissant
comme je l'indique, on pourrait, avec le temps,
en retirer de grands avantages.

Beaucoup d'*éducateurs* nourrissent leurs vers
jusqu'à la troisième mue, et quelques uns jusqu'à
la quatrième, avec la seule feuille des haies de mûriers sauvages, et ces petits insectes la mangent
plus volontiers que celle du mûrier greffé; d'ailleurs elle donne une odeur plus suave à l'atelier.

Les haies de mûrier greffé produisent cependant une plus grande quantité de feuille que celles
de mûrier sauvage.

La quantité de cocons dépend principalement
de la quantité de la feuille. Nous verrons dans peu
qu'on peut au moins obtenir 15 liv. de cocons par
210 liv. à peu près de feuille greffée (Chap. XV).
Que le cultivateur soit donc attentif à augmenter
la plantation des mûriers, soit à plein vent, soit
en forme de haies, sans cependant nuire aux autres productions de ses biens.

Il y a plus de vingt ans qu'on a introduit, dans
divers endroits, l'usage de planter des mûriers à
petite distance l'un de l'autre dans de grands terrains pour en faire des bois, les coupant de temps

en temps presqu'au pied, afin de former des troncs gros et courts. Pour les faire bien croître, on engraisse la terre, et on la remue souvent. Je n'ai pas encore expérimenté si ce genre de culture est préférable à la culture ordinaire.

Beaucoup de personnes disent que cette culture trompe, qu'elle ne peut convenir que lorsqu'on n'a pas beaucoup de terrain, qu'elle ne tend qu'à faire d'un grand et bel arbre un petit tronc monstrueux qui donne peu de feuille, etc.

Les haies de petits mûriers qu'on forme dans des terrains qui ne produisent presque rien sont d'un avantage réel, si elles sont cultivées par une main intelligente.

Je répète ici ce que j'ai publié en Dalmatie, il y a neuf ans.

« Plantez des mûriers à des distances raison-
« nables, sur les bords de vos possessions, des
« chemins, et au milieu des fonds; plantez-en des
« haies partout, pourvu qu'elles ne nuisent pas
« à vos autres productions, et vous obtiendrez
« bientôt une grande quantité de cocons. »

J'en ai dit peut-être plus qu'il n'en fallait sur cet objet, et je conclus qu'avant de se décider définitivement pour la culture des mûriers sauvages, il faut faire, pendant plusieurs années, des expériences comparatives, d'après lesquelles seulement on pourra faire des calculs exacts. Cet objet me paraît de la plus grande importance, et je ne cesserai toutes les années de faire des expériences avec exactitude [1].

~~~~~~

CHAPITRE XII.

Des maladies des vers à soie dans leurs différens âges, des causes qui les produisent et des moyens de les prévenir.

Il était conforme aux besoins et à l'intelligence de l'homme de se créer une médecine pour s'en appliquer les préceptes et les remèdes; il lui était aussi naturel d'en créer une autre pour les pré-

---

[1] L'auteur a eu la complaisance de me faire visiter à Varèse le vaste local où est établi son atelier de vers à soie, et où il fait planter une grande quantité de mûriers. D'après ce que j'ai observé, les expériences qu'il fait avec la plus grande sagacité, sur la culture des mûriers, auront, dans quelques années, des résultats très avantageux. Si, comme il me l'a fait espérer, il publie un ouvrage à ce sujet, je m'empresserai de le traduire. J'ai cru devoir laisser cette note de la première édition, quoique la mort, en enlevant cet homme précieux à l'économie rurale et domestique, ait empêché l'accomplissement d'un travail qui aurait été utile. Malgré l'excellente opinion qu'avait l'auteur de l'ouvrage du comte Verri sur les mûriers, je ne me décidai à en publier la traduction qu'à la mort de M. Dandolo, parce que j'avais espéré que ses expériences auraient eu quelques succès; mais, ainsi que je l'ai dit dans une note de cet ouvrage, les manuscrits qu'il a laissés à ce sujet n'offrent rien de nouveau.

(*Le Traducteur.*)

cieux animaux domestiques qui contribuent à son bien-être.

Le ver à soie étant un animal très robuste, soit par sa nature, soit par la simplicité de son organisation, quoiqu'elle dure peu de jours, et étant soigné par l'homme, il paraît impossible qu'on ait pu composer des centaines d'ouvrages sur les maladies qui l'atteignent.

Si nous voulons expliquer pourquoi on a tant écrit sur cette matière, nous verrons à l'évidence que cela tient à ce qu'on a attribué les maladies de ces insectes à leur constitution, et qu'on n'a pas vu qu'elles sont toutes l'effet de la mauvaise éducation qu'on leur donne.

Les vers à soie étant réduits dans nos climats à l'état de domesticité, nous n'avons, pour en retirer beaucoup d'avantages, qu'à contrarier le moins possible leur nature; nous serons alors certains de ne les voir jamais atteints de maladie dans les trente-cinq jours à peu près qu'il leur faut pour arriver à verser le précieux produit qui enrichit notre patrie.

D'après cela, ce que j'ai dit dans le cours de cet ouvrage devrait suffire pour apprendre à préserver ces insectes de toutes les maladies auxquelles ils sont sujets. Cette considération m'a laissé un moment indécis si je traiterais de leurs maladies, d'autant plus que je n'en ai point vu dans aucun de mes établissemens, et que, si j'ai voulu connaître des vers à soie malades, j'ai été obligé de visiter les établissemens qui étaient dirigés d'après l'ancien usage.

Je me suis cependant décidé à faire un chapitre sur cette matière, par la raison surtout qu'on verra se confirmer la vérité et l'utilité de la méthode que j'ai déjà indiquée. Je répéterai ici que, toutes les fois qu'on l'emploiera, les vers à soie ne seront jamais malades, et qu'au contraire ils seront exposés à l'être par les méthodes ordinaires.

§. Ier.

Maladies qui dérivent de l'imperfection des œufs et du défaut de soins apporté à leur conservation.

Ces maladies surviennent aux vers à soie,

1°. Lorsque la chambre destinée à la naissance des papillons, à leur accouplement et à la ponte, est trop froide : l'humeur fécondante ne se perfectionne pas, ou ne se développe qu'en petite quantité, à une température de 10 à 12 degrés, et par conséquent n'agit pas assez sur les œufs pour qu'ils acquièrent tous la couleur cendrée vive qui seule indique, après quinze ou vingt jours, leur parfaite fécondation. Les œufs non fécondés ne produisent pas de vers, et ceux qui le sont mal portent avec eux le germe des maladies qui font succomber l'insecte dans le cours de sa vie.

2°. Lorsque la température de la chambre susdite est trop chaude (20, 22 degrés). A cette température, si le mâle tarde à s'accoupler, il perd

inutilement beaucoup de son humeur fécondante.
Si on l'unit à la femelle lorsqu'ils sont l'un et
l'autre à peine sortis du cocon, la femelle n'a pas
en général le temps d'évacuer les matières liquides
et pesantes dont elle surabonde. Il en résulte qu'il
s'établit du désordre dans la constitution de la
femelle, et que l'humeur fécondante du mâle se
trouve affaiblie par son mélange avec cette surabondance d'humeurs dans la femelle, ce qui la
rend moins propre à féconder.

3°. Lorsque le local où l'on fait éclore les œufs
est trop humide.

La stagnation de l'humidité qu'il y a dans l'œuf
altère plus ou moins l'embryon, et engendre dans
la suite des maladies analogues à celles dont j'ai
parlé plus haut ;

4°. Lorsque le local où l'on conserve les œufs
est aussi trop humide. L'embryon souffre toujours, l'humeur contenue dans la coque ne s'éva-
porant pas bien.

5°. Lorsqu'on garde les œufs trop entassés. Dans
ce cas, quoique le local soit sec, l'évaporation des
œufs n'a pas lieu uniformément, ni même le contact de l'air ; d'ailleurs les œufs s'échauffent et
s'altèrent même à une basse température.

Aucune maladie n'a lieu :

1°. Lorsque la température de la chambre où
on tient les papillons est maintenue entre le 16ᵉ
et le 19ᵉ degré ;

2°. Lorsque la chambre est assez sèche.

3°. Quand les œufs occupent trois pieds carrés de surface seulement par once sur les linges où ils ont été déposés.

4°. Lorsque les linges sur lesquels sont les œufs ne sont pliés qu'en six ou huit doubles au plus.

§. II.

Maladies qui attaquent les vers à soie lorsqu'on n'a pas rempli exactement les conditions que j'ai indiquées pour les faire bien éclore, quoique les œufs fussent bons et bien conservés.

Ces maladies, assez nombreuses et mortelles, ont lieu :

1°. Si l'embryon, prêt à devenir ver, sous une température modérée, est, tout à coup, exposé à un degré de chaleur beaucoup plus élevé. Alors son développement se trouve sensiblement plus avancé; les parties qui le composent s'altèrent, et sa couleur, qui, au moment où il vient d'éclore, aurait dû être châtain foncé, se trouve plus ou moins rouge, signe certain d'altération et de maladies futures.

2°. Si l'embryon est exposé à une température plus basse au moment d'éclore. Dans ce cas, le développement est retardé, et les organes délicats de cet insecte restent dans une humidité froide qui le fait beaucoup souffrir. Le dommage est alors relatif à la durée de cet état de l'embryon, il est extrême s'il dure plusieurs heures.

3°. Quand les vers à soie, venant d'éclore, sont exposés à une température plus élevée que celle de la chambre où ils sont nés. La surface de ces insectes est très grande relativement à leur poids, de la même manière que la surface de six barils d'un quintal est plus grande que celle d'une barrique de six quintaux. La forte évaporation que la chaleur provoque altère leurs organes délicats, surtout lorsqu'ils n'ont pas encore mangé.

4°. Lorsqu'au contraire on laisse les vers à soie, à peine éclos, long-temps exposés à une température beaucoup plus froide que celle où ils étaient. Si cet état ne dure que quelques heures, le danger n'est pas grand ; mais s'il continue un jour ou plus, ces insectes s'affaiblissent, mangent peu et ont de la peine à se rétablir. Ceux qui font couver les œufs pour les autres, et qui n'ont pas des endroits chauds pour placer les vers à mesure qu'ils naissent, risquent souvent, si le printemps est froid, de faire beaucoup de mal à des couvées entières : ce dont je me suis convaincu dans le printemps froid de 1814.

J'observe que les réservoirs soyeux sont les organes les premiers altérés dans les maladies dépendantes des causes que je viens d'énoncer. S'ils le sont profondément, le ver se trouve condamné à vivre valétudinaire, et à mourir avant d'accomplir toutes les périodes de sa vie.

Les altérations et les maladies dont je viens de parler n'ont pas lieu,

1°. Si les œufs, dans l'étuve, n'ont été d'abord qu'à une température de 14 ou 15 degrés, qu'on a élevée ensuite d'à peu près un degré tous les jours, jusqu'à ce que l'éclosion ait été accomplie (Chap. IV, §. IV);

2°. Si on a tenu les vers à soie à une température d'à peu près 19 degrés ;

3°. Si, en les transportant ailleurs, on a eu soin de les préserver d'un air trop froid et de l'impression des vents, surtout de ceux qui sont froids et secs.

§. III.

Des maladies auxquelles sont sujets les vers à soie dans les quatre premiers âges, par la mauvaise manière de les élever.

Dans ce chapitre, nous ne devons pas admettre l'existence du germe des maladies dépendantes des causes indiquées dans le chapitre précédent, parce qu'il est évident que quelque bons soins qu'on donnât à l'éducation des vers dans le cours de leur vie, on verrait toujours paraître des maladies qui se prolongeraient dans tous les âges, et qui détruiraient les vers sans que l'*éducateur* pût y porter remède.

Avec la manière ordinaire d'élever les vers, les maladies, dans les quatre premiers âges, ont lieu :

1°. Lorsqu'ils sont si près l'un de l'autre qu'ils

ne peuvent pas manger commodément selon leur besoin; comme, par exemple, si sur un espace où 10,000 vers peuvent être à leur aise on veut en mettre des milliers de plus : il est évident qu'un grand nombre de ces insectes mangeront mal ou peu; il en résultera une différence notable dans leur développement, et on en verra de gros et en bonne santé mêlés avec des petits et souffrans.

Cette différence, qui devient d'autant plus grande que la cause se prolonge, engendre des maladies, et produit la mort de beaucoup d'entre eux.

2°. Lorsque l'usage de tenir les vers trop épais est plus ou moins général dans un établissement, il en résulte non seulement de l'inégalité dans la nutrition, mais même dans le temps de leur assoupissement. On voit, dans le même temps, des vers qui dorment, d'autres qui sont éveillés, et d'autres qui ont encore besoin de manger avant de s'endormir.

Ce grand désordre fait périr même les plus forts. J'appelle plus forts ceux qui, dans leurs différens âges, et particulièrement dans les deux premiers, desquels j'entends parler spécialement dans ce moment, ont mangé plus que les autres, et se sont assoupis les premiers. Pour faire manger ceux qui ne sont pas encore assoupis, on continue à répandre de la feuille sur une litière déjà humide. Les premiers assoupis se trouvent alors ensevelis entre la vieille litière et la nouvelle; ils restent constamment entre des corps humides et se couvrent d'excrémens.

Cet état altère beaucoup leurs organes, surtout si la litière est très humide et chaude. Les altérations varient selon l'intensité des causes qui les produisent. Une grande partie de vers peut mourir quelques jours après ; d'autres peuvent continuer à manger, et donner ensuite des signes de faiblesse et d'amaigrissement ; d'autres enfin se rétablir un peu, et passer le reste de leur vie souffrans, sans cependant mourir. J'ai dit que les organes qui sont les premiers à être lésés et détruits, même dans les premiers âges de la vie, sont constamment ceux destinés à contenir la soie. Lorsqu'ils sont profondément altérés, la constitution du ver se trouve changée, et les sécrétions ne peuvent plus se faire. Cet insecte n'est plus un ver à soie, mais seulement un animal dégradé qui ne peut plus remplir le but que la nature lui a assigné.

3°. Lorsque l'air de l'atelier n'est pas renouvelé et que l'humidité y séjourne, il en résulte deux grands maux : le premier est que la transpiration diminue ; le second, que la litière fermente, ce qui augmente la chaleur, l'humidité et corrompt l'air ; alors le vers s'affaiblit, et je dirai même qu'il se cuit. Ces maux s'aggravent si l'air extérieur est humide.

4°. Lorsqu'il se joint aux causes sus-indiquées une saison pluvieuse qui mouille la feuille. Si on

la met sur les claies sans être bien séchée, elle
peut, dans tous les susdits âges, activer la fermentation de la litière, et augmenter l'humidité de
l'atelier. Si dans cet état il ne soufflait pas des
vents du nord secs qui expulsassent l'humidité,
la constitution des vers s'altérerait dans peu de
jours, comme je l'ai observé en 1814, année dans
laquelle les vers de plusieurs ateliers périrent
presque tous.

Ces pertes n'ont jamais lieu,

1°. Si on a soin de distribuer les vers sur des
espaces proportionnés à leur quantité, ainsi que
je l'ai dit plusieurs fois dans le cours de cet ouvrage (Chap. XIV);

2°. En renouvelant l'air des ateliers et les tenant
secs par les moyens que j'ai déjà indiqués;

3°. Si on a soin de cueillir la feuille quelque
temps avant qu'elle soit nécessaire, et si elle est
bien sèche.

J'aurais pu indiquer, comme cause prochaine
de maladies dans le premier, et peut-être même
dans le second âge, la feuille qui est devenue jaunâtre par l'effet de la mauvaise saison; mais ces
cas sont très rares, surtout si on a le soin de ne
faire naître les vers que quand la saison paraît
bonne, et lorsque les germes des mûriers sont
bien développés. Si, malgré toutes ces précautions, la saison devient très mauvaise, et que la
feuille ne soit pas de bonne qualité, il faut, pendant deux ou trois jours, abaisser la température

de l'atelier à 16 ou 15 degrés au plus, afin que les vers mangent moins et prolongent pour quelques jours leurs premiers âges.

Il est alors également utile de laisser flétrir un peu la feuille, afin qu'elle contienne moins d'humidité.

Dans l'année 1814, plusieurs personnes se sont trouvées dans ce cas ; et, n'ayant pas eu les soins que j'ai indiqués, elles ont perdu une quantité immense de vers. Mes ateliers, au contraire, produisirent autant que les autres années, parce que je ne cessais d'employer tous les moyens nécessaires. Le second tableau, placé à la fin de cet ouvrage, montre comment j'élevais ces insectes dans ces circonstances.

Rarement on voit une saison aussi mauvaise que celle de 1814, même dans les climats froids et inconstans comme celui que j'habite. Dans les climats chauds, ces variations surprenantes sont presque inconnues.

§. IV.

Maladies graves qu'occasionne aussi la mauvaise éducation dans le cinquième âge des vers à soie.

Dans le cinquième âge, les vers à soie sont plus exposés à des maladies graves, presque toutes différentes de celles des autres âges. Ces insectes étant alors déjà gros, l'*éducateur* s'afflige à juste raison de les voir périr, puisque son espoir était grand, et que ses pertes sont plus fortes. Nous verrons bientôt que ce n'est aussi que la mauvaise méthode généralement adoptée qui cause ces maladies.

Pour démontrer cette vérité, je suis obligé d'entrer dans quelques détails sur des objets qui peut-être paraîtront outre-passer l'intelligence ordinaire des *éducateurs*. Je ferai cependant en sorte de m'expliquer avec assez de clarté pour les instruire et les convaincre de ce qui me paraît être bien nécessaire. Si je n'avais pas l'avantage d'être entendu en parlant de l'origine de ces maladies, il suffira du moins que je le sois relativement aux moyens à employer pour s'en préserver.

Le ver à soie mange, en proportion du poids qu'il acquiert, une quantité de substance végétale fraîche qu'on peut dire énorme, comparée à celle que mangent les autres animaux domestiques (Chap. XIV).

Tout animal qui se nourrit particulièrement de végétaux non desséchés introduit nécessairement dans son corps beaucoup d'eau avec l'aliment, ainsi que des substances alcalines, acides, terreuses, et autres, contenues plus ou moins dans tous les végétaux. Ces substances sont, en général, étrangères aux besoins de son économie; de manière que, si la nature ne lui avait pas donné le moyen de s'en délivrer journellement en les expulsant de son corps, il tomberait bientôt malade, et finirait par perdre la vie.

La nature lui a fourni pour cela trois moyens : la transpiration cutanée, la transpiration pulmonaire et l'urine. Je fais ici abstraction des substances solides et excrémentitielles qui sortent par le tube intestinal.

Il arrive souvent qu'un de ces moyens supplée à l'autre, comme nous l'observons chez l'homme, par exemple, qui, dans certains cas, transpire beaucoup et urine peu.

Il faut encore noter deux choses, c'est-à-dire que la transpiration ne peut avoir lieu sans le contact de l'air, et qu'il y a une grande analogie entre les principes constituans de l'urine et ceux de l'humeur de la transpiration.

La santé des animaux exige qu'ils expulsent de leur corps, par les organes excrétoires, la quantité excédante d'eau et de substances étrangères qui s'est introduite dans leur organisation par la nutrition. Si les excrétions sont arrêtées, l'animal sera atteint de maladies très dangereuses, comme on voit que cela a lieu chez les hommes.

Le ver à soie, croissant en proportion du poids qu'il acquiert, mange une quantité de substance végétale fraîche qui, comme je l'ai déjà dit, contient beaucoup d'eau excédante et des matières étrangères dont il a besoin de se débarrasser. Voici ce qui arrive :

Cet insecte n'a proprement ni poumon ni organes urinaires. Le seul moyen qui lui reste, après le tube intestinal, est celui de la transpiration cutanée. Il peut bien évacuer, par ce moyen, l'eau et les substances acides et alcalines qui sont en dissolution ; mais n'ayant pas la faculté d'uriner, comme font les animaux domestiques herbivores, il reste dans son corps une partie des substances terreuses qu'il a prises par les alimens, et qui s'y accumulent insensiblement, ce dont nous avons la preuve, puisqu'il les évacue mêlées à des substances acides et alcalines quand il est devenu papillon. Il résulte de ceci que, si, par manque de soins, la transpiration de cet insecte s'arrête, il se fait certaines attractions chimiques qui ne sont pas encore bien connues ; c'est à ces attractions qu'on doit attribuer les diverses maladies du cinquième âge, qu'on nomme vulgairement les maladies du *signe* (segno), de la *calcination* (calcinaccio), du *noir* (negrone), et autres semblables qui ne sont produites que par des modifications de la cause générale que je viens de faire connaître.

La maladie appelée le *signe* résulte de fortes attractions chimiques qui ont lieu dans le ver à soie; elle équivaut, si je puis m'exprimer ainsi, à une affection pétéchiale, et tend manifestement à décomposer l'animal primitif pour en former un autre d'une nature absolument différente [1]. En effet, lorsque les substances acides, alcalines

[1] Dans le volume qu'a publié M. Dandolo en 1816, pour confirmer sa nouvelle méthode, il donne des explications plus étendues sur les causes de la maladie du signe, qui paraît être la rouge; en voici un extrait : « On sait que le ver à soie, comme tous les animaux, ne peut vivre sans l'air vital (gaz oxigène) qui fait la 5e partie de l'air atmosphérique. On sait aussi que toutes les substances en fermentation dégagent en quantité de l'air fixe ou méphitique (acide carbonique), et que partout où se fixe cet acide il chasse l'air respirable. Cet air fixe, qui n'est pas respirable, est, comme je l'ai dit, un acide qui peut préserver de la corruption les substances animales qu'il frappe, lorsqu'elles ont quelque principe propre à se combiner avec cet acide. Ce phénomène peut avoir lieu dans certaines circonstances pour le ver à soie, chez lequel l'analyse chimique fait reconnaître des matières acides, terreuses et salines, qui n'ont besoin que d'un agent, tel qu'un acide, pour faire produire de nouvelles attractions, desquelles il résulte la maladie qu'on appelle la *calcination*, qui n'est que celle du signe dont l'action chimique est prédominante.

« La quantité d'acide carbonique qui se dégage des vers à soie est d'autant plus grande que ces animaux sont en plus grand nombre, que la température de l'atelier est plus élevée, et que l'atmosphère est chargée d'humidité. Ce même acide, comme on le sait, est plus pesant que l'air atmosphérique, et par conséquent il occuperait constamment les régions d'air pur qui sont en contact immédiat avec les vers à soie, si on

et terreuses sont accumulées en grande quantité,
qu'elles se sont rapprochées au point d'exercer

n'avait le soin d'établir des courans d'air qui le chassent, ce
dont on peut s'assurer par l'*eudiomètre*.

« L'acide carbonique peut, pendant quelque temps, frapper le corps du ver à soie sans le faire cesser de vivre, parce
que les animaux à sang froid ne meurent pas de suite, lorsqu'ils sont plongés dans ce gaz; mais il peut se faire bientôt
au dedans de l'animal des attractions chimiques qui le pré-
disposent aux maladies citées ci-dessus. Si on n'emploie pas
tous les moyens de chasser ce gaz, son action continue au
point qu'on peut n'être plus à temps d'empêcher les progrès
des attractions chimiques, qui ont lieu successivement jusqu'à
ce qu'enfin ce petit animal soit dans un tel état d'altération
qu'il devient un corps d'une nature tout-à-fait différente de
son organisation naturelle. A l'époque de sa vie où il verse
la soie, les agens chimiques ont plus d'empire sur lui, et
peuvent le convertir, dans un instant, en un composé incorruptible, ainsi qu'on l'observe souvent. »

La maladie que les Italiens appellent *jaunisse*, qui me
paraît être celle que nous nommons *vaches*, *gras* ou *jaune*,
est causée (dit encore M. Dandolo) par la présence d'une
certaine quantité d'humidité, mêlée avec l'acide carbonique.
L'humidité, pesant sur la peau du ver, en arrête la transpiration, et empêche par conséquent la sortie de la grande quantité d'humidité introduite par la nutrition. Comme dans ce
cas l'action de l'acide carbonique est diminuée par la présence de l'humidité, la maladie appelée *segno* (la rouge) n'a
pas lieu, et on voit se déclarer *il giallume* (le jaune).

Dans les ouvrages d'art il y a des répétitions de règles
qui ne doivent pas être critiquées, et je pense que les
suivantes seront de ce nombre. Pour éviter les maladies de
la rouge et du jaune (dit M. Dandolo), il faut agir comme
suit :

cette affinité que les chimistes appellent réci-
proque, la substance organique du ver s'altère

« 1°. Tenir constamment autour des claies des courans d'air
de haut en bas ; et si on reconnaît qu'il ne circule pas dans
quelques points de l'atelier, ouvrir les soupapes qui sont op-
posées l'une à l'autre. Faire brûler souvent du menu bois ; et si,
par ce moyen, l'atelier s'échauffait trop, dans ce cas seulement
arroser le sol ; ce qui produira du frais et un plus grand mouvement de l'air, parce que l'eau passera à l'état aériforme.

« 2°. Refroidir l'atelier le plus qu'on pourra.

« 3°. Si on soupçonne quelque maladie, changer de suite
le lit des vers, et renouveler ce changement plusieurs fois de
plus qu'il n'est prescrit.

« 4°. Donner aux vers la feuille le moins humide qu'on
le peut.

« 5°. Prolonger de quelques jours la vie de ces animaux.
Ne leur donner jamais des repas abondans et fréquens, parce
que, si la feuille est accumulée en trop grande quantité dans
l'estomac de ces animaux, à la dernière mue il peut s'y développer trop de chaleur qui facilite l'altération chimique de
leur corps.

« 6°. Enfin, dans les circonstances malheureuses, il vaut
mieux que les vers à soie soient exposés à beaucoup d'air, au
froid, aux changemens de lit souvent répétés, à manger la
feuille presque flétrie, et même à souffrir la faim. Alors la
rouge et le jaune disparaîtront de l'atelier, ou du moins
diminueront beaucoup. »

Pour avoir une plus forte preuve que ces maladies dépendent uniquement des causes sus-mentionnées, M. Dandolo
fit l'expérience suivante : il plaça une portion du lit qui contenait un certain nombre de vers à soie sains sur un tas de
fumier qui avait presque fini de fermenter, et qui avait 20 degrés de chaleur. Ce jour-là l'air était très calme. Il exa-
mina ces vers deux jours après, accompagné de plusieurs

bientôt et se désorganise. On a des preuves claires
de cette désorganisation par les taches ou pété-
chies noires, rouges, ou d'autres couleurs qu'on
aperçoit sur le corps de l'insecte, présage de sa
prochaine transformation en un composé chimique solide, et de sa mort par endurcissement.
Cette maladie n'est jamais de nature contagieuse.

Comme la rentrée de la transpiration et l'accumulation des substances sus-indiquées ont lieu
plus communément aux pates ou aux parties inférieures que vers les supérieures, puisque les
premières sont plus privées du contact de l'air
lorsque les vers sont trop épais, c'est aussi d'a-
bord sur ces parties que commencent à paraître les
signes de cette maladie.

La respiration génée aggrave également l'état
des vers à soie.

Lorsque les substances sus-indiquées s'accu-
élèves. Ils furent trouvés tous parsemés de points blancs ou
de fragmens de substance saline blanche ressemblant à la
matière des vers calcinés. On vit aussi, avec une surprise
agréable, quelques vers calcinés. Cette expérience ayant été
ensuite répétée plusieurs fois, on n'observa plus que quelques
fragmens de matière blanche ; les vers pourrissaient tous ; on
n'en trouva plus de calcinés. Ce phénomène provient sans
doute de ce que l'ensemble des circonstances nécessaires pour
produire la calcination ne s'est plus présenté. La première
expérience est cependant suffisante (observe M. Dándolo)
pour confirmer ce qui a été déjà dit, et que la raison et la
science démontrent clairement. L'auteur invite les *éducateurs*
des vers à soie à répéter ses expériences.

(*Le Traducteur.*)

mulent en petite quantité, et que les forces vitales
se soutiennent, les vers peuvent avoir le temps de
verser la soie, qui est la substance la moins susceptible d'être altérée et corrompue; mais, pendant cette opération ou immédiatement après,
les substances hétérogènes se trouvent plus en
contact entre elles; et la vitalité diminue, ce qui
facilite l'action chimique de ces mêmes substances.
Le ver ou la chrysalide se trouve alors réduit en
peu de temps à l'état de momie. Il se forme quelquefois autour de cette momie une efflorescence
de substances saline, terreuse et alcaline qui ont
agi les unes sur les autres [1].

[1] Dès que j'ai connu la maladie dite du *signe*, et que j'ai
surtout observé le ver et la chrysalide calcinés, je n'ai pas
hésité à décider que cela devait dépendre d'attractions et de
combinaisons chimiques, comme je l'ai déjà dit.

On ne peut guère se tromper en voyant le tissu animal
altéré de cette manière, et converti en substance plus ou
moins dure et incorruptible.

J'ai levé avec soin la substance blanche et saline qui formait l'enveloppe des vers calcinés, je l'ai analysée; et, non
content de cela, je me suis adressé à mon ami M. Brugnatelli, professeur de chimie à Pavie. Cette analyse, ainsi que
celle de la substance terreuse que déposent les papillons
venant de naître, devaient, à mon avis, révéler des faits très
importans, et je ne me suis pas trompé.

L'espèce de calcination qui couvre la momie du ver à soie
ou de la chrysalide dans le cocon même est principalement
composée de terre appelée magnésie, d'acide phosphorique
et d'ammoniaque ou alcali volatil.

On ne trouve pas, dans cette composition, l'acide bombi-

Si la substance saline qui enveloppe le ver ou
la chrysalide a pu se former sans beaucoup d'humidité, ou si l'humidité s'est promptement éva-
porée à travers le cocon, le ver n'a pas gâté ce
dernier, qui peut se conserver long-temps très
sain. Si, au contraire, cette substance saline a
conservé de l'humidité, ou si le ver, devenu momie, a exhalé de l'humidité qui ait été en contact
avec les parois intérieures du cocon, il a été gâté;
il est par conséquent moins bon à être filé, et a
moins de valeur. Dans les deux suppositions ci-
dessus, le ver est toujours couvert d'une enveloppe blanche et saline.

Il arrive cependant quelquefois que, les proportions dans les matières hétérogènes étant dif-

que, qui est propre à la chrysalide saine. Il paraît donc que
cet acide ne s'est pas formé, ou qu'il a subi une décomposition cédant aux attractions et aux affinités plus grandes des
autres substances, qui ensuite, combinées entre elles, ont
formé le composé salin sus-indiqué que les chimistes appellent
phosphate ammoniaco-magnésien.

Ce grand changement dans le ver à soie, qui montre que,
par mauvaise éducation, il s'est accumulé dans son corps
une grande quantité de matière hétérogène à laquelle il a
résisté jusqu'à la fin du 5e âge ou au commencement du 6e,
offre une idée de la force prodigieuse de son organisation.
Il a non seulement pu résister à une si grande altération,
mais encore il a eu la force de verser toute la soie qu'il contenait, avant que les affinités chimiques pussent s'exercer sur
lui pour détruire son tissu, et former un composé nouveau
d'une nature entièrement différente de la substance animale.

férentes, l'action chimique ne produit pas la substance blanche et saline, mais que le ver est réduit
à l'état de simple momie. Dans ce cas, le cocon
est ordinairement assez bon. Cette altération est
généralement appelée *noir foncé* (negrone).

On observe une autre maladie appelée aussi
noir foncé (negrone), qui est encore produite
par une décomposition du ver. Les matières hétérogènes, agissant les unes sur les autres, trans-
forment la substance animale en un composé mou,
ressemblant à du savon, et qui acquiert une très
mauvaise odeur. Si les cocons qui ont le ver ainsi
altéré sont promptement filés, ils peuvent être
assez bons; mais si on attend quelque temps, la
chaleur de la saison fait développer, de cette matière salino-saponeuse, beaucoup d'insectes hé-
rissés et dégoûtans qui percent ou gâtent le cocon.
Ces insectes meurent bientôt après avoir changé
de peau.

Les cocons qui ont la chrysalide calcinée, et
ceux qui l'ont atteinte du *noir foncé* (negrone),
pèsent sensiblement moins que ceux qui contiennent la chrysalide saine. Les altérations chimiques qu'éprouvent le ver et la chrysalide leur
font perdre beaucoup de leur poids, comme nous
l'expliquerons dans la suite (Chap. XIV).

La répercussion de la transpiration, soit générale, soit partielle, peut avoir lieu de plusieurs
manières, ainsi que l'accumulation des matières
altérantes :

1°. Si on laisse les vers trop épais, la transpiration ne peut se faire librement aux parties qui
se touchent.

2°. Si les chambres où on élève les vers ne sont
pas assez aérées. A mesure que l'air qui est en contact avec le ver se charge d'humidité, il devient
moins propre à être respiré par cet insecte, ce qui
arrête sa transpiration ;

3°. Par les grandes variations de l'atmosphère.
Une grande chaleur sèche provoque une transpiration abondante ; le froid, quoique sec, endurcit
le ver : dans le premier cas, il transpire beaucoup
par les parties qui sont en contact avec l'air, et
presque pas par celles qui se trouvent en contact
immédiat avec d'autres vers ; dans le second cas,
l'endurcissement causé par le froid arrête à l'instant la transpiration, diminue la force de la vitalité, et dispose les matières acides, alcalines et terreuses qui sont dans le corps de l'insecte, à réagir
les unes sur les autres ;

4°. En gênant la respiration. Les vers à soie,
n'ayant pas de poumons, respirent, ainsi que je
l'ai dit ailleurs (Chap. II), par plusieurs trous qui
sont près de leurs pates ; lorsqu'ils sont trop épais
sur les claies, ils se pressent les uns contre les
autres, et respirent avec peine. D'ailleurs la transpiration se supprime, l'air fixe (acide carbonique)
ne peut pas s'exhaler de l'insecte [1].

[1] Il serait très avantageux de pouvoir employer des claies
ou tables sans bords. Alors le gaz carbonique, qui est plus

Les inconvéniens dont je viens de parler, qu'on doit attribuer aux mauvais soins donnés dans les divers âges, mais principalement dans le cinquième, causent la stagnation de substances nuisibles dans le corps du ver à soie, et la production des maladies dont nous avons parlé jusqu'à présent.

On élève généralement les vers à soie d'une manière telle, que, malgré leur grande force naturelle, il faut souvent qu'ils succombent.

Il y a encore d'autres maladies, qui sont *la jaunisse* (il giallume), *les harpions* ou *passés* (il riccione) et *les morts blancs* ou *tripés* (il suffocamento). Les deux premières sont des modifications de celles que je viens de citer; elles n'en diffèrent que par leur violence ou par les circonstances qui les ont produites; cependant, dans ces maladies, la substance soyeuse se trouve rarement altérée [1].

---

pesant que l'air atmosphérique qui l'entoure, s'échapperait de la table à mesure qu'il s'y forme. Les bords des claies des ateliers de M. Dandolo sont bas. Il ne fait plus replier le papier sur le bord interne des claies, afin de laisser passer le gaz carbonique par les vides.   (*Le Traducteur.*)

[1] J'ai ouvert beaucoup de gros vers à soie malades, qui auraient certainement péri; j'ai trouvé la substance soyeuse intacte dans les deux réservoirs, sans aucun indice qu'il y en eût moins que dans les vers très sains. Les ayant ensuite lavés dans l'eau pure, il s'est déposé une matière pulvérulente, analogue à celle que verse le papillon lorsqu'il est sorti du cocon.

La connaissance de ce qui se passait dans le corps du ver

Pour prouver, par exemple, que la maladie des *harpions* ou *passés* (riccioni) provient réellement

dans de telles circonstances, et l'analyse de la substance saline qui forme son enveloppe lorsqu'il est à l'état de momie, appelé *calciné*, devaient mé conduire à des découvertes importantes.

J'ai recueilli avec soin, sur les toiles où on place les papillons, une quantité de la matière terreuse, mêlée de substance liquide, qu'ils répandent; elle est de couleur roussâtre, a tout-à-fait l'apparence de terre, et n'a aucun goût prononcé, quoique cependant on ne puisse pas dire qu'elle est insipide; son odeur particulière approche de celle des cocons. Je consultai M. le professeur Brugnatelli sur sa nature; l'analyse qu'il en fit donna des résultats auxquels on ne se serait pas attendu. Elle est un composé de beaucoup d'acide urique. Cet acide est combiné avec l'ammoniaque; il y a aussi de l'acide phosphorique combiné avec la chaux et la magnésie, ce qui forme ce que les chimistes appellent phosphate de chaux et de magnésie; il y entre aussi du carbonate de chaux: un peu de substance animale se trouve unie à toutes ces matières.

Ce que cette analyse démontre d'extraordinaire est l'acide urique, qu'on n'avait cru jusqu'à présent exister que dans l'urine humaine, qui contient de l'urée, et dans les calculs urinaires.

Les papillons des vers à soie produisant cet acide, il pourrait bien se faire qu'on le trouvât dans divers autres insectes.

On trouverait peut-être ensuite la solution du problême suivant : Comment cet acide particulier se trouve-t-il formé en quantité dans le *guano*, substance terreuse qui existe en divers lieux et sur différentes côtes du Pérou, et qui, depuis très long-temps, sert de fumier aux habitans de ce pays? On découvrirait alors que le *guano* est produit par la dégénération d'une quantité immense d'insectes, ou de substance déposée pendant une longue série de siècles par des insectes, d'autant

d'un dérangement dans les fonctions de la peau, remédiable dans beaucoup de cas, il suffit d'en enfermer plusieurs séparément dans de petits rouleaux de papier sans colle. Si on met ces petits rouleaux dans un lieu où la température s'élève à huit ou dix degrés au-dessus de celle que j'ai prescrite ailleurs, beaucoup de ces vers y fileront leur cocon, et il s'y formera une chrysalide parfaite. Par ce moyen j'ai obtenu une plus grande quantité de bons cocons que de médiocres. Il fallait donc, pour donner la santé au ver, le mettre à l'abri de l'agitation de l'air, le réchauffer et le placer dans un air sec, afin qu'il perdît l'humidité dont il était surchargé.

Lorsque l'humidité, la chaleur, l'air vicié, la litière en fermentation et la stagnation de l'air agissent en même temps sur les vers, il est certain que d'un moment à l'autre il peut s'opérer une suffocation qui détruise promptement leur vitalité.

Mon expérience m'a convaincu que l'air stagnant plus qu'on sait que le *guano* ne forme qu'une couche placée sur du granit qui est aussi ancien que la création du monde. Les autres substances qui composent le *guano* sont tout-à-fait analogues à celles que contient la matière terreuse déposée par les papillons des vers à soie.

Revenant maintenant à notre sujet, on voit qu'il séjourne toujours dans le corps de l'animal, quoique sain, plus ou moins de matières terreuses, acides et alcalines, qui, lorsqu'elles augmentent, doivent produire cette série d'attractions chimiques dont nous avons parlé plus haut.

fait bien peu de mal aux vers lorsqu'il est sec et à
un degré de chaleur modéré, mais qu'il est promptement mortel, s'il est chaud et humide [1].

[1] Les vers à soie étant des animaux qui n'ont le sang ni
rouge ni chaud, l'air tout-à-fait vicié et méphitique leur est
moins fatal que quand il est très humide et chaud.

Si on met un ver à soie dans une bouteille pleine d'air, où
on ait placé de la litière de ces insectes, et dans laquelle une
bougie s'éteint et un oiseau meurt, il y vit pendant dix,
quinze et vingt minutes. Il est vrai qu'après quelques minutes
on s'aperçoit qu'il souffre; mais aussi on ne verrait aucun
animal à sang chaud y résister si long-temps Si on retire l'insecte de cet air méphitique peu de minutes après, il ne paraît pas avoir souffert.

Le ver à soie aspire les plus petites particules d'air vital
que l'eau peut contenir, et vit même quelques minutes plongé
dans ce liquide, surtout quand il est petit; et quoiqu'il paraisse mort, en le retirant de l'eau, il se rétablit.

Si cependant il ne peut trouver aucune particule d'air
vital, il périt presque de suite. En effet, si, au lieu de plonger un ver à soie dans l'air méphitique ou dans l'eau, on lui
bouche, avec un corps gras, les dix-huit ouvertures des vaisseaux respiratoires, il périt presque immédiatement.

Lorsqu'on met un de ces insectes sain dans un vase plein
d'air respirable, mais chargé d'humidité, et à une température de 25 à 30 degrés, il devient de suite flasque, il ne
mange pas, et meurt peu de temps après.

L'animal à sang chaud, l'oiseau, par exemple, vit au contraire très bien à 25 ou 30 degrés de température, et quelque
grande que soit l'humidité, pourvu qu'il ait assez d'air vital.

Ceci prouve la grande différence d'organisation de ces deux
classes d'animaux, les fonctions de la vie se font bien chez
l'animal à sang chaud, lorsqu'il a une quantité suffisante d'air
vital; ses organes ne sont pas susceptibles de devenir assez

On ne verra jamais paraître ce grand nombre de maladies :

1°. Lorsque les vers seront tenus clair-semés sur les claies, de manière à ce qu'ils puissent tous bien respirer et transpirer;

2°. Si l'air intérieur de l'atelier est toujours au degré de chaleur que j'ai déterminé;

3°. Lorsqu'on ne laisse jamais l'air stagnant dans l'atelier, et qu'au contraire on l'y maintient continuellement dans une douce et lente agitation;

4°. Si on a soin de faire de la flamme à propos, quand l'air extérieur est humide et stagnant, et l'évaporation de l'intérieur abondante;

5°. Lorsqu'on a soin de tenir l'atelier toujours bien éclairé, la lumière étant le plus précieux excitant de la nature vivante;

6°. Si on ne laisse jamais les litières sur les claies plus long-temps que je l'ai prescrit pour éviter la fermentation;

flasques pour que les fonctions de la nutrition et des sécrétions en soient troublées.

Quant aux vers à soie, au contraire, si l'air est humide et chaud, quoiqu'il y en ait en quantité, la peau se ramollit ainsi que les organes musculaires, la contraction cesse, et par suite la transpiration; les sécrétions indispensables à la vie, qui, dans cet insecte, se font presque toutes à force de contractions, n'ont pas lieu.

La peau qui recouvre le ver est tellement susceptible de contraction, que, si on la coupe, elle revient fortement sur elle-même.

7°. Si on a soin de ne distribuer jamais que de la feuille bien séchée;

8°. Lorsqu'on emploie à propos la *bouteille qui purifie l'air*, dont les vapeurs détruisent les mauvaises émanations animales (Chap. VII).

Ce que je viens de dire suffit pour prévenir toutes ces maladies [1].

---

[1] L'auteur, convaincu par l'expérience que les vers à soie ne seront jamais atteints de maladies, s'ils sont élevés de la manière qu'il l'enseigne, n'a pas sans doute cru devoir entrer dans des détails sur les caractères de chaque maladie. Il a bien parlé des causes qui les produisent, et des phénomènes physiques et chimiques qui en sont les résultats, mais il ne s'est presque pas occupé de la description des symptômes qui les font reconnaître et distinguer entre elles; objet qui me paraît le plus intéressant pour l'*éducateur*. Il semblerait même, par le silence que l'auteur a gardé sur certaines maladies observées en France, qu'il ne les connaissait pas. D'ailleurs les noms qu'on donne en Lombardie à celles qu'on y observe expriment la plupart un sens différent de ceux qu'on voit dans le *Cours d'Agriculture* de M. l'abbé Rozier, dont l'article sur les vers à soie est une bonne compilation de tout ce que les auteurs français ont écrit à ce sujet. D'après tout cela, j'ai cru bien faire de rapporter la description des maladies que j'ai trouvées dans cet ouvrage.

De la rouge.

« Cette maladie est ainsi dénommée de la couleur rouge plus ou moins foncée qu'offre à l'œil la peau du ver, au moment ou peu de temps après qu'il est sorti de sa coque. Les vers attaqués de cette maladie paraissent engourdis et comme asphyxiés; leurs anneaux se dessèchent peu à peu, et

~~~~~~

CHAPITRE XIII.

Des locaux et des ustensiles nécessaires à l'art de bien élever les vers à soie.

On a de la peine à concevoir combien, pendant plusieurs siècles, l'exercice de l'art d'élever

ils ressemblent à de véritables momies ; leur couleur rouge devient blanche.

« Cette maladie ne fait pas toujours mourir les vers qui en sont attaqués à la première mue, ni même aux suivantes ; quelquefois ils ne meurent qu'après la quatrième mue, lorsqu'ils ont consommé la feuille inutilement. Si leur existence se prolonge jusqu'à cette époque, ils ne conservent pas leur couleur rouge ; il serait facile de les reconnaître et de les séparer des autres : ils prennent une teinte beaucoup plus claire, qui les rend méconnaissables à l'œil le plus habitué à observer ; quelquefois ils vont jusqu'à la montée, et ils font des cocons de nulle valeur, qu'on nomme vulgairement *cafignons*, parce qu'ils sont mous et mal tissus »

Des vaches, ou gras, ou jaunes.

« Quelques auteurs divisent cette maladie en trois classes, mais les caractères spécifiques qu'ils en donnent ne me paraissent point assez prononcés pour être de leur sentiment ; il se peut faire que la variété des noms pour la même maladie, suivant les différens cantons, soit la cause de cette distinction en trois classes. J'avoue que, dans un pays, elle peut présenter des circonstances qu'on n'apercevra pas dans un autre ; malgré cela, je persiste à croire que cette maladie

les vers à soie, si utile et si précieux, est resté entre les mains de gens généralement ignorans.

est la même, à quelques modifications près, insuffisantes pour lui donner un caractère qui la différencie essentiellement.

« Voici quels sont les véritables caractères de cette maladie : 1°. la tête du ver est enflée ; 2°. la peau qui recouvre ses anneaux a le luisant d'un vernis ; 3°. les anneaux sont gonflés ; 4°. la circonférence de l'ouverture des stigmates est d'un jaune plus ou moins foncé ; 5°. le ver donne une eau jaune, qui paraît telle sur la feuille.

« Cette maladie se manifeste communément à la seconde mue ; elle est rare aux autres, et plus encore à la quatrième.

« M. Constant du Castelet, un des premiers et des meilleurs écrivains sur l'éducation des vers à soie, dit que cette maladie est occasionnée par une eau visqueuse et acide, qui pénètre les deux ampoules ou sacs que les vers ont aux flancs, et qui, étant mêlée avec la gomme dont ils doivent former leur fil, s'oppose à la perfection de la cuite de cette même gomme, et cause à toutes les parties de l'insecte une tension générale qui lui fait allonger les pieds ; bientôt après il devient mou, ensuite il se raccourcit et crève sur la litière. L'humeur âcre qui en sort tue tout autant de vers qu'elle en touche : c'est ce que semblent prévoir ceux qui sont attaqués de cette peste, car ils fuient les autres et se retirent aux bords des tablettes ; s'ils n'ont pas le temps ou la force d'y arriver, ils crèvent au milieu de leur litière ; ceux qui se portent bien les fuient aussi, et se retirent à l'écart.

« Dès qu'on s'aperçoit que quelques vers sont attaqués de cette maladie, on doit craindre qu'elle ne se communique aux autres ; il faut donc les examiner avec attention, et, sur le moindre doute, enlever ceux qu'on croit attaqués et les transporter dans l'infirmerie, où le seul changement d'air peut les remettre, si la maladie a fait peu de progrès. Quant à ceux qui sont reconnus pour avoir réellement cette mala-

Tandis qu'il est de fait que l'abondance et la
certitude du produit annuel des cocons reposent

die, il n'y a d'autre expédient à prendre que de les jeter
dans le fumier et de les y enterrer, afin que les poules ne les
mangent pas, ce qui pourrait les empoisonner. »

Des morts blancs ou tripés.

« M. Rigaud de Lisle, habitant à Crest, est, je crois, le
premier qui ait distingué cette maladie des autres. Le ver,
dit-il, étant mort, conserve son air de fraîcheur et de santé;
il faut le toucher pour reconnaître qu'il est mort. Alors on
ne peut mieux le comparer qu'à une tripe. »

Des harpions ou passés.

« Ces dénominations vulgaires ont passé des provinces
méridionales dans celles du nord, lorsque l'éducation des
vers à soie y a été connue. *Harpion* dérive du mot *griffe* ou
serre, *passés* de *souffrir*.

« Cette maladie n'est pas réellement distincte de la *rouge*;
elle n'en est qu'une modification. Elle se manifeste, dès les
premiers jours de la naissance du ver, par une couleur jaune;
celle des *passés* est un peu plus foncée. Il faut voir ce qui a
été dit sur la rouge. Ces deux dernières maladies, c'est-à-dire
les vers qu'on nomme *harpions*, *passés*, deviennent tels par
les mêmes causes qui donnent la maladie qu'on appelle *la
rouge*. On reconnaît les vers malades, 1°. à leur couleur tirant sur le jaune; 2°. ils sont effilés, leur peau est ridée, et
ils sont plus courts que ceux du même âge; 3°. ils allongent
leurs pâtes grêles et crochues; 4°. ils mangent peu, lan-
guissent, et sont dans un état de marasme.

« Lorsqu'il y a peu de *passés* après la première mue, on
peut essayer de les soigner à l'infirmerie; mais, comme je
suis persuadé qu'ils ne feront jamais bien, il vaut mieux les
jeter; et si, avant la première mue, on s'aperçoit que la

uniquement sur la bonne éducation des vers à soie pendant tout le cours de leur vie, et que tout

couvée en est entièrement infectée, pour lors j'insiste pour qu'on ait recours à de la nouvelle graine.

De la luzette, ou luisette, ou clairette.

« Le nombre des vers attaqués de cette maladie est communément peu considérable. Elle se manifeste après les mues, mais plus ordinairement après la quatrième; elle ne provient pas d'un défaut dans la couvée, comme quelques uns le prétendent, il faut plutôt en attribuer la cause à quelque défectuosité dans l'accouplement et dans la ponte. Les vers attaqués de cette maladie mangent comme les autres, et font les mêmes progrès en longueur, et non pas en grosseur. Cette maladie se manifeste par la couleur du ver, qui devient d'un rouge clair, et ensuite d'un blancsale. En l'observant avec attention, on s'apercevra qu'il laisse tomber par les filières une goutte d'eau visqueuse, et que son corps est transparent; ce qui l'a fait nommer *luzette*, nom vulgairement donné à ces insectes qui répandent de la lumière pendant la nuit. Dès qu'on découvre des *luzettes* sur les tables, il faut les jeter; ces vers mangent la feuille sans qu'on puisse attendre qu'ils feront un cocon.

« Après la quatrième mue, on trouve quelquefois des *luzettes* disposées à faire un cocon; elles se donnent beaucoup de mouvement, et vont de côté et d'autre pour trouver à se placer. Il ne faut pas attendre qu'elles s'épuisent par leurs courses et qu'elles perdent toute leur soie; puisqu'elles sont arrivées à ce point, il faut en profiter; pour cet effet, on les place dans des paniers où il y a des branchages secs. »

Des dragées.

« Ce n'est point une maladie du ver à soie, puisque son cocon est fait lorsqu'on le nomme *dragée*. Un cocon dra-

le monde sait que ces insectes ne sont pas des
animaux qui appartiennent à nos climats, et qu'ils

gée ne renferme pas une chrysalide, mais un ver raccourci
et blanc comme une dragée : voilà d'où provient cette déno-
mination. Si le ver, après avoir fait son cocon, n'a pas pu se
transformer en chrysalide, c'est une preuve qu'il a souffert.
Mais quelle est cette espèce de maladie ? Personne n'a pu
encore la désigner. On trouve des éducations entières dont
tous les cocons sont dragées en très grande partie. Au surplus, il ne faut pas s'en affliger ; la soie de ces cocons est
d'une aussi bonne qualité que celle des autres ; on n'éprou-
vera de la perte qu'en vendant les cocons, parce qu'ils sont
très légers, mais si on les fait filer à son profit, on sera au
pair. On connaît un cocon-dragée en l'agitant. Le ver dessé-
ché et renfermé fait un bruit sec que les autres cocons ne
rendent pas. »

Dans un des trois volumes qu'a publiés M. Dandolo depuis
celui-ci, il fait des réflexions sur deux maladies qui paraissent
n'être pas absolument les mêmes que celles que nous venons
de faire connaître ; ce sont celles qu'on nomme en Lombardie
le *calcinaccio*, qui pourtant ressemble beaucoup aux dragées, et le *gattine*. « Le *calcinaccio*, dit M. Dandolo, n'est
pas une maladie qui s'observe chez d'autres vers, pas même
chez les chenilles qui vivent au grand air, ce qui ne laisse pas
douter qu'il ne soit un effet de la mauvaise éducation. Cette
maladie résulte de certaines combinaisons chimiques qui
peuvent altérer la matière qui compose le ver à soie à toutes
les époques de sa vie. Les causes qui la produisent sont telles,
que tantôt elle se déclare promptement, et tantôt elle reste
cachée jusqu'au moment où le ver va au bois, et même lorsqu'il a déjà fait le cocon. Elle devient générale dans un
atelier, ou se limite à quelques vers, selon que l'élément chimique qui la produit s'étend ou se restreint ; mais elle n'est
jamais contagieuse. Un ver mort de la *calcination*, mis en

ne vivent parmi nous que par les soins que nous avons pris pour les rendre domestiques, on ne

contact direct avec un ver sain, n'agit pas plus sur lui qu'un morceau de bois. »

Quelques antagonistes de M. Dandolo, et particulièrement M. Decapitani, curé de Vigano (Lombardie), ayant publié que la maladie du *calcinaccio* (*muscardins*) était une affection catarrhale produite par la suppression subite de la transpiration, l'auteur fit, en 1818, les dix expériences suivantes, pour provoquer cette maladie, afin de prouver à l'évidence l'erreur de cet antagoniste.

1°. Il plaça les vers à soie d'une once d'œufs à l'étage supérieur de l'établissement, et les laissa exposés aux variations atmosphériques, qui furent grandes cette année, jusqu'au moment où ils montèrent au bois. Il en périt beaucoup, mais il n'y en eut pas un de calciné.

2°. Les vers à soie d'une once d'œufs furent transportés après la première mue dans un petit atelier, et élevés jusqu'au cinquième jour de la cinquième mue, sans presque jamais renouveler l'air. Aucun ver ne fut atteint du *calcinaccio* (*muscardins*).

3°. On plaça dans le même atelier un certain nombre de vers à soie dans des boîtes. Après la troisième mue, l'air était vicié au point qu'il ne contenait plus que 7 ou 8 centièmes d'oxygène. Les vers moururent presque tous sans présenter aucun caractère du *calcinaccio*.

4°. Une certaine quantité de vers à soie, sortis de la première mue, furent élevés à 10 degrés de chaleur, et on eut soin de les faire passer graduellement à cette température. Ils employèrent le double de temps pour arriver d'une mue à l'autre. A la quatrième, ils n'avaient que la moitié du poids de ceux qui sont élevés avec les degrés de chaleur connus, quoiqu'ils fussent grands comme à l'ordinaire. Il y eut beaucoup d'inégalité dans leur travail, et une partie fut atteinte

croirait pas qu'il manque encore de règles sûres
pour leur donner une habitation propre à leurs

de la maladie dite *gattina*, dont nous parlerons plus bas. Les
cocons ne pesèrent qu'à peu près le tiers du poids ordinaire,
et il n'y eut pas un seul muscardin.

5°. Les vers élevés à 14 degrés de chaleur employèrent
45 jours depuis leur naissance jusqu'à la cinquième mue ;
deux tiers périrent. Ils n'eurent jamais l'aspect de la vigueur.
Ils ne seraient pas montés au bois, si on n'avait pas élevé la
température. Le peu de cocons qu'il y eut fut de qualité mé-
diocre ; beaucoup furent petits et très légers. Aucun ver ne
fut atteint du *calcinaccio* (*muscardins*).

6°. Les vers élevés à 15 degrés de chaleur mirent 40 jours
de leur naissance à l'accomplissement de la cinquième mue.
Ils montrèrent peu de vigueur ; ils cherchaient les endroits
chauds ; beaucoup périrent à la montée ; les cocons furent légers ; point de muscardins.

7°. On choisit des vers de mauvaise santé ; on les exposa à
une haute température, afin d'exciter en eux la sueur, et,
d'après l'opinion commune, les guérir de la maladie de la
calcination, qu'on supposait avoir commencé. La température
fut portée par gradation de 25 à 30 degrés. Les vers ne suèrent
pas. Ceux qui étaient vraiment malades périrent sans que la
calcination se manifestât, les autres parcoururent le cours de
leur vie avec régularité.

8°. Des vers furent tenus très épais sur les claies pendant
tout le temps de leur éducation. Ils périrent presque tous sans
offrir le caractère des muscardins.

9°. Des vers éclos spontanément, ayant été élevés tantôt à
une basse, tantôt à une haute température, à chaque mue il
en périssait beaucoup, et sur 3,900, il n'en restait que 2,600 au
moment de la montée, un grand nombre desquels étaient petits
et malades. Il n'y eut que 1,200 cocons de bonne qualité.

10°. Enfin les vers à soie nés d'une demi-once d'œufs produits

besoins, et qui leur soit utilement adaptée dans leurs différens âges.

par des papillons atteints de la maladie du *calcinaccio* furent élevés avec les soins ordinaires. Tout le cours de leur vie fut régulier; ils furent beaux jusqu'à leur montée, et firent de bons cocons. M. Dandolo fit observer aux élèves, surpris de ce phénomène, qu'on ne doit craindre les maladies provenant de la semence que lorsqu'elle est produite par des papillons d'une faible constitution, ou qu'on n'a pas eu le soin requis pour l'obtenir ou la bien conserver.

Le changement de nature du vers à soie en *gattina* (dit M. Dandolo) est une vraie maladie d'animal, égale à celle à laquelle peuvent être soumis tous les animaux vivans par les mauvais alimens, l'air ou les eaux viciés, le mauvais soin, ou encore par défaut de conformation primitive des organes. On entend en général par *gattina* un ver qui ne peut accomplir les fonctions auxquelles il est destiné, selon le degré d'altération qu'il a éprouvé; il se montre différent des vers à soie sains, il est inquiet, à quelque âge que commence la maladie; il n'aime pas à vivre en société; quelques uns perdent l'appétit; d'autres, après avoir bien mangé, et long-temps vécu, vont mourir hors de la claie, ou sur son bord, ou même au milieu du lit, s'ils sont pris subitement de faiblesse.

M. Dandolo pense que trois causes principales peuvent produire cette maladie : 1°. l'altération de la semence, lorsqu'elle a été mal conservée ou transportée de loin sans précaution; 2°. si on n'a pas bien procédé pour faire éclore les œufs dans une chambre chaude; 3°. si on n'a pas bien soigné les vers depuis le moment de leur naissance, c'est-à-dire si on les a laissés long-temps à une température trop froide, ou qu'on ait négligé les soins pendant les mues. « Il n'y a jamais de maladie, répète ici M. Dandolo, lorsque l'œuf a été bien fécondé, bien conservé, et le ver à soie bien élevé; mille expériences me l'ont démontré. »

L'expérience prouve que les hommes et les animaux tombent malades, et meurent même dans des habitations trop étroites, où ils ne peuvent pas respirer et transpirer librement; et même dans les grandes habitations, si l'air ne peut s'y renouveler facilement.

On dirait que, pour les vers à soie, les lois de l'art de conserver la santé doivent être violées ou négligées.

On ne pensait pas, sans doute, que 5 onces d'œufs produisent près de 200,000 vers, qui tous doivent respirer librement et constamment un air pur, et sécréter les substances nécessaires à leur vie.

Un local sagement construit, selon les principes de l'art, où l'air puisse se renouveler en tout temps et dans tous les cas, et conserver sa siccité, doit seul contribuer puissamment à la santé et à la prospérité constante de l'animal, et par suite à la production d'une grande quantité de cocons de très belle qualité.

Lorsqu'on a bien préparé l'habitation des vers à soie, on a déjà obtenu le plus grand des avantages, et alors tout marche, pour ainsi dire, de soi-même.

Comme nous devons supposer que beaucoup de propriétaires feront construire des ateliers pour s'assurer un bon revenu en cocons, je vais donner ici une idée de leur construction, et j'indiquerai, en même temps, les petites réformes indispensables qu'on doit faire aux ateliers des fermiers. Les réformes que je propose n'ont pour but que l'avantage des propriétaires et des fermiers.

En parlant des deux espèces d'ateliers, je dois traiter aussi de l'un de leurs accessoires principaux, qui est le lieu destiné à conserver la feuille fraîche et saine, même pendant trois jours. De cette manière, il est presque certain qu'on évite les pertes auxquelles on serait exposé en employant la feuille mouillée, ou flétrie, ou fermentée.

Si la construction du local que les vers doivent occuper toute leur vie est une chose très importante, il est aussi très avantageux de faire connaître les formes et l'usage de certains petits ustensiles propres à faciliter toutes les opérations nécessaires.

Nous parlerons donc dans ce chapitre :

1°. De l'atelier du propriétaire ;

2°. De l'atelier du fermier ;

3°. Des lieux propres à conserver la feuille fraîche et saine ;

4°. Des ustensiles.

§. Ier.

De l'atelier du propriétaire.

C'est chose certaine, que l'homme n'emploie presque jamais ses capitaux que pour en retirer une rente ou un intérêt en argent, que l'usage ou les circonstances des lieux ont déterminés, si on en excepte pourtant les dépenses de pur agrément.

Si un propriétaire achète, par exemple, quinze ou vingt arpens de terre, qui lui coûtent 3 ou 4,000 francs, il n'a alors en vue que d'en retirer 150 ou 200 francs net de rente.

Cela posé, il est clair que, s'il reconnaissait qu'en employant un capital de 3,000 francs à construire un atelier de vers à soie, il pourrait en retirer plus de 5 pour 100, on ne doit pas douter qu'il ne s'empressât de le faire.

Pour pouvoir dire qu'on gagnerait à faire construire un atelier de vers à soie, je ne me permettrai qu'une seule réflexion, qui est que, pour retirer 150 francs de 3,000 francs dépensés pour l'atelier, il suffirait que le propriétaire retirât 90 livres de cocons de plus que ce qu'il obtient tous les ans.

N'y a-t-il pas d'ailleurs beaucoup de propriétaires qui peuvent, avec très peu de dépense, arranger pour cela des greniers, des galetas et autres locaux semblables?

Que le propriétaire de bonne foi, qui a pris

connaissance des perfectionnemens que j'ai introduits dans l'art d'élever les vers à soie, dise s'il
ne croit pas que, seulement avec dix onces d'œufs
bien soignés dans un grand atelier, on puisse
retirer facilement 150 et même 300 livres de cocons de plus qu'on n'en obtient ordinairement.

Ce revenu qu'on retire d'un tel capital est encore bien peu de chose en comparaison de tant
d'autres avantages que produit la construction de
l'atelier du propriétaire. Pour s'en convaincre il
suffit de réfléchir :

1°. Que l'établissement des ateliers contribue à
augmenter la valeur des propriétés où ils sont
établis, et d'où on retire la feuille, parce qu'ils
donnent un produit plus grand en cocons; de
même qu'un terrain qui, lorsqu'il est travaillé
avec soin, rendant 8 pour 1, vaudrait plus qu'un
autre qui ne donnerait toujours que 6;

2°. Qu'en réunissant dans le même local toutes
les opérations qui regardent les vers à soie, on
épargne beaucoup en feuille, en combustible et
en travail;

3°. Que les fermiers se mettent bientôt au fait
en voyant les heureux effets produits par les préceptes que j'ai indiqués, et parce qu'ils se trouvent
forcés d'agir, dirigés par des personnes éclairées
qui sont à la tête de toutes les opérations;

4°. Qu'on voit disparaître l'inégalité entre les
avantages qu'obtiennent certains fermiers plutôt
que certains autres, avantages qu'on a coutume

d'appeler bonheur dans la réussite des vers à soie, ayant tous fait également leur possible pour réussir;

5°. Que le propriétaire et le fermier, assurés du succès, ne négligeront pas la culture des mûriers, ou ne les détruiront pas, comme on le fait particulièrement dans les lieux où le propriétaire vend la feuille, dans la persuasion qu'il y a en cela plus d'avantage que de l'employer lui-même;

6°. Qu'on évite le vol qui a lieu lorsque le propriétaire fait élever les vers à soie dans plusieurs maisons de fermiers;

7°. Enfin que les locaux où on élève les vers sont plus tôt libres, et peuvent servir à d'autres usages domestiques.

Ce que je viens de dire démontre l'avantage des grands ateliers de propriétaire [1].

Voici comment est construit le mien, qui pourrait servir pour 20 onces d'œufs, c'est-à-dire qui pourrait donner 24 quintaux à peu près

---

[1] Il y a en ce moment, dans ces contrées, un grand atelier de propriétaire qui peut suffire pour les vers à soie de 20 onces d'œufs. Il donna, en 1813, plus de 120 livres de cocons par once d'œufs. Il est situé à Moraggone, et appartient à un très bon agriculteur, qui a réuni, comme à un point central, le travail de tous ses fermiers.

Il ne lui a pas fallu de grandes dépenses pour ériger cet atelier; il ne s'est servi que d'un grenier qu'il a fait adapter, et pour lequel il a fait faire tous les ustensiles nécessaires. Ce local sert pendant un mois pour les vers à soie, et redevient grenier tout le reste de l'année.

de cocons, et dont on trouvera la gravure à la fin de cet ouvrage, avec celle des autres dont j'ai parlé.

Il a environ 30 pieds de largeur, 77 de longueur, et à peu près 12 de hauteur, et en considérant la hauteur jusqu'au toit, 21 pieds (*Planche I, Fig.* 1).

On peut placer dans la largeur six rangs de tables ou claies d'à peu près 2 pieds 6 pouces de largeur chacune (*f*). Comme ces claies doivent être placées de deux en deux, il paraît n'y avoir que trois rangs; il y a donc entre elles quatre passages, deux du côté des deux murs, et deux entre les claies. Les passages ont à peu près 3 pieds de largeur; ils servent pour agir sur les claies et pour placer les échelles et les planches.

Entre un rang de claies et l'autre il y a des pieux de quatre pouces de diamètre, sur lesquels sont fixées des barres de bois transversales qui soutiennent les claies; il y a entre les deux claies un vide d'à peu près 5 pouces et demi pour la circulation de l'air.

Il y a dans ce local treize fenêtres, avec des jalousies, et des châssis de papier en dedans (*e*), sous chaque fenêtre, près du pavé, des soupiraux ou trous carrés d'à peu près 13 pouces, bouchés par une planche mobile qui s'y enchâsse bien, afin de pouvoir, à volonté, faire circuler l'air.

Lorsque l'air de la fenêtre n'est pas nécessaire, on tient les châssis de papier fermés. On ouvre les

jalousies, ou on les laisse fermées selon les circonstances. Lorsque le mouvement de l'air est
lent, et que les températures intérieure et extérieure sont presque égales, on peut ouvrir tous
les châssis, tenant toutes les jalousies fermées,
ou au moins une bonne partie.

J'ai fait établir huit soupiraux en deux lignes
au plancher ou au plafond de la chambre, ils
correspondent perpendiculairement au milieu
des passages pratiqués entre les claies. Ces soupiraux se ferment avec un vitrage mobile pour avoir
de la lumière, et, en cas de besoin on les bouche
avec des châssis recouverts en toile blanche qu'on
doit aussi pouvoir ouvrir ou fermer selon les circonstances.

J'ai fait faire aussi six soupiraux au pavé pour
communiquer avec les chambres de dessous (*d*).

Des treize fenêtres (2), trois sont placées à une
extrémité de l'atelier, et, à l'extrémité opposée,
il y a trois portes construites de manière à donner
aussi de l'air à volonté (*a*). Par ces portes on va
à une autre salle d'à peu près 36 pieds de longueur,
et 30 pieds de largeur, qui fait la continuation
du grand atelier, et qui contient aussi des claies
assez élevées au-dessus du pavé pour qu'on puisse
librement faire le service de l'atelier. Il y a dans
cette salle six fenêtres (2) avec un soupirail à
chacune, au niveau du pavé (*b*), ainsi que quatre
soupiraux au plancher ou plafond.

Il y a six cheminées dans la grande salle, une à

chaque angle, et une au milieu des deux grands côtés (h).

J'ai fait placer un grand poêle rond, d'environ 3 pieds 8 pouces de diamètre, sur 9 pieds 2 pouces de hauteur au milieu de l'atelier (g), il partage à peu près en deux le grand rang du milieu des claies.

Je me sers, pour éclairer la nuit, de petits quinquets qui ne donnent pas de fumée (3). Le pavé de l'atelier est le seul qui soit fait de ciment (ghiarone); celui de la salle ou vestibule est en brique, afin qu'au besoin il puisse servir pour sécher la feuille.

Entre le grand atelier et le vestibule il y a une petite chambre située au milieu, ayant deux grandes portes, une pour communiquer avec l'atelier (i), et l'autre avec le vestibule (a). Au milieu du pavé de cette petite chambre est une grande ouverture qui communique avec le dessous de l'atelier (c); cette ouverture se ferme avec deux battans en planches qu'on peut ouvrir et fermer à volonté; elle sert pour jeter la litière et les ordures de l'atelier; elle est aussi utile pour monter facilement la feuille par le moyen d'une poulie.

Ce grand trou tient aussi en mouvement une grande colonne d'air lorsque les trois châssis de l'extrémité de l'atelier sont ouverts.

J'ai fait placer une sonnette au haut du mur, et à l'extérieur, afin de faire exécuter les ordres promptement.

Voilà la construction de mon grand atelier

dans lequel je ne mets les vers à soie qu'après la quatrième mue.

Il est impossible que l'air y reste stagnant, ni qu'il puisse jamais se charger de trop d'humidité. Comme ce bâtiment est isolé de trois côtés, il arrive difficilement que, d'après les différentes expositions des soupiraux, l'air extérieur ne tende pas à s'y équilibrer, et à y maintenir une douce température. S'il arrivait que l'air fût trop stagnant, et que la température fût partout en équilibre, on provoquerait de suite le mouvement des grandes colonnes d'air en faisant de la flamme dans les six cheminées.

Lorsqu'on n'a pas besoin d'allumer du feu dans les cheminées, et qu'elles ne sont pas nécessaires comme soupiraux, on les bouche avec des planches faites exprès.

En fermant avec de petites planches les soupiraux qui sont au niveau du plancher, lorsqu'il y a un grand courant d'air, on peut le régler comme on veut. On en fait autant des soupiraux supérieurs, avec cet avantage, qu'ayant un vitrage et un châssis, on peut ouvrir et fermer l'un et l'autre selon le besoin.

On n'emploie le poêle que lorsqu'il faut échauffer l'air de l'atelier.

Dans ce cas, pendant que le poêle chauffe l'atelier, une colonne d'air extérieur entre continuellement dans une portion du corps du poêle, qui est comme détachée du lieu où on fait du feu

et d'où sort la fumée. Cet air s'échauffe, sort par
plusieurs trous dans l'atelier, et en augmente par
conséquent l'air et la chaleur.

J'ai fait placer dans divers points de la salle
quatre baromètres, six thermomètres, et deux
thermométrographes, pour indiquer ce qu'il convient de faire dans le cas d'accumulation d'humidité, et d'augmentation ou de diminution de température dans l'atelier [1].

[1] Depuis la publication de cet ouvrage, on a érigé, dans
la Lombardie, de ces grands ateliers qui portent le nom de
Dandolières; honorable récompense bien due au Parmentier
de l'Italie. Quelques uns ont donné de bons résultats; cependant certains propriétaires n'en ont pas été satisfaits. On
a parlé et écrit même contre l'utilité de ces grands établissemens : on a fait diverses objections dont je vais citer les
principales, ainsi que les réponses de M. Dandolo,

On dit que, s'il se déclare une maladie dans la grande dandolière, elle s'y propage avec plus de facilité, et qu'alors
tous les vers à soie périssent inévitablement; ce qui, ajoute-
t-on, n'aurait pas lieu s'ils étaient distribués dans de petits
ateliers. M. Dandolo fait observer d'abord qu'il n'existe jamais
de maladie contagieuse parmi les vers à soie, et que, si tous
ceux d'un grand atelier meurent successivement, cela tient
uniquement à ce que la cause inerte qui a commencé à les
faire périr continue son action tant qu'elle existe. « Ne sait-
on pas (dit-il) que certaines causes matérielles peuvent, sans
être contagieuses, frapper un grand nombre d'hommes, telles
que le mauvais air, les eaux viciées, les alimens malsains, et
que, tant qu'on ne purifie pas ces substances, leur état vicié
continue à faire des ravages? Une foule de faits ont démontré
depuis long-temps, et surtout en 1816, que les vers à soie
de tout un pays peuvent mourir quoique élevés dans de pe-

Examinons maintenant un atelier de moyenne grandeur, propre à contenir seulement les vers à soie de cinq onces d'œufs.

L'atelier moyen (*Planche I, Fig.* 11), qui pro-tits ateliers. La mortalité, dans les grands comme dans les petits ateliers, dépend entièrement et toujours de la manière dont on a réglé l'établissement. La seule différence qu'il y a, c'est qu'un fermier ignorant ne perd que les vers à soie de son petit atelier, au lieu que, si le directeur d'un grand établissement est aussi un ignorant, il en perd vingt, trente fois de plus. Voilà l'aspect sous lequel il faut considérer l'inconvénient. Au reste, le propriétaire ne doit pas oublier que les grands ateliers ne sont faits que pour recevoir les vers à soie qui ont été d'abord bien soignés dans les petits, jusqu'à la troisième mue, et mieux encore jusqu'à la quatrième. »

M. Dandolo ne doute pas que la principale raison de la mauvaise réussite des grands établissemens est que les vers à soie qu'on y a transportés n'étaient pas sains, ou qu'ils avaient été mal soignés dans les petits ateliers.

Pour que tout se fasse avec ordre et promptitude dans les grands ateliers, M. Dandolo les divise en sections numérotées, auxquelles il donne le nom d'*atelier* n° 1, 2, 3, etc. Chaque section se compose d'un nombre de tables ou claies de 150 à 200 pieds carrés de superficie, et doit être servie par un magnanier intelligent et bien au fait de son ouvrage. Il faut pour le grand atelier un magnanier en chef, qui surveille tous les chefs de section. A une partie du mur d'entrée de chaque section on met un écriteau sur lequel est le nom du magnanier qui l'administre, ainsi que celui de ses aides. Une pendule indique les heures des repas des vers à soie, et le son d'une cloche avertit les ouvriers qu'il faut porter la feuille ou faire autre chose. Le propriétaire ou le magnanier en chef fait de temps en temps l'inspection des claies, examine si la feuille a été bien distribuée, et si tout le service se fait à

duit à peu près 6 quintaux de cocons, a 40 pieds de longueur, 18 pieds de largeur, et 13 pieds de hauteur. On y place six claies l'une sur l'autre.

A chaque côté, et dans la longueur, il y a un temps et avec précision. « Les personnes qui ont vu mon grand atelier (ajoute M. Dandolo) ont pu se convaincre que l'ordre bien entendu anime tout et préserve de tout mal. »

Les grandes dandolières ont les avantages suivans :

1°. Il faut un tiers de moins de personnes pour un de ces ateliers de vingt onces d'œufs que si cette même quantité est distribuée en six ou sept petits ateliers.

2°. Il s'y consomme beaucoup moins de combustible.

3°. Un homme seul peut bien plus facilement y surveiller le service que dans six ou sept petits ateliers.

4°. On peut, dans une grande dandolière, fait économiser beaucoup plus la feuille.

5°. L'air y circule plus librement.

6°. Quelle que soit l'exposition de la grande dandolière, la température intérieure étant, à circonstances égales, moins susceptible d'un changement brusque que celle des petits ateliers, on n'y voit jamais se développer la grande quantité de gaz acide carbonique ou air méphitique qui fait tant de mal aux vers à soie.

7°. Enfin les vers à soie prospèrent mieux dans les grandes dandolières ; leur cocon est de meilleure qualité.

En résumé, la grande dandolière exige moins de salaire, est mieux surveillée, fait dépenser moins en feuille, préserve davantage les vers à soie des maladies, et donne un produit meilleur et plus abondant. M. Dandolo fait observer qu'ayant élevé des vers à soie dans de grands, de moyens et de petits ateliers, les cocons des premiers ont toujours été d'une qualité supérieure aux autres. L'art de bien élever les vers à soie exige quelques lumières en physique et en chimie, et les résultats avantageux qu'on veut en obtenir dépendent beaucoup de

rang de claies à peu près à deux pouces du mur, pour laisser circuler l'air. Ces claies ont environ 30 pouces de largeur.

Au milieu de l'atelier il y a deux rangs de claies de 33 pouces de largeur chacune; il y a un pied 10 pouces d'un rang à l'autre. Cette distance suffit pour qu'on puisse passer et y monter, parce

la bonne instruction de celui qui dirige leur éducation, ainsi que d'un certain degré de capacité des ouvriers. Aussi, M. Dandolo recommande surtout de choisir des personnes capables. L'éducation est courte, et la récompense est grande, puisque c'est le premier et le plus sûr revenu du propriétaire. Ces deux avantages suffisent sans doute pour qu'on exécute bien ce que l'auteur indique.

Pour propager avec plus de rapidité sa bonne manière d'élever les vers à soie, M. Dandolo invita les grands propriétaires à lui envoyer des élèves qu'il instruisit et exerça lui-même dans son grand atelier. Ces élèves lui ont occasionné des pertes, parce que, pour les mettre bien au fait, il les laissait agir quelquefois hors de sa présence; cela avait lieu surtout pour la distribution de la feuille à la cinquième mue. A cette époque les vers à soie de 20 onces d'œufs occupent une superficie carrée de 3,000 pieds. Qu'on juge si la perte en feuille peut alors être grande, lorsqu'on n'a pas le soin de la distribuer avec économie. M. Dandolo a reconnu qu'à cette mue il avait perdu plusieurs milliers de livres de feuille par l'incurie des élèves. « Mais n'importe (disait ce philanthrope), cette perte est moins que rien, lorsque je la compare à l'avantage de généraliser et nationaliser l'art d'élever les vers à soie par le moyen des élèves. » Ces élèves ne coûtaient pas beaucoup aux propriétaires, qui les envoyaient pendant la courte saison des vers à soie, et la plupart s'en revenaient la première année capables de diriger eux-mêmes une grande dandolière.

(*Le Traducteur.*)

que les pieux, les liteaux placés perpendiculairement, et ceux mis en travers pour soutenir le
double rang des claies, forment une espèce d'é-
chelle par laquelle on monte commodément jusqu'au plancher, et on donne aisément à manger
aux vers de la moitié à peu près des claies, l'autre
moitié étant servie par des échelles.

Il n'y a que deux passages dans cet atelier.

On a établi quatre soupiraux au plancher, qui
correspondent aux passages formés entre les claies,
afin que l'air extérieur ne frappe pas directement
sur les claies. Il y en a huit à la partie du mur
qui est au niveau du pavé, placés à des distances
proportionnées ; une cheminée aux quatre angles
de l'atelier, un poêle au milieu des deux côtés
du mur, dont les tuyaux longent le mur, et
un autre au fond de la chambre en face de la
porte.

Il y a dans l'atelier deux baromètres et quatre
thermomètres. Dans la nuit, il est éclairé par deux
quinquets.

Cet atelier est, comme le grand, isolé de trois
côtés ; il a quatre fenêtres sans jalousies, parce
que tout le mouvement de l'air se fait de haut en
bas et de bas en haut. Il n'est pas nécessaire qu'il
y ait au pavé des soupiraux qui correspondent
avec le dessus.

Quelque calme que soit l'air, on l'agite autant
qu'on veut en faisant de la flamme, et en ouvrant
plus ou moins les soupiraux.

J'ai aussi de petits ateliers qui ne contiennent qu'à peu près 367 pieds carrés de claies, et qui, par conséquent, ne peuvent donner qu'environ 240 livres de cocons (*Fig.* 3). Ce sont de petites chambres basses, d'un carré long, au milieu desquelles sont quatre rangs doubles de claies, placées l'une sur l'autre, et d'à peu près 3o pouces de largeur.

Il y a quatre soupiraux au plafond, deux cheminées placées aux deux angles, diagonalement opposés, et trois soupiraux rasant le pavé.

Chaque petit atelier a son baromètre et deux thermomètres. Je n'ai pas parlé de l'exposition de mes ateliers, parce que toutes les expositions sont bonnes, pourvu qu'on puisse faire communiquer librement l'air partout, et fermer les ouvertures du côté du soleil. J'en ai à toutes les expositions.

La propreté de mes ateliers est extrême ; on n'y sent jamais aucune mauvaise odeur, et on n'y a pas besoin de parfums. Le meilleur est l'odeur naturelle de la feuille, tant que les vers à soie vivent, et ensuite celle des cocons, lorsqu'ils se forment ou lorsqu'ils sont formés.

Au cas que la saison devienne froide, comme il est arrivé en 1813 et 1814, les cheminées peuvent servir, non seulement pour renouveler l'air, mais aussi pour le réchauffer, ayant soin de ne pas brûler de copeaux ni de paille, mais bien du gros bois, qui conserve le feu long-temps.

Les poêles sont cependant plus propres à réchauffer l'air intérieur.

§. II.

Des ateliers des fermiers.

En général, les ateliers des fermiers se présentent à l'œil de l'observateur comme des espèces
de catacombes. Je dis, en général, parce qu'il y a
quelques fermiers qui, sans avoir tout ce qu'il
faut pour bien élever les vers à soie, ont cependant assez pour leur éviter des maladies graves.

J'ai trouvé le plus souvent, en entrant dans les
chambres où on élevait ces insectes, qu'elles étaient
humides, constamment éclairées par la flamme
d'une huile puante; que l'air était stagnant et
vicié, au point de gêner la respiration; qu'on
sentait des odeurs désagréables masquées par
celle de quelque aromate, que les claies étaient
trop rapprochées, couvertes de litière en fermentation, sur laquelle les vers languissaient.
L'air ne s'y renouvelait que par les ouvertures
que le temps avait faites aux portes et aux fenêtres.
Ce qui me rendait l'aspect de ces lieux plus triste,
c'est que la personne qui prenait soin des vers avait
la voix rauque, la figure pâle et l'air valétudinaire
comme si elle relevait d'une maladie très grave.

Tous les locaux sont bons pour élever les vers
à soie, pourvu que, selon leur grandeur, il y ait
une ou deux petites cheminées, plusieurs soupi-

raux au plafond, autant au mur et au niveau du
pavé, et une ou plusieurs fenêtres par lesquelles
la lumière entre constamment, sans que ce soit
pourtant les rayons solaires.

Mes ateliers de fermiers, qui contiennent les
vers de quatre onces d'œufs, ont deux petites
cheminées, placées dans les angles, qui sont en
ligne diagonale, un poêle, quatre soupiraux au
plafond, et trois au niveau du pavé. J'ai des ateliers qui contiennent les vers de trois onces
d'œufs, et qui ont deux petites cheminées, trois
soupiraux supérieurs et deux inférieurs. J'en ai
aussi qui ne sont que pour deux onces d'œufs, et
qui ont deux petites cheminées, deux soupiraux
supérieurs et deux inférieurs.

Dans chacun de ces ateliers il y a une grande
porte, dans laquelle on en a pratiqué une petite
et deux fenêtres ou ouvertures, pour faire entrer
la lumière. Lorsque le soleil frappe contre l'une
ou l'autre, on ferme les volets intérieurs.

Je fais observer que ces légères réformes à
faire dans les chambres sont très importantes,
coûtent peu, et produisent un effet très avantageux.

Lorsque la chambre est propre à contenir les
vers de quatre onces d'œufs, il faut nécessairement un poêle en brique; il chauffe beaucoup
plus que les cheminées, et il faut moins de bois.
Les cheminées ne servent, en général, que pour
des feux de flamme, et on n'y allume du bois que

lorsque la température de l'air extérieur se maintient trop long-temps froide.

Les cheminées doivent être bouchées dans tous les cas où elles ne servent pas.

Dès qu'on a arrangé le local ainsi que je l'ai indiqué, on ne doit plus permettre au fermier de tenir les vers à soie dans la cuisine ni ailleurs; il doit les placer constamment dans l'atelier, bien étendus sur les claies. Ceux qui n'agiront pas ainsi seront exposés à voir les vers en grande partie malades ou morts avant de parvenir à l'âge adulte.

Les malheurs que les fermiers éprouvent quelquefois dépendent de ce qu'ils exposent les vers encore jeunes à des variations de températures brusques, et qu'ils les tiennent trop à l'étroit (Chap. XII).

Lorsque le fermier voit que les vers se meuvent et qu'ils mangent, cela lui suffit pour être persuadé qu'ils vont bien; il ne pense pas que ceux qui se trouvent comprimés par les autres ne peuvent pas bien manger, et périssent tôt ou tard sous la litière qui les recouvre.

Il faut dans chaque atelier de fermier un ou deux bons thermomètres, qu'on doit y laisser constamment suspendus.

Il est bon de rappeler ici que, si, au moment où les vers montent, il s'en trouve de tardifs, on doit les transporter ailleurs (Chap. VIII, §. V).

Il sera avantageux pour le propriétaire de don-

20

ner au fermier un thermomètre et un baromètre qui lui apprendront à connaître les degrés de chaleur et d'humidité de l'atelier. Il saura employer plus à propos les moyens de conserver les qualités de l'air qu'exige la santé des vers à soie. Quoique la *bouteille qui purifie l'air* ne soit pas absolument nécessaire, comme, dans certains momens, les exhalaisons animales laissent une mauvaise odeur, elle sera utile au fermier, la vapeur qui s'en dégage étant un très bon correctif.

Quant à l'exposition des ateliers de fermier, il n'y a pas de doute que la meilleure est au froid et à l'air agité, et qu'ils sont mieux à un premier étage qu'au rez-de-chaussée; mais cependant, pourvu qu'on fasse les réformes que j'ai indiquées, on peut se servir des locaux qu'on a, et être sûr qu'il n'y aura jamais d'air stagnant, humide ou méphitique.

Si on a perpétué l'usage des plus mauvais locaux pour placer les vers à soie, c'est sans doute parce qu'on a vu qu'on obtenait de temps à autre de très bonnes récoltes de cocons. On ne pensait pas que c'était le pur effet du hasard, ou, pour mieux dire, des diverses variations du temps. Une année, par exemple, dans laquelle la saison avait été belle et surtout sèche, parce qu'il avait soufflé des vents du nord, il n'était pas étonnant que les vers réussissent, quoique mal soignés.

Nous avons un exemple des avantages de l'air

constamment sec et agité dans les barraques des pays montagneux où on élève les vers : ils y réus-sissent toujours mieux que dans les plaines.

Aujourd'hui nous devons vouloir que, quelles que soient les influences atmosphériques, les récoltes de cocons ne manquent jamais, et que le fermier obtienne du profit, non par l'effet du hasard, mais bien par des calculs certains.

§. III.

Des locaux destinés à conserver saine et fraîche la feuille de mûrier.

Selon moi, on n'a pas encore assez calculé les avantages ou les dommages que peut produire la feuille, selon le local où on la met avant de la distribuer aux vers.

Elle doit être au rez-de-chaussée ou dans des lieux souterrains, légèrement humides, et qu'on puisse fermer de manière qu'il n'y entre que la lumière suffisante pour voir à l'y mettre, à la remuer et à la monder. Ces qualités sont indis-pensables.

Lorsqu'elle est encore bien grasse (*voyez* la note de la page 28), on doit la placer par couches de trois ou quatre pouces seulement, pour qu'elle ne s'altère pas. Lorsqu'elle est mûre, elle se con-serve très bien plusieurs jours quoique les couches soient de près d'un pied, pourvu qu'elle ait été cueillie sèche. On doit cependant avoir soin de la remuer tous les jours, afin qu'elle reçoive bien le contact de l'air intérieur, et qu'elle ne s'affaisse pas trop.

Si, dans le local où on place les vers, l'air doit être constamment sec, dans celui où est la feuille, il doit être frais et humide, sans être agité. Ce serait une perte sensible que l'air enlevât à la feuille trop de son humidité naturelle, non pas tant parce qu'elle se flétrirait que parce que je crois cette humidité un véhicule nécessaire pour que les différentes séparations et sécrétions qu'exige la santé de l'animal s'opèrent parfaitement, et pour qu'il dépose bien la soie dans ses réservoirs. Au reste la nature a donné beaucoup moins de substances aqueuses à la feuille mûre du mûrier qu'à aucune autre feuille des arbres que nous avons sur notre sol.

Si le local destiné à conserver la feuille est très humide, il ne l'altère pas, pourvu qu'il soit frais et tenu bien fermé : c'est la chaleur et l'amoncellement qui la gâtent.

On doit faire en sorte que ces locaux soient sous les ateliers ou bien près; on aura alors le grand avantage d'avoir toujours une provision de bonne feuille, surtout dans le temps de la *grande frèze* ou *brife* au cinquième âge. On sentira encore plus cet avantage s'il vient alors à pleuvoir pendant quelques jours, ou si la saison est pluvieuse.

Lorsque le propriétaire reconnaîtra, comme moyen de faire prospérer sa maison, l'exacte pratique de l'art d'élever les vers à soie, il ne trouvera plus ni embarras ni grande dépense pour préparer tout ce qui est nécessaire.

§. IV.

Des ustensiles qui servent à l'exercice de l'art d'élever les vers à soie.

Faire mieux qu'on n'a fait les différentes opérations dont se compose un art, en dépensant moins, est un des premiers buts auxquels doivent tendre tous ceux qui l'exercent.

Partant de ce principe, j'ai cru utile de faire faire une petite collection d'ustensiles de peu de dépense, et tous nécessaires pour exécuter les opérations qu'exige l'éducation des vers à soie.

Cet art n'avait pas eu jusqu'à présent d'ustensiles particuliers; chacun employait à son choix tel ou tel ustensile différent pour la même opération. J'en donne ici une explication : on en verra la gravure à la fin de cet ouvrage.

Le *grattoir*. Il sert pour détacher les œufs des linges mouillés. Il est facile de le tenir dans la main : on introduit le côté du fil entre les œufs et le linge, et on parvient à en détacher beaucoup en peu de temps (*Fig.* 3).

Le *thermomètre*. J'en ai fait connaître l'usage

dans un paragraphe qui en traite exclusivement
(Chap. IV, §. II).

Le *poéle*. Il est destiné à chauffer l'atelier. Il le
chauffe beaucoup mieux s'il est construit de manière à recevoir l'air extérieur qui entre dans l'atelier après s'être échauffé dans le poéle. L'air raréfié qui entre chaud chasse l'air intérieur. Si on
veut, on peut boucher les trous qui servent de
passage à l'air raréfié, lorsqu'il y a du feu dans le
poéle; ces mêmes trous peuvent servir pour introduire de l'air froid, lorsque le feu du poéle est
éteint (*Fig.* 5).

Petites boîtes pour faire éclore les œufs. Il doit
y en avoir de plusieurs grandeurs, afin que chaque once d'œufs ait un espace d'à peu près 7
pouces 4 lignes carrés. Elles doivent être de carton, si elles sont petites, et de planche mince, si
elles sont grandes, c'est-à-dire propres à contenir
10 à 20 onces d'œufs, ou d'un espace de 73 à 146
pouces carrés. Elles doivent être distinguées par
des chiffres arabes bien visibles, placés sur tous
les côtés (*Fig.* 6).

Claies ou Tables. Elles servent, couvertes de
papier, pour placer les vers à soie. Les miennes
ont le fond de canne. On peut les faire de toutes
sortes de branches d'arbres. Il suffira que, dans
aucun cas, ce fond ne soit pas d'un tissu trop
serré, afin que le papier reçoive par-dessous le
contact de l'air qui le sèche insensiblement.

La largeur des claies doit être de 29 à 37

pouces; leur longueur peut être de plusieurs toises. On doit les placer les unes sur les autres, sans qu'elles dépassent par aucun côté, pour ne pas gêner le mouvement des paniers carrés (Pl. I, *Fig.* 4).

On peut écrire sur une ou plusieurs claies réunies, avec un pinceau, au bord extérieur, de combien de pieds carrés est la superficie de la claie. Si, supposons, la claie a 20 pieds de longueur et trois de largeur, on écrira 30 pieds carrés, etc. (Pl. II. *Fig.* 7).

Cuillère. Elle est faite de manière à pouvoir la manier avec beaucoup de facilité pour remuer les œufs (*Fig.* 8).

Petites tables de transport. Ce sont des planches minces d'à peu près un pied de largeur, et assez longues. Elles doivent être appuyées sur les côtés de la largeur des claies. Elles ont un manche au milieu qui sert à les transporter facilement. Elles doivent être très unies, afin que les vers à soie y montent sans aucun obstacle. Il y a un bord d'à peu près un demi-pouce sur trois côtés (*Fig.* 9).

Soupiraux. Ils doivent tous s'élever et s'abaisser à volonté, moyennant deux rainures dans lesquelles la planche monte et descend. Il faut pouvoir les fixer à la hauteur qu'on veut, s'ils sont au pavé, et les faire glisser plus ou moins, s'ils sont au plafond ou plancher (*Fig.* 10).

Perçoir. Ce fer, percé à l'extrémité, est fait de

manière qu'à chaque coup qu'on donne à sa partie supérieure avec un marteau, il perce plusieurs doubles de papier qu'on a placés sur une espèce de piédestal fait exprès. On perce beaucoup de feuilles de papier dans très peu de temps. Ces feuilles servent ensuite à couvrir les petites boîtes d'œufs, lorsque les vers commencent à naître. Beaucoup de personnes emploient, au lieu de papier percé, un voile clair, et obtiennent le même effet. On peut, sur cela, faire comme on veut (*Fig.* 11, *a* et *b*).

Petit crochet. Ce petit instrument de fer recourbé sert très bien pour enlever promptement des petites boîtes les petits rameaux chargés de vers, et les placer sur les feuilles de papier préparées dans le petit atelier. Avec cet instrument on évite de les prendre avec la main, et par conséquent on n'est pas exposé à en écraser (*Fig.* 12).

Caisse de transport. Avec cette caisse on transporte les vers éclos de 20 onces d'œufs : elle pèse à peu près 75 livres. Lorsqu'on transporte moins de vers, on ôte en proportion des petites planches de la caisse. Chaque petite planche contient une feuille de papier couverte de vers provenant d'une once d'œufs. Il n'y a rien de plus commode et de plus utile pour le transport de ces insectes (*Fig.* 13).

Couteau. Il est fait de manière à couper la feuille facilement et menu (*Fig.* 14).

Double tranchant. Lorsque la feuille est coupée

avec le couteau, on la reprend avec ce tranchant courbe, afin de multiplier les morceaux, et obtenir par conséquent une plus grande quantité de bords. On n'emploie ce tranchant que dans le premier et le second âge (*Fig.* ı5).

Grand tranchant. Il est fait à peu près comme celui avec lequel on coupe la paille par petits morceaux. Il sert à couper grossièrement beaucoup de feuille en peu de temps. On ne l'emploie que les trois premiers jours après la troisième mue (*Fig.* ı6).

Petit balai de millet. Ce petit balai s'emploie pour bien distribuer la feuille sur les claies (*Fig.* ı7).

Petite porte pratiquée dans les grandes. Au bas des grandes portes il y en a une petite qu'on élève et qu'on abaisse à volonté, et qui sert comme un soupirail (*Fig.* ı8).

Panier carré. Il est large et peu profond. Il a un crochet au milieu du manche qui sert à le faire glisser commodément le long des claies, et à le faire mouvoir dans tous les sens entre les claies, sans toucher à leurs bords inférieurs (*Fig.* ı9).

Planches ou bancs. Ils sont faits de manière à pouvoir donner commodément à manger aux seconds rangs des claies, et à ne pas se renverser (*Fig.* 20).

Petites échelles. Elles sont un peu plus larges et plus commodes que celles dont on se sert ordinairement , et d'une hauteur suffisante pour pouvoir les appuyer aux bords des claies (*Fig.* 2ı).

Hygromètre. J'en ai expliqué l'usage dans un paragraphe exprès (*Fig.* 22), (Chap. VII, §. I).

Appareil pour purifier l'air. Le vase de verre doit être très large à son ouverture, comparé aux bouteilles dont j'ai parlé (Chap. VII, §. II), et au lieu d'être bouché avec du liége, il l'est avec du verre poli à l'émeri. Il doit boucher hermétiquement, et il se serre par le moyen d'une petite vis. Ce vase, ainsi construit, est plus commode et plus utile que tout autre (*Fig.* 23).

Hotte. Elle n'est qu'un peu plus large en bas que les hottes ordinaires, le tissu en est bien serré, afin que le fumier qu'on y met n'en tombe pas (*Fig.* 24).

Ustensile pour les immondices. Lorsqu'on a nettoyé les claies, le peu de fumier qui y reste se jette dans cet ustensile avec un petit balai ; sans cela, on ne peut nettoyer facilement les papiers qui sont sur les clais dans le cinquième âge (*Fig.* 25).

Châssis pour placer les papillons. Ils sont couverts de toile qui se lève facilement, et à laquelle on peut en substituer d'autre lorsqu'elle est sale. Ces châssis servent ensuite pour transporter ce qu'on veut. Ils ont un manche comme les tablettes de transport (*Fig.* 26).

Boîte pour conserver les papillons. Cette boîte légère ou petite caisse, percée à ses côtés, est très bonne pour priver les papillons de la lumière, sans qu'ils en souffrent, et afin que les mâles ne se débattent pas (*Fig.* 27).

Chevalet pour les œufs. Cet ustensile est plus commode que tous ceux que je connais pour recueillir les œufs; lorsqu'on l'a employé, il se ferme et occupe peu d'espace là où on le place pour servir l'année d'après (*Fig.* 28).

Châssis à corde. Il n'y a rien de meilleur que cet ustensile pour y placer les œufs; ils reçoivent l'air de tous côtés, et s'y conservent frais et secs (*Fig.* 29).

Thermomètre oblique pour reconnaître si les ouvriers ont négligé de faire du feu la nuit ou s'ils en ont trop fait (*Fig.* 30).

CHAPITRE XIV.

Rapprochement de tous les faits exposés dans cet ouvrage, et qui ont un rapport immédiat avec l'art d'élever les vers à soie.

Lorsqu'il s'agit d'un art aussi directement lié avec l'intérêt des nations et des familles, un auteur ne saurait trop, selon moi, prendre soin de rendre familière la connaissance des faits qui sont relatifs à cet art.

Si celui qui élève les vers à soie a lu seulement une fois cet ouvrage, les observations que je vais faire lui épargneront la peine de relire certains chapitres; les faits rapprochés feront d'ailleurs beaucoup plus d'impression que lorsqu'on les a lus épars et isolés.

Je ne dissimule pas que quelques lecteurs trouveront inutiles beaucoup de choses que je vais dire, parce qu'elles ne sont d'aucune utilité pour l'intérêt pécuniaire, qui est le premier objet auquel tend l'art d'élever les vers à soie.

J'espère cependant que ceux qui voudront bien porter leur attention sur la série des faits que j'expose, trouveront qu'ils ont des rapports plus ou moins directs avec les résultats que se propose d'obtenir *l'éducateur* des vers à soie.

Je ne cacherai pas non plus qu'on pourra aussi trouver étrange de voir que je fais l'application du calcul à cet art avec la même exactitude que pour des objets d'une nature invariable, tandis que les choses dont nous parlons sont susceptibles de varier par l'influence de beaucoup de causes. Mais j'ai cru devoir faire correspondre la précision des calculs aux expériences que j'ai répétées pendant plusieurs années avec la plus grande exactitude, afin que ce que j'expose pût fournir des données sûres pour diriger les *éducateurs* des vers à soie.

Ce chapitre sera divisé en sept paragraphes :

1°. Faits relatifs aux œufs des vers à soie et à leur éclosion ;

2°. Faits relatifs à l'espace que doivent occuper ces insectes dans leurs différens âges;

3°. Faits relatifs à la consommation de la feuille dans les différens âges des vers; observations à ce sujet;

4°. Faits relatifs à l'augmentation et à la diminution des vers en poids et en grandeur;

5°. Faits relatifs aux cocons contenant la chrysalide saine, ou altérée, ou morte;

6°. Faits relatifs à la production des œufs;

7°. Faits relatifs aux locaux et aux ustensiles.

§. Ier.

Faits relatifs aux œufs des vers à soie et à leur éclosion.

Pour faire une once d'œufs de vers, de la race la plus grosse de quatre mues, il en faut 37,440 [1].

Si tous ces œufs fournissaient le ver, et que tous les vers se conservassent sains, on retirerait de cette once d'œufs à peu près 373 livres de cocons, parce que 150 cocons pèsent à peu près une livre et demie.

---

[1] Je fais observer que l'once dont parle l'auteur est un peu plus petite que l'once française. D'après les informations que j'ai prises, la livre de 28 onces de la Lombardie équivaut à peu près à 25 onces de France. C'est d'après ce rapport que j'ai fait la réduction en poids français. Mes calculs peuvent n'être pas bien justes; mais il n'y a pas cependant de grandes erreurs.

(*Le Traducteur.*)

Pour faire une once d'œufs de vers communs de quatre mues, il en faut 39,168.

Si tous ces œufs produisaient le ver, et que tous ces derniers se conservassent sains, on retirerait de cette once d'œufs à peu près 162 livres de cocons, parce que 360 cocons pèsent à peu près une livre et demie.

Pour former une once d'œufs de vers de trois mues, il en faut 42,200.

Si tous ces œufs étaient dans les mêmes conditions que ceux dont je viens de parler, on en retirerait à peu près 105 livres de cocons, parce que 600 cocons pèsent à peu près une livre et demie.

D'après ces faits positifs, on jugera facilement par la quantité de cocons qu'on retire combien il y a eu d'œufs qui n'ont pas produit le ver, et combien il en est mort dans les différens âges. Cela servira ensuite pour fixer l'opinion sur la bonté des diverses méthodes employées pour élever les vers à soie.

Depuis l'époque de la ponte jusqu'au moment qu'on ôte les œufs du linge, c'est-à-dire dans l'espace d'à peu près neuf mois, ils ne perdent qu'environ $\frac{1}{100}$ de leur poids.

Depuis le moment que les œufs des vers à soie ordinaires de quatre mues se mettent dans l'*étuve*, jusqu'au moment où ils commencent à éclore, ils perdent, terme moyen, 47 grains par once ; ce qui équivaut à $\frac{1}{12}$ de leur poids total.

Le poids des coques des œufs, après la naissance des vers, équivaut à 116 grains par once; ce qui est à peu près $\frac{1}{7}$ du poids total.

En conséquence, déduction faite de la diminution des œufs dans l'*étuve*, et du poids des coques, 54,625 vers à soie, venant de naître, font une once, tandis que, pour faire ce poids, 39,168 œufs suffisaient.

39,000 vers à soie provenant d'une once d'œufs peuvent tous manger le premier jour, et être à leur aise sur un espace d'environ vingt pouces carrés.

§. II.

Faits relatifs à l'espace que doivent occuper les vers à soie dans leurs différens âges.

Les vers d'une once d'œufs occupent :

Dans le premier âge, un espace d'à peu près 7 pieds 4 pouces carrés;

Dans le second âge, de 14 pieds 8 pouc. carrés;

Dans le troisième âge, de 34 pieds 10 pouces carrés;

Dans le quatrième âge, de 82 pieds 6 pouces carrés;

Dans le cinquième âge, de 183 pieds 4 pouces carrés.

Comme le ver monte dans le cinquième âge, j'aurais bien voulu indiquer ici le poids des matériaux qu'il faut pour former les haies et les cabanes pour une once d'œufs, c'est-à-dire 120 liv.

de cocons ; mais je n'ai pu établir de base fixe, attendu que les végétaux employés varient beaucoup en poids, selon leur nature. Par exemple, 150 liv. de paille de colza équivalent à plus de 450 livres de bruyère, et celle-ci à plus de 750 livres de genêt, etc.

§. III.

Faits relatifs à la consommation de feuille que font les vers à soie dans leurs différens âges : observations à ce sujet.

Il résulte des comptes faits avec la plus grande exactitude que la quantité de feuille tirée de l'arbre qu'on a consommée pour chaque once d'œufs monte à 1,609 livres 8 onces, partagées comme il suit :

Premier âge, feuille mondée...	6	
Second âge.....*idem*........	18	
Troisième âge...*idem*........	60	1,362 ». onc.
Quatrième âge...*idem*........	180	
Cinquième âge..*idem*........	1,098	
Par once d'œufs, feuille mondée [1].	1,362	

[1] J'ai donné quelques idées, dans le courant de cet ouvrage, sur ce qu'on entend par feuille mondée. Je vais mieux m'expliquer.

On met plus de soin à monder la feuille dans les premiers âges ; alors on tire tous les petits rameaux et les queues des feuilles, afin qu'elles soient dépouillées le plus possible de ce qui est inutile. Cette opération a plus d'utilité dans les deux

D'autre part............ 1,3621. » onc.

Mais cette feuille a perdu
de son poids en la mondant.
Voici les proportions :

Épluchures de feuille.

Dans le premier âge....... 1 l. 8 onc. ⎫
Dans le second.......... 3   ⎪
Dans le troisième........ 9   ⎬ 142 l. 8 onc.
Dans le quatrième........ 27   ⎪
Dans le cinquième........ 102   ⎭

Épluchures par once d'œufs. 142 l. 8 onc.

En tout................ 1,504 l. 8 onc.

Pendant tout le temps de l'éducation des vers,
les 1,609 liv. 8 onces de feuille tirée de l'arbre
ont perdu, par l'évaporation et autres causes,
outre l'épluchement sus-indiqué........... 105 »

En totalité.............. 1,609 l. 8 onc.

On a vu que la feuille distribuée sur les claies
pour une once d'œufs a été de 1,362 livres.

premiers âges, parce qu'alors on coupe la feuille très menu,
tout devant servir.

Dans le troisième âge, l'épluchement se fait avec moins de
soin, et encore moins dans le quatrième et le cinquième.

L'épluchement est très utile, en ce qu'on met sur les claies
quinze et même vingt pour cent de moins de matière que les
vers à soie ne peuvent manger; cette matière augmenterait la
litière et l'humidité sans besoin ni motif.

Dans le cinquième âge, et même dans le quatrième, quand
la saison est bonne, on met sur les claies la feuille mêlée d'une
grande quantité de mûres, de rameaux et de pétioles, quoiqu'on sache que les vers ne les mangent pas. Il faudrait, à cette

21

Durant la vie des vers on tire des claies, en fumier :

Dans le premier âge....................	1 liv.	8 onc.
Dans le second......................	4	8
Dans le troisième....................	19	8
Dans le quatrième....................	60	»
Dans le cinquième....................	660	»
Total.................	745 liv.	8 onc.

Les simples matières stercoreuses qu'on trouve dans la litière ou dans les résidus non mangés qu'on ôte des claies, recueillies avec soin, pèsent à peu près :

Celles du premier âge............	» liv.	1 onc.	4 gros.
Celles du second..............	1	3	»
Celles du troisième............	3	9	4
Celles du quatrième............	18	9	4
Celles du cinquième.	132	»	»
Total..........	155 liv.	7 onc.	4 gros.

Distrayant 155 liv. 7 onc. 4 gros des 745 liv. 8 onc., il reste 590 liv. 4 gros de substance végé-

époque, trop de temps et de travail pour monder la feuille avec soin, et ce serait peut-être peine perdue. Ces matières, alors grosses, dures, ligneuses, ne fermentent pas facilement, quoiqu'elles augmentent beaucoup la litière. Si les ateliers sont constamment aérés et secs, ces substances non seulement ne nuisent pas, mais même elles tiennent la litière un peu gonflée, et facilitent l'introduction de l'air pour la sécher.

Lorsque les vers à soie trouvent quelque feuille qui ne leur plaît pas, ils ne la mangent point. Il y a quelquefois des feuilles de couleur châtain, qui ont un peu fermenté; si

tale, y compris les pétioles, les mûres, les brins
de feuille, etc., que les vers n'ont pas mangés.
Si l'on défalque les 590 liv. 4 gr. de feuille, des
1,362 liv. qu'on avait mises sur les claies, les vers
n'auront effectivement mangé que 771 livres
7 onces 4 gros de feuille pure.

Il suit des faits ci-dessus exposés :

1°. Que, pour obtenir une livre et demie de
cocons, il faut à peu près 20 livres 4 onces de
feuille, telle qu'on la cueille sur l'arbre, et qu'il
en faut 1,609 liv. 8 onc. pour obtenir 120 liv. de
cocons que doit produire une once d'œufs;

2°. Que de cette quantité de feuille cueillie sur
l'arbre, déduisant les 142 livres 8 onces d'épluchures et les 105 livres de diminution, effet de
l'évaporation de l'humidité de la feuille, il ne faut

elles ne sont pas tout-à-fait gâtées, les vers les mangent
comme si elles étaient saines, et je ne me suis jamais aperçu
qu'elles leur eussent nui. Il paraît donc que ce commencement d'altération n'avait porté aucune atteinte à la substance
saccharine et résineuse.

Il est indifférent qu'on ôte ou qu'on laisse les bourgeons ;
j'ai nourri avec eux des vers à soie pendant tout le troisième
âge, aucun n'est mort ; cependant la durée de cet âge et la
mue furent plus longues ; les vers étaient moins gros que ceux
nourris avec la feuille. Si on laisse les bourgeons dans le
quatrième âge, les vers ne les mangent pas, parce qu'ils ont
de la peine, avec leurs scies déjà dures, à déchirer les feuilles
molles, de la même manière qu'on aurait de la peine à couper
du papier mouillé avec des ciseaux. Ils mangent toujours avec
peine, et quelquefois même ils ne veulent pas la feuille flétrie, par la même raison qu'ils refusent les bourgeons.

qu'à peu près 16 livres 8 onc. de feuille par livre de cocons, c'est-à-dire 1,362 livres par 120 livres de cocons;

3°. Que, déduisant des 1,362 livres les 590 livres 4 gros de résidu, c'est-à-dire de petits rameaux, de queues, de mûres, etc., qu'on a ôtés des claies avec la litière, 9 liv. $\frac{1}{4}$ à peu près de feuille ont suffi pour obtenir 1 livre $\frac{1}{2}$ de cocons, et par conséquent 771 liv. de feuille effectivement mangée ont suffi pour obtenir 120 livres de cocons;

4°. Que les 1,362 livres de feuille mises sur les claies n'ayant fourni que 745 livres 12 onces de fumier, y compris les purs excrémens, et 120 liv. de cocons, ce qui fait en tout 865 liv. 12 onc.; il s'est perdu dans l'atelier, en gaz et vapeurs aqueuses, un poids de matière de 496 liv. 4 onc.;

5°. Que les trois quarts à peu près des 496 liv. 4 onc. de matière ayant été extraits, comme on l'a vu (Chap. VIII), pendant les derniers six jours du cinquième âge, il s'ensuit que, dans ces jours, les susdites matières étaient du poids de 30, 40 et 50 livres par jour;

6°. Que, pour un atelier contenant les vers de 5 onces d'œufs, comme est celui dont nous avons parlé, il doit s'être dégagé, chacun des susdits jours, de 300 à 450 livres de substances gazeuses et vaporeuses, sous forme invisible.

Ces derniers faits, que j'ai cités ailleurs, et qui paraîtraient incroyables s'ils n'eussent été démontrés par des calculs rigoureux, rapprochés de cette manière, montrent à l'évidence combien sont formidables les ennemis qu'on doit combattre dans l'atelier.

On ne connaît point ces ennemis dans les climats chauds ou originaires des vers à soie, parce que ceux-ci sont toujours en contact avec l'air extérieur qui circule librement partout, et en éloigne les gaz et vapeurs méphitiques.

Quoique les *éducateurs*, parmi nous, ne connaissent pas la force de la cause matérielle qui tue les vers, ils savent cependant que, dans le dernier âge, il faut tout ouvrir dans l'atelier. Mais souvent aussi, pour éviter un mal, ils s'exposent à d'autres, c'est-à-dire aux mauvais effets du froid et du vent, qui peuvent endurcir les vers et les faire tomber au moment qu'ils se disposent à faire le cocon. Il n'y a que la douce et continuelle agitation de l'air intérieur qui soit utile, et qui rapproche les vers à soie de leur climat originaire.

On est étonné d'apprendre qu'un seul ver qui, venant d'éclore, comme je l'ai dit plus haut, ne pèse qu'un centième de grain, puisse consommer à peu près, en 30 jours, plus d'une once de feuille, c'est-à-dire qu'il détruise en substance végétale à peu près 60,000 fois son poids primitif.

Il résulte de mes expériences que, dans les climats plus chauds que le nôtre, les vers à soie consomment un peu moins de feuille que ce que je viens d'indiquer, parce qu'elle est plus nutritive.

Sur le sol fortuné de la Dalmatie, j'obtins, en 1807, une livre et demie de cocons par 15 liv. de feuille, et je retirai de 15 livres de cocons une livre et demie de soie, moins fine cependaut que la nôtre. Malgré la richesse de produit de cette province, pour laquelle la nature a tant fait, il y a pourtant dans ce moment très peu de mûriers.

§. IV.

Faits relatifs à l'augmentation et à la diminution des vers à soie en poids et en grandeur.

Augmentation progressive.

Cent vers à soie venant de naître, pèsent à peu près .... 1 gr.

Après la 1re mue, ils pèsent à peu près....... 15

Après la 2e mue......................... 94

Après la 3e mue......................... 400

Après la 4e mue......................... 1,628

Arrivés à leur plus grand volume, à peu près... 9,500

En 30 jours les vers ont donc augmenté de 9,500 fois leur poids

Le ver à soie venant de naître est long d'à peu près. 1 lig.

Après le 1er âge, il l'est de.................. 4

Après le 2e âge, de....................... 6

Après le 3e âge, de....................... 12

Après le 4e âge, de....................... 20

Dans le 5e, une grande quantité acquiert la longueur d'à peu près....................... 40

La longueur de cet insecte a donc augmenté de 40 fois en 28 jours.

Diminution progressive.

Cent vers à soie arrivés à leur maturité pèsent
à peu près...................... 7,760 grains.
Cent chrysalides pèsent................. 3,900
Cent papillons femelles.... 2,990
Cent papillons mâles.................... 1,700
Cent femelles ayant déposé leurs œufs....... 980
Cent femelles mortes naturellement, ayant dé-
posé les œufs, et presque tout-à-fait sèches.. 350

Dans l'espace de 28 autres jours, le ver à soie a diminué de 30 fois son poids.

Sa longueur, depuis son plus grand accroissement jusqu'au moment qu'il se change en chrysalide, a diminué d'à peu près trois cinquièmes.

Pendant et immédiatement après l'accouplement, il semble que le papillon a augmenté en poids : cent papillons qui, avant l'accouplement, pesaient 2,990 grains, en pèsent immédiatement après, 3,200. L'humeur injectée par le mâle a été d'un plus grand poids que tout ce qu'a perdu naturellement la femelle dans le même temps.

Le ver diminuant progressivement de poids dans les derniers 28 jours de sa vie, c'est-à-dire depuis le moment qu'il est arrivé à sa perfection comme ver, jusqu'à celui qu'il meurt sous la forme de papillon, ne mange rien, se soutient avec sa propre substance, et cependant il accomplit les plus importantes fonctions et opérations de sa vie.

Les faits que j'ai exposés démontrent combien est grande la force de vitalité du ver à soie, et que d'efforts et d'erreurs il faut pour le rendre malade et le faire périr.

§. V.

Faits relatifs aux cocons qui contiennent la chrysalide vivante, ou altérée, ou morte.

Lorsque les cocons sont parfaitement formés, ils diminuent, dans les premiers quatre jours, de trois quarts pour cent de poids chaque jour ; les autres jours leur diminution est peu de chose.

Mille onces de cocons parfaits sont composées :
De chrysalides vivantes................ 842 onces.
De dépouilles laissées par les vers lorsqu'ils
deviennent chrysalides.................. 4 $\frac{1}{2}$
De cocons purs........................ 153 $\frac{1}{2}$

TOTAL................ 1,000 onces.

Chaque cocon sain, provenant d'un bon atelier, contient donc la septième partie, et même deux treizièmes de pur cocon, comparé au poids du cocon contenant la chrysalide.

Malgré cela, le fait est qu'on n'obtient des cocons pour terme moyen, avec les moulins à soie, que la douzième partie en soie filée, c'est-à-dire

que, 140 onces de cocons avec la chrysalide saine,
qui contiennent à peu près 21 onces de cocons
purs, ne produisent en général que 12 onces de
soie.

Rapprochons maintenant tous les faits que je
viens d'exposer.

Il résulte qu'à peu près 97 livres 8 onces de feuille
donnent 7 livres et demie de cocons; que 7 livres
et demie de cocons, avec la chrysalide saine, donnent à peu près 18 onces de cocons purs; que ces
18 onces de cocons ne donnent que 8 onces de
soie filée.

Le rapport entre le poids de la feuille et celui
du cocon pur serait donc, à quelque chose près,
comme 87 à 1, et le rapport de la feuille avec la
soie filée, comme 152 à 1.

Lorsque le propriétaire a obtenu des mûriers
228 livres de feuille, il a donc contribué à la production d'une livre et demie de soie, et à quelques
onces de bourre de soie, comme nous le verrons
plus bas.

Les proportions entre la soie filée qu'on retire
des cocons, et les cocons mêmes, peuvent varier
plus ou moins, selon que les vers ont été bien ou
mal élevés.

Dans l'année 1814, qui fut très mauvaise, mes
cocons m'ont donné près de 15 onces de soie très
fine par 7 livres et demie de cocons. J'en ai même
obtenu 13 onces par 7 livres et demie, des cocons
de rebut.

Le rapport entre le poids des cocons contenant la chrysalide saine qu'on fait filer, et celui de la bourre qu'on ne peut pas filer de la même manière, est, pour terme moyen, de 19 à 1, c'est-à-dire qu'il y a une livre de bourre par 19 livres de cocons qu'on file.

Ce que j'ai dit plus haut démontre que le poids de la soie, des étoupes et de la chrysalide provenant d'une quantité donnée de cocons n'équivaut pas au poids des cocons mêmes. La raison en est qu'il se trouve dans des cocons deux autres substances : une que les fileurs font profiter et vendent à bas prix, et une autre qui, étant de nature gommeuse, se dissout et se perd dans la chaudière.

Le rapport entre la qualité de la soie filée qu'on obtient des cocons, et celle des étoupes susdites, est comme 110 à 4o, ou 11 à 4, c'est-à-dire qu'il y a 4 onces d'étoupes par 11 onces de soie.

En général, dans 15o livres de cocons, on trouve à peu près une livre et demie de cocons doubles, c'est-à-dire formés par deux vers, et qui valent moins que la moitié des cocons simples.

A peu près 5o6 pieds de bave filée, extraite de cocons de trois mues, pèsent un grain.

Le cocon de trois mues donne deux grains $\frac{504}{1000}$ de soie, si on fait le calcul que, pour terme moyen, on extrait à peu près 11 onces de soie de 3,ooo cocons pesant 7 livres et demie.

Le même cocon donne donc à peu près 1,166

pieds de bave. On trouve dans une once de cette bave filée environ 291,456 pieds.

458 pieds 4 pouces de bave filée, extraite d'un cocon commun de quatre mues, pèsent un grain.

Ce cocon donne 3 grains $\frac{84}{100}$ de soie, parce que, pour le terme moyen, on tire à peu près 11 onces de soie filée de 1,800 cocons, qui pèsent 7 livres et demie. Ce cocon donne 1,760 pieds de bave filée. L'once de cette bave filée a 264,000 pieds.

421 pieds 8 pouces de bave filée, tirée du gros cocon de quatre mues, pèsent un grain.

Ce même cocon donne 9 grains $\frac{116}{100}$ de soie filée, parce que, terme moyen, on obtient à peu près 11 onces de soie par 750 cocons, qui pèsent 7 livres et demie. Ce cocon donne par conséquent à peu près 3,885 pieds de bave filée. Une once de cette bave fait 242,880 pieds.

On peut conclure que, terme moyen, le ver à soie, en formant le cocon, fait un fil de soie qui a un sixième de lieue. N'est-ce pas un fait merveilleux [1]?

Les proportions entre les bons cocons percés qui ont servi pour la production des œufs et les dépouilles qu'ils renferment varient un peu. Ces cocons ne peuvent pas se filer, parce que la con-

---

[1] On trouve dans le *Cours d'Agriculture* de l'abbé Rozier, que le seul brin de soie qui a formé un cocon ordinaire occuperait plus d'une lieue de longueur.

(*Le Traducteur.*)

tinuité de la bave a été rompue par le papillon. Les cocons vides et percés sont toujours sales dedans et dehors, et lors même qu'ils sont parfaitement secs, ils retiennent quelque peu de matière. Ils ne sont d'ailleurs jamais aussi propres que ceux qui ont été coupés avec la chrysalide en vie ; en conséquence ils pèsent davantage.

Pour ne rien laisser de caché à ceux qui élèvent les vers à soie, je leur fais connaître ci-dessous les proportions différentes qu'offrent les cocons percés dont sont sortis les papillons :

Mille onces de ces cocons ne pèsent plus qu'à peu près........................... 170 onc.

Les dépouilles des vers devenus chrysalides pèsent.............................. 5 $\frac{1}{4}$

Les dépouilles de la chrysalide que laisse le papillon en sortant du cocon pèsent......... 7 $\frac{1}{4}$

———————

183 onc.

Les 1,000 onces de cocons choisis pour les œufs ont donc donné un peu plus de la sixième partie du poids du cocon devenu vide, il pèse 170 onces, lorsque les 1,000 onces de cocons avec la chrysalide vide n'ont donné en cocons purs que 153 onces.

Avant de finir de parler des cocons à chrysalide saine, je vais citer un fait qui pourra surprendre : il faut 12,860 cocons pour former un poids de 1,000 onces. On a vu que les dépouilles de cette même quantité de vers qui ont fait leur cinquième

mue dans le cocon pèsent 4 onces et demie. Supposons que le ver, à son plus haut degré d'accroissement, n'ait pour terme moyen que trois
pouces de longueur et neuf lignes de circonférence ; la peau a donc deux pouces et un quart
carrés de superficie. Les 12,860 peaux avaient
donc une superficie de 28,935 pouces carrés. Cette
superficie équivaut à 110 pieds, et ne pèse, comme
on l'a vu, que quatre onces et demie.

Connaissant de cette manière les différentes
proportions des cocons qui ont la chrysalide
saine, nous verrons que celles du cocon dont la
chrysalide est calcinée ou gangrenée sont bien
différentes.

Ces proportions méritent d'être connues, parce
qu'elles ont des rapports intimes avec l'art d'élever
les vers à soie au plus grand avantage du propriétaire.

Les idées qu'on a sur les cocons qui ont le
ver calciné sont encore généralement confuses.
Beaucoup d'*éducateurs* se plaignent des pertes
qu'ils éprouvent de vendre à bas prix, à celui
qui fait filer la soie, les cocons légers, et celui
qui les achète nie qu'il y ait pour lui un grand
avantage.

L'acheteur peut bien quelquefois n'avoir pas
tort ; mais cependant les pertes du vendeur sont
réelles et grandes, et on a peine à comprendre
comment il a pu, pendant des siècles, se contenter de se plaindre, au lieu de chercher à

découvrir et à détruire la cause de ses pertes
(Chap. XII).

Cocons avec le ver calciné et sans tache[1].

Mille onces de ces cocons contiennent, en vers ou chrysalides momies, et enveloppés de substance saline sèche.   642 onc.

Cocon pur......... ...·.............. 358

TOTAL.................. 1,000 onc.

La proportion entre le poids de la momie et celui du pur cocon vide est comme 18 à 10.

Sept livres et demie, c'est-à-dire 120 onces de ces cocons contiennent donc à peu près 44 onces de cocons purs.

Comme ces cocons non tachés rendent 12 onces de soie filée par 21 onces de cocons purs, il est évident qu'on tire des 50 onces de cocons purs,

En soie filée, à peu près................ 28 onc. $\frac{1}{2}$

Plus, en étoupes et autres substances qui se perdent.............................. 21 onc. $\frac{1}{4}$

TOTAL.................. 50 onc.

Si celui qui fait filer n'obtient que 12 onces de soie, de 7 livres et demie de cocons ayant la chrysalide saine, tandis qu'il en obtient 25 onces d'un même poids de cocons avec la chrysalide calcinée non tachée, en achetant de ceux-ci, il a 13 onces de plus de soie par 7 livres et demie

[1] Je pense que l'auteur entend parler des cocons-dragées.
(*Le Traducteur.*)

de cocons, c'est-à-dire le double. Par conséquent, si les cocons communs se paient, par exemple, 3 fr. la livre, ceux qui sont calcinés et non tachés devraient se payer 6 fr.

Il faut à peu près 1,100 de ces derniers pour faire une livre et demie[1].

Cocons tachés dont la chrysalide est calcinée.

Mille onces de ces cocons contiennent en chrysalide momie, avec la substance saline................. 600 onc.

En cocons purs........................ 400

TOTAL.............. 1,000 onc.

La proportion entre le poids du cocon plein et celui du cocon vide est donc de 3 à 2.

Sept livres et demie de cocons, c'est-à-dire

[1] J'ai effectivement trouvé presque égal le poids du cocon vide et sain dont j'avais tiré le ver calciné, et celui du cocon dont j'avais extrait la chrysalide saine.

Cependant celui qui fait filer trouve bien souvent un obstacle qui l'empêche de tirer des deux qualités de cocons la même quantité de soie. Cet obstacle dépend de la légèreté même du cocon qu'a le ver calciné.

Il est presque indispensable que, lorsqu'on file le cocon, il renferme un corps pesant, tel qu'est la chrysalide saine, pour qu'il ne sorte pas de l'eau avec trop de facilité. Si la chrysalide est une momie, elle pèse moins que celle qui est saine, et le cocon ne produit pas de l'avantage à celui qui fait filer, parce qu'il échappe aisément hors du bassin, et embarrasse la fileuse, qui s'en délivre le plus tôt possible.

Cela fait voir combien il est avantageux que la chrysalide soit saine dans tous les cocons; elle pèse alors six ou sept fois autant que le pur cocon.

120 onces, contiennent à peu près 50 onces de cocons purs ; mais comme, dans presque tous les cocons tachés, leur substance a été altérée et gâtée, le fileur ne peut savoir s'il tirera de 7 livres et demie de cocons la moitié de soie qu'il obtient de ceux qui ont la chrysalide saine. Moins il tirera de soie de tels cocons, plus grande sera la proportion en étoupes de soie, et les étoupes valent moins que les cocons dont la chrysalide est saine.

Mille de ces cocons pèsent une livre et demie.

Cocons dont la chrysalide est gangrenée, tachés ou non tachés.

En général, on ne peut séparer la momie de ces cocons ; le ver ou la chrysalide sont devenus en partie un savon animal noir, qui reste attaché à l'intérieur du cocon. Quelquefois la momie est très noire ; elle est parfois détachée ; mais le plus souvent elle est fixée au cocon.

Une partie de ces cocons se file ; la tache n'en altère et n'en gâte pas toujours la soie. Les fileurs ne sont jamais certains de la quantité de soie qu'on peut en extraire ; en général, ils ne se soucient point de ces cocons, quoiqu'il y ait des personnes qui supposent qu'on gagne beaucoup à les acheter.

La soie qu'on file des cocons dont la chrysalide est altérée n'est jamais aussi belle que celle de ceux dont la chrysalide est saine.

Huit cent soixante cocons, ayant la chrysalide noire, pèsent une livre et demie.

L'*éducateur* perd toujours deux tiers ou trois cinquièmes sur cette qualité de cocons.

Je dois dire ici, en parlant de ces trois espèces de cocons, que je n'ai fait les expériences que sur ceux qui m'ont été remis de divers endroits. Mes calculs pourraient bien ne pas s'accorder avec ceux des autres observateurs.

Je finirai ce paragraphe par l'observation suivante : l'art de filer la soie est encore généralement entre les mains de gens aussi ignorans que ceux qui élèvent les vers à soie.

Par exemple, tout le monde sait que, sur deux fileuses, filant chacune 7 liv. $\frac{1}{2}$ de cocons de la même qualité, une d'elles extraira constamment 8 onces de soie, tandis que l'autre n'en obtiendra que 6 onces $\frac{1}{2}$, et moins encore. Il y a même des fileuses si ignorantes, qu'en donnant trop fréquemment des coups du petit balai, elles détruisent plusieurs couches de soie qui enveloppent encore le cocon ; d'autres extraient moins de soie du cocon, uniquement parce qu'elles filent dans de l'eau trop chaude.

On perd beaucoup tous les ans par la maladresse et la négligence des fileuses.

§. VI.

Faits relatifs à la production des œufs.

Trois cent soixante cocons de la meilleure qualité pèsent à peu près 25 onces. Si on suppose
que la moitié contient des femelles, il y en aura
donc 180.

Chacun des papillons fécondés pèse à peu près
32 grains, et tous ensemble 5,740 grains, qui
font à peu près 10 onces.

Après trois, quatre, cinq jours, chaque papillon a versé, pour terme moyen, 310 œufs. Ce
nombre d'œufs correspond à 7 grains $\frac{1}{2}$, attendu
que 68 œufs pèsent un grain.

Les 180 papillons femelles versent en conséquence 91,800 œufs, qui pèsent 1,350 grains,
c'est-à-dire à peu près deux onces et un tiers.

Cette proportion de deux onces et un tiers d'œufs
par livre de cocons augmente ou diminue selon
que dans les 360 cocons qui forment la livre et
demie il y a plus de femelles que de mâles, *et
vice versá.*

Au bout de quatre jours, les 180 papillons qui
ont déposé leurs œufs ne pèsent que 1,800 grains.
Comme il a été dit que les œufs pèsent 1,350 grains,
il est clair que les papillons ont perdu, dans quatre
jours, 1,610 grains de substances terreuses, liquides et aériformes.

Si les 91,800 œufs obtenus de 180 papillons

donnaient une égale quantité de vers, et que, bien
élevés, ils parvinssent à faire chacun leur cocon,
on obtiendrait des œufs de la susdite livre et demie
de cocons, 382 livres 8 onces de cocons, qui
l'année d'après pourraient fournir les œufs pour
en faire 97,537 livres 8 onces.

§. VII.

Faits relatifs aux locaux et aux ustensiles.

Pour rapprocher dans un atelier les vers à soie
de leur climat originaire, il faut qu'ils puissent y
vivre sans qu'il s'y forme d'humidité; que l'air n'y
soit ni trop froid ni trop chaud, et surtout qu'il
ne change pas brusquement d'état, et qu'on puisse
à volonté le faire circuler doucement.

Un magasin, une cave ou tout autre lieu bas,
est le meilleur endroit pour conserver la feuille
deux ou trois jours, pourvu qu'il soit assez frais,
légèrement humide, et fermé de manière à ce que
la lumière ni l'air n'y puissent pénétrer.

Les ustensiles employés pour élever les vers à
soie sont faits de manière à épargner du temps et
de la dépense, et même pour mieux soigner les
œufs et les vers dans tous les temps. L'intérêt de
l'*éducateur*, ainsi que le perfectionnement de l'art,
commandent de préférer ceux que j'ai décrits.

CHAPITRE XV.

Des avantages qui doivent résulter pour la nation, pour les propriétaires et pour les fermiers , si l'on réforme la manière d'élever les vers à soie généralement en usage.

Le sol européen offre un nombre donné de produits naturels qui sont partout les mêmes et indispensables.

Les changemens favorables ou défavorables qui ont lieu annuellement à l'égard de ces produits font que les nations achètent et vendent alternativement, ainsi que nous le voyons souvent pour les grains. Les calculs de la politique et l'intérêt des finances règlent, dans les divers états, les exportations, les- importations et les droits de douane, selon les circonstances.

Mais lorsque la nature, favorisant un sol, l'a mis en état de pouvoir lui seul produire constamment et indéfiniment une denrée excédant ses propres besoins, et nécessaire à ceux des autres peuples ou à leur luxe, les principes de la politique et les calculs financiers doivent devenir immuables et libéraux, comme la nature l'est dans ce cas. Alors la maxime de l'administration doit être exprimée en termes très simples :

Qu'on encourage la production de la denrée;

qu'on en protége l'exportation, et qu'on fasse en sorte qu'elle puisse circuler librement dans tous les marchés étrangers pour que sa consommation augmente au dehors.

De cette manière la politique des états se met en rapport avec leurs intérêts.

Cette maxime devrait être fondamentale dans l'Italie, quant à la soie, parce que sa valeur annuelle doit être placée immédiatement après nos plus importantes productions, qui sont les grains et le vin, et elle est même d'une plus grande valeur, si on la considère comme produit exportable à l'étranger.

La valeur de la soie exportable à l'étranger monte même au double de celle de tous nos autres produits ensemble. De plus, il n'existe sur les marchés d'Europe aucun produit qui, comparé à sa valeur naturelle, offre au producteur un profit net plus grand que celui que présente la soie. Par valeur naturelle j'entends celle qui résulte de l'union des valeurs, c'est-à-dire le revenu du fonds que donne le mûrier, le fruit des avances qu'on doit faire pour obtenir de la soie, et le montant de tous les salaires payés.

Malgré cela, il est démontré que la soie est encore bien loin d'être arrivée à son plus haut degré de valeur, et cela particulièrement par l'effet de l'imperfection de l'art d'élever les vers à soie, et par les fautes qu'ont constamment commises les différentes administrations italiennes.

Dans ces dernières années, le gouvernement qui vient de cesser, par un désordre introduit dans toutes les idées d'économie politique, crut bien faire de soumettre la soie à des taxes énormes de douane, à des monopoles, à des systèmes de prohibition, etc.; on aurait dit qu'il voulait, par ce moyen, en diminuer la production, en en rendant l'exportation difficile. Les cris de la raison, les calculs de l'expérience, et les lumières des hommes d'état n'eurent pas assez de force pour détruire cet inconcevable système.

J'ai eu occasion, en 1812, de manifester au conseil général des arts et du commerce, mes idées relatives à l'importance de cette production. Ces idées, qui furent adoptées par mes collègues, ne produisirent aucun avantage, quoiqu'elles eussent été présentées au gouvernement : ainsi on voyait que, par de faux calculs, les vues de l'administration se trouvaient en opposition manifeste et directe avec les intérêts les plus chers de l'état.

Il n'y a pas de nation éclairée qui n'emploie tous les moyens de faire porter aux marchés étrangers les produits dont elle abonde, et qu'elle peut avoir tous les ans; et il n'existe pas d'administration intelligente qui ne la seconde par de bonnes opérations. En Angleterre, par exemple, l'administration des finances restitue même les droits de douane perçus sur beaucoup de matières premières qu'on tire de l'étranger, aussitôt

qu'on les exporte manufacturées. C'est d'après
ce principe simple d'économie politique, et d'a-
près d'autres circonstances favorables à l'industrie de cette nation, qu'elle porte sans cesse des
coups mortels à l'industrie de tous les peuples
qui, ne jouissant pas des mêmes avantages, ne
peuvent soutenir la concurrence sur les marchés.

§. Ier.

*Valeur annuelle du produit des cocons ou de la soie qu'on
en retire et qu'on transporte à l'étranger. Quelques idées
sur la valeur des produits des manufactures de soie qu'on
peut exporter.*

J'offre ici le tableau de la valeur des soies et
des autres produits tirés des cocons qui ont été
exportés à l'étranger dans les dernières années
du royaume d'Italie qui vient de cesser. J'y ajoute
une note des autres objets plus ou moins manu-
facturés qu'on retire des cocons et de la soie
même, exportés aussi à l'étranger. On connaît la
quantité juste des exportations par les registres
des douanes, sur lesquels on voit ce qui a été
payé de droit. Quant à leur valeur, elle se trouve
déterminée par la déclaration des négocians et
des fabricans, d'après les prix courans. Il peut,
par conséquent, y avoir des différences en moins
à l'égard de la valeur indiquée, mais non jamais
en plus. Et comme le système des douanes était
vexatoire, aggravant et contraire aux intérêts de

la nation et du commerce, la contrebande était fréquente, et peut-être même commandée par les circonstances ; elle se faisait presque sous les yeux de tout le monde. D'après cela, j'ajoute à la quantité de soie exportée $\frac{1}{15}$ pour 100 en plus, pour m'approcher de la valeur effective des exportations.

Il est pénible de devoir comprendre dans ces calculs les exportations en contrebande, suite des erreurs de l'administration ; mais ce sera toujours ainsi tant que les réglemens des douanes ne seront pas d'accord avec les intérêts de la nation. Lorsqu'ils le sont, les contrebandes cessent ; chaque branche d'industrie nationale est guidée et animée par l'intérêt individuel ; les productions et les consommations augmentent ; les fautes et l'immoralité que produit la contrebande disparaissent, et tout rentre promptement dans l'ordre et la tranquillité.

On ne peut concevoir comment presque partout, sous différens prétextes, on a entravé l'exportation de la soie *grége*. Plusieurs administrations, pour vouloir, par exemple, faire gagner en salaires et profits à la nation qui produit la soie, deux francs par livre de filature, ont mis un droit excessif de douane sur l'exportation de cette qualité de soie ; il y en a eu même qui ont été jusqu'à en défendre l'exportation. Il résultait souvent de cela que, pour faire gagner deux francs, on faisait perdre le moyen prompt de

vendre la soie 28 ou 30 francs la livre, et quelquefois on en faisait diminuer notablement la
consommation et la concurrence.

On peut concevoir aisément que beaucoup d'a-
cheteurs étrangers doivent souvent préférer de
travailler les soies *gréges* à leur manière. N'a-t-on
pas vu plusieurs fois, dans nos marchés, qu'ils
ont payé plus cher la soie *grége* que celle qui
était filée?

Il est utile de mettre de grands droits d'exportation sur des matières premières servant aux
manufactures, lorsque, ayant été toutes travail-
lées chez la nation où elles ont été produites, elles
peuvent obtenir la préférence dans les marchés
étrangers; mais ces droits sont funestes aux intérêts de cette nation lorsqu'ils diminuent la consommation à l'extérieur. Malheureusement, presque partout il a été plus facile en économie politique d'adopter les erreurs que de les détruire;
aussi on a vu assez souvent qu'elles ont usurpé
la place que devaient occuper les vérités fécon-
datrices de l'industrie rurale, manufacturière et
commerciale. Il faut espérer qu'un jour elles disparaîtront, du moins en partie.

Dans l'état actuel des choses, la valeur des
exportations à l'extérieur des soies *gréges* et manufacturées surprendra le lecteur.

Si le royaume d'Italie exportait, année commune, des soies pour plus de 83 millions en
argent, et si, pendant quelques années, comme

nous le verrons, la valeur de l'exportation dépassait 110 millions, il est indubitable qu'elle pourrait augmenter beaucoup, seulement par la manière d'élever les vers à soie telle que je l'indique, et en multipliant la plantation des mûriers, comme je le démontrerai dans peu.

Les tableaux que je présente peuvent au moins faire comprendre de quel prix est la richesse dont la nature a voulu combler l'Italie.

Exportations à l'étranger des soies et autres matières qui en dépendent.

1807.

	Livres de Milan (2).		
Soie *grége*, livres de douze onces de Milan (1), la quantité de.................... 137,518 l.	2,475,324		
Soie filée................ 2,038,372	42,805,812		
	45,281,136		L. M.
Augmentation du 15 p. 100.............	6,792,170		52,073,306
Soie teinte.............. 255,367	7,607,754		
Filoselle................ 80,100	220,275		
Bourre de filoselle (rocadino). 74,100	111,150		
Strasse (straccie)......... 721,100	273,384		
Étoffes de soie........... 179,331	12,620,490		
Dites mixtes............. 1,069	47,180		
Dites de filoselle.......... 9,961	249,025		
Voiles.................. 30,311	2,727,990		
Soie pour coudre (aguggerie). 5,332	243,094	24,100,342	
TOTAL...........	76,173,648		

(1) *Ainsi que je l'ai déjà dit, les vingt-huit onces de Milan équivalent à peu près à vingt-cinq onces de France.*

(2) *6 livres 10 sous 3 deniers de Milan équivalent à 5 francs.*

L M.

De l'autre part. ... 76,173,648

Rubancrie de soie (fettuccio) et mixtes.............	23,586	909,540	
Dites de filoselle..........	7,858	196,450	
Autres petits objets.................	1,051,612		2,157,602

1808.

Soie *grége*...............	233,378	2,800,536	
Soie filée......	2,127,492	31,912,380	
		34,712,916	
Augmentation de 15 p. 100............		5,206,937	39,919,853
Soie teinte...............	244,282	5,200,211	
Filoselle...............	93,400	186,800	
Bourre de filoselle (rocadino).	101,400	116,610	
Strasse (straccie)........	801,860	235,882	
Etoffes de soie...........	220,551	1,195,448	
Dites mixtes.............	2,949	103,120	
Dites de filoselle..........	11,588	222,489	
Voiles................	29,761	2,053,509	
Rubancrie de soie et mixtes..	21,279	643,580	
Dites de filoselle..........	8,349	160,300	
Soie pour coudre (aguggerie).	4,896	150,258	
Autres petits objets......		323,699	10,591,906

1809.

Soie *grége*...............	310,358	3,724,296	
Soie filée...............	2,310,576	34,658,640	
		38,382,936	
Augmentation de 15 p. 100............		5,757,440	44,140,376
Soie teinte...............	225,800	4,840,162	
Filoselle...............	62,700	125,400	
Bourre de filoselle (rocadino).	163,000	187,450	
Strasse (straccie)........	765,700	226,374	
Etoffes de soie...........	179,487	9,725,004	
Dites mixtes...........	2,061	72,923	15,177,313

TOTAL.......... 188,160,698

L. M.

De l'autre part.....			188,160,698
Dites de filoselle..........	8,142	156,326	
Voiles.............. ...	18,609	1,284,021	
Rubanerie de soie et mixte ...	7,392	216,857	
Dites de filoselle.......... .	9,581	183,955	
Soie pour coudre (aguggerie).	4,013	132,421	
Autres petits objets..................		306,355	2,279,935

1810.

Soie *grége , poids nouveau*....	153,286	5,768,553	
Soie filée.....	826,784	46,630,617	52,394,170
		52,394,170	
Augmentation de 15 p. 100..............		7,859,125	60,253,295
Soie teinte, *poids nouveau*...	113,015	7,943,373	
Filoselle................	37,000	242,734	
Bourre de filoselle (rocadino).	63,800	239,437	
Strasse (straccie).........	309,600	188,009	
Etoffes de soie...........	70,692	11,739,135	
Dites mixtes..............	306	33,158	
Dites de filoselle...... ...	3,482	204,765	
Voiles	13,302	2,809,468	
Rubanerie de soie et mixtes..	4,705	405,934	
Dites de filoselle..........	2,290	134,681	
Soie pour coudre (aguggerie).	2,149	211,761	
Autres petits objets..................		390,690	24,543,143
En quatre ans.........			327,631,241

Ce tableau suffit pour me dispenser de faire aucune autre observation sur la valeur immense de ces exportations annuelles à l'étranger.

En 1810, la valeur des seules soies *gréges*, filées et teintes, monte à plus de 85 millions. Ce fait seul suffit pour que tout le monde reconnaisse dans les productions des vers à soie une telle source de richesse que, si elle venait à manquer

un an seulement, ce serait une très grande cala-
mité pour le pays.

§. II.

*Profit annuel que les propriétaires et les fermiers peuvent
retirer de l'éducation des vers à soie, dans le cas où les
premiers fournissant la feuille, et les autres leurs bras,
ils se partagent les cocons qu'ils obtiennent.*

Dans un ouvrage que je publiai en 1806, je
parlai de la nécessité de créer parmi nous de nouvelles branches d'industrie. J'indiquai combien
était important le produit des cocons, et combien
il était nécessaire de l'augmenter.

Je pensais que, la paix générale étant faite et
le commerce maritime libre, surtout celui de la
mer Noire, il nous serait difficile de soutenir avec
avantage la concurrence sur les grains dans les
marchés étrangers : j'en donnai même les motifs.

Cet objet me paraissait digne des recherches du
politique et du philosophe.

Je n'avais pas alors beaucoup réfléchi sur la
production des cocons, parce que je ne m'en étais
pas encore personnellement occupé : cependant
mes assertions étaient alors fondées sur une série
importante de faits.

Je puis aujourd'hui démontrer en quoi consiste
réellement le gain du propriétaire et du fermier,
s'ils veillent l'un et l'autre à la bonne culture du
mûrier et à l'éducation des vers.

Il est certain que, si on élève bien ces insectes,

21 livres de feuille suffisent pour obtenir une livre et demie de cocons (Chap. **XIV**).

21,000 liv. de feuille donneront donc 1,500 liv. de cocons, 750 desquelles seront pour le propriétaire, et 750 pour le fermier.

Les 750 liv. du propriétaire lui coûtent le revenu du fonds qu'occupent les mûriers qui ont donné la feuille, et l'intérêt du capital ou des avances faites pour avoir ces mûriers.

Les 750 liv. du fermier lui coûtent ses salaires ou ses journées de travail, et quelques petites dépenses dont nous parlerons plus bas.

Quant au propriétaire, nous supposerons, d'un côté, qu'il a depuis long-temps assez de mûriers sur ses propres fonds pour obtenir la feuille indiquée, et de l'autre qu'il n'en a pas assez, et qu'il désire d'en avoir.

Il suffit à un propriétaire, pour obtenir 21,000 l. de feuille, d'avoir soixante mûriers greffés qui en produisent 7 liv. $\frac{1}{2}$ chacun; soixante qui en produisent 15 liv.; le même nombre qui en produisent 22 liv. $\frac{1}{2}$; le même nombre qui en donnent 30 liv.; autant de 37 liv. $\frac{1}{2}$; autant de 45 liv.; autant de 52 liv. $\frac{1}{2}$; autant de 60 liv.; autant de 67 liv. $\frac{1}{2}$; et enfin de dix de 75 liv. : ce qui fait en tout 550 mûriers. Et comme on doit supposer, au moins dans nos climats, que la quatrième partie de ces mûriers s'ébranche chaque année, et par conséquent qu'elle repose un an, au lieu de 550 pieds, il en faudra 732.

Une propriété contenant depuis plusieurs années 732 pieds de mûriers variant en grosseur,
comme je viens de l'expliquer, et dans laquelle
on en plante de temps en temps quelques uns
pour remplacer ceux qui meurent, donnera
21,000 liv, de feuille par an.

Pour qu'un mûrier puisse prospérer, il faut
que, pendant bien des années, on laisse inculte
autour de lui un espace de terre d'à peu près 4
pieds carrés, afin que ses racines puissent recevoir l'air extérieur et absorber les sucs nutritifs
que la terre leur fournit.

732 muriers occupent à peu près 2,928 pieds
carrés de terrain qu'on ne peut pas ensemencer.

Si le fonds où sont ces mûriers est de très bonne
qualité, et qu'il puisse produire à peu près un
setier de froment, ce serait, année commune,
une perte d'à peu près 16 francs.

Si on suppose ensuite que l'achat du mûrier et
les frais de plantation montent à 2 francs, 732
mûriers coûteront 1,464 fr., qui produiraeint à
peu près 73 fr. d'intérêt.

Comme on suppose aussi qu'il y a chaque année une perte de quatre pour cent sur les mûriers
qui périssent, il faut ajouter à peu près 59 fr.
dont le propriétaire doit être remboursé pour le
remplacement qu'il en doit faire.

D'après tous ces calculs, le propriétaire doit
obtenir chaque année :

Pour le revenu du fonds................ 16 fr.

De l'autre part......... 16 fr.

Pour l'intérêt du capital employé......... 73

Pour la perte annuelle des mûriers, ou pour

les remplacer......................... 59
_____

TOTAL.............. 148 fr.

Pour la valeur de cette somme, le propriétaire aura chaque année 750 liv. de cocons.

S'il n'avait pas de mûriers sur son fonds, voici quelle serait sa position en les faisant planter pour obtenir, avec le temps, la feuille nécessaire.

On suppose que le propriétaire fasse planter 1,000 pieds de mûriers, et qu'il veuille en conserver toujours ce nombre.

Le fonds qu'ils occuperont, et qu'on ne pourrait pas employer à cultiver d'autres végétaux, sera d'à peu près 3,600 pieds; ce qui équivaudra à une perte de revenu, en froment, d'à peu près un setier et demi de 120 liv. le setier; ce qui vaut 24 francs.

1,000 mûriers plantés vaudraient 2,000 fr.; capital dont l'intérêt serait 100 fr.

La perte annuelle qu'on fait sur les mûriers nouveaux se calcule à 3 pour 100; en conséquence, la valeur de 30 mûriers à remplacer chaque année monterait à 60 fr.

Le propriétaire pourrait donc retirer bientôt :

1°. Le revenu du fonds.................... 24 fr.

2°. L'intérêt des 2,000 fr. pour les mûriers plantés. 100

3°. Les mûriers à remplacer chaque année..... 60
_____

TOTAL................ 184 fr.

La bonne culture des mûriers exige que, lors-qu'ils sont transplantés, on les laisse trois ans sans les effeuiller, et que la quatrième année on ne fasse que les élaguer. De cette manière, la cinquième année ils ont beaucoup de feuille, et on peut alors les effeuiller sans crainte.

Il est cependant avantageux de ne faire cette opération que la sixième année. Après ce premier effeuillement, on les cultive selon les meilleures règles connues.

D'après ce que je viens de dire, le propriétaire perdrait pendant quatre ans les 184 fr. qu'il de-vait retirer chaque année.

A la fin du sixième printemps, 1,000 mûriers porteraient chacun, pour terme moyen, au moins 12 liv. de feuille. On obtiendrait donc 12,000 liv. de feuille bonne à nourrir les vers à soie. Ces 12,000 livres de feuille doivent produire 855 liv. de cocons, dont 427 livres 8 onces pour le pro-priétaire.

On doit réfléchir encore que le revenu aug-mente chaque année, si on a soin de bien cul-tiver les mûriers, quoique, sur les 1,000, il n'y en ait chaque année que 750 qui soient effeuillés, et que 250 soient ébranchés ou laissés sans cul-ture. Lorsque les 750 mûriers sont devenus assez gros pour produire chacun 30 livres de feuille, on peut en retirer 22,500 livres, qui pourront faire obtenir 1,605 liv. de cocons, dont la moitié appartiendra au propriétaire.

23

Les calculs que je viens de faire suffiront, sans doute, pour faire comprendre aux personnes qui savent bien raisonner leurs intérêts, qu'il n'existe aucune branche d'industrie qui nuise moins aux autres, et qui donne un plus grand gain annuel, que la culture des mûriers et les vers à soie.

Outre ce que je viens de dire, quatre circonstances concourent en faveur du propriétaire :

1°. Il est de fait que, pour si grandes que soient les plantations de mûriers sur un fonds déjà affermé, le propriétaire ne donne, en général, rien en compensation au fermier pour le terrain qu'il occupe.

2°. Nous avons supposé que le propriétaire achetait toujours les mûriers, et que chaque pied lui coûtait 2 fr. S'il prend les mûriers dans ses pépinières, quoiqu'il fasse bien préparer les fosses, et qu'il fasse mettre le fumier nécessaire, chaque pied ne lui reviendra pas même à un franc.

3°. La quantité de mûriers qu'on a supposé périr tous les ans est exagérée.

4°. Si le propriétaire fait de compte à demi avec le fermier pour élever les vers à soie, il obtient directement ou indirectement une bonne partie des avantages que retire le fermier, parce que le produit de la totalité des cocons finit par aller presque tout dans la poche du propriétaire. Il est d'ailleurs connu qu'en général on augmente l'afferme d'un fonds, en proportion que le fermier en retire un plus grand revenu.

Voilà le véritable état des choses.

Je laisse bien libre de parler quiconque voudra se déclarer le détracteur de ce bénéfice évident.

Je dirai seulement que si le propriétaire ne veille pas avec soin à la plantation des mûriers, et à leur culture, principalement dans les premières huit ou dix années, il ne retirera pas plus de feuilles de mille mûriers, après ce terme, qu'un habile agriculteur en obtient de 200 seulement après six ans.

L'observation que je viens de faire mérite la plus grande attention, parce qu'elle est le premier fondement des avantages durables que peut produire cette précieuse industrie.

Il y a d'autres considérations qui méritent d'être mises sous les yeux des propriétaires.

Supposons que les 732 mûriers dont j'ai parlé, existant sur le fonds (et admettons même qu'il y en ait mille), ainsi que les mille nouveaux dont je viens aussi de parler, soient plantés avec ordre sur une étendue d'à peu près 200 perches de très bon terrain.

Ce terrain payant, comme je le suppose, trois cartes de froment par perche, donnera 150 setiers de froment au propriétaire. Ces 150 setiers à 16 fr., feront la somme de 2,400 fr. Le produit annuel des mûriers, ou celui qu'on pourra obtenir dans peu d'années, équivaudra, comme je l'ai

déjà dit, à 750 livres de cocons au profit du propriétaire. Pour obtenir ces cocons, l'espace de
terrain occupé par les mûriers ne sera que de deux
perches et $\frac{1}{7}$. La valeur des cocons, calculée seulement à 2 fr. la livre, montera à 1,500 fr. Il est
donc clair que cette somme équivaut, non au revenu de deux perches et $\frac{1}{7}$ de terrain occupées
par les mûriers, mais à celui de 83 perches, qui
paient chacune trois cartes de froment, ce qui
est dire en d'autres termes que le propriétaire obtient, en ajoutant à l'amélioration de son fonds un
capital d'à peu près 2,000 fr., une rente égale à
celle que donnent 83 perches de bon terrain qui
coûtent infiniment plus.

En fixant 200 perches de terrain pour 1,000
mûriers, j'ai certainement déterminé un espace
assez grand; car, dans un terrain sec de moins
de 70 perches, dont la plus grande partie est en
pré, j'y en ai plus de 700 qui n'occasionnent aucun dommage sensible; j'y ai même une haie de
ces arbres qui me produit beaucoup.

Ayant exposé tout ce qui a rapport au propriétaire, parlons maintenant de ce qui regarde le
fermier, qui fait de compte à demi avec lui.

Je commencerai par un fait qui ressemble à
un millier d'autres, et qui seul met tout en évidence.

Dans l'année 1814, par exemple, où les cocons n'ont pas en général réussi, un de nos fermiers a retiré pour sa portion 180 livres de co-

cons, ce qui faisait la moitié de 360 livres qu'avaient produites quatre onces d'œufs. Ce fermier n'a que 120 perches de terrain.

Ces cocons de bonne qualité ont été vendus 2 f. 55 c. la livre. Les 180 livres ont donc fait une somme d'à peu près 456 fr.

La propriété que cultive ce fermier est de bonne qualité; elle me paie deux cartes de froment par perche; et, comme j'ai toujours supposé que le froment vaut 16 fr. le setier, les 456 fr. en présentent plus de 28 setiers. Le fermier a donc payé l'afferme de 45 perches de fonds avec les 456 fr. Quand bien même le propriétaire n'aurait pas indemnisé le fermier pour le fonds occupé par les mûriers, ce dernier, en perdant le revenu d'une perche de terre, en a acquis un qui équivaut à ce qu'il paie de 45 perches de terrain cultivé.

Mais, pour que le fermier obtienne plus de 22 setiers de froment qu'il doit payer au propriétaire, il faut :

1°. Qu'il cultive, pour le moins, 20 perches de fonds ;

2°. Qu'il y emploie tous les ans 40 ou 50 chars de fumier ;

3°. Qu'il y sème, pour le moins, 5 setiers de froment choisi ;

4°. Qu'il fasse tous les travaux nécessaires jusqu'à ce que la récolte soit faite ;

5°. Qu'il coure tous les risques des saisons.

Que l'on compare maintenant la valeur des avances que doit faire le fermier en objets et salaires pour obtenir plus de 22 setiers de blé net; que l'on calcule les dangers auxquels il est toujours exposé avant de recueillir le froment et le rendre propre à la vente, et que l'on mette tout cela en parallèle avec les salaires seulement qu'il avance pour obtenir les 360 livres de cocons, et l'on verra clairement l'avantage que lui portent les vers à soie.

Le produit des cocons est donc grand pour le fermier, comparé à toutes les autres productions qu'il peut obtenir.

Je ne dois pas taire, cependant, qu'outre les journées de travail ou les salaires que doit fournir le fermier, il éprouve d'autres pertes, et fait quelques autres avances.

1°. Les mûriers occasionnent des dommages en faisant de l'ombre;

2°. On foule le terrain lorsque l'on cueille la feuille;

3°. Il consomme du bois, de l'huile, du papier; il perd aussi l'intérêt du petit capital employé en claies ou tables et autres petits ustensiles.

Ces pertes produisent cependant les avantages suivans :

1°. Il retire beaucoup de bois chaque année des mûriers, en en ébranchant la quatrième partie;

2°. Il a le fumier qu'on retire des claies lors de l'éducation des vers;

3°. Il fait manger la feuille aux bœufs lorsqu'elle est près de tomber.

En terminant ce paragraphe, je dois dire encore que les grands bénéfices que peuvent faire le propriétaire et le fermier, sont fondés sur la bonne plantation et culture des mûriers, et sur l'éducation soignée que l'on donne aux vers à soie; et que ces profits sont presque tous perdus pour ceux qui plantent ou qui cultivent mal les mûriers, et n'élèvent pas bien les vers.

§. III.

Produit net que peuvent retirer ceux qui élèvent les vers à soie entièrement pour leur compte, soit en employant la feuille qui leur appartient, soit en l'achetant.

Les comptes que je vais donner tendent à prouver que l'art d'élever les vers à soie peut être exécuté par qui que ce soit qui ait une chambre, des œufs de vers à soie, et de la feuille de mûrier à sa disposition.

Les règles que j'ai établies dans cet ouvrage sont telles que, quoiqu'on ne soit ni propriétaire ni fermier, on peut cependant élever ces insectes avec le même avantage qu'eux.

Le tableau de tout ce que j'ai dépensé pour l'éducation des vers dans ces deux dernières années, et de ce que j'en ai retiré, est très exact.

Ma *magnanerie* pouvait contenir, depuis la quatrième mue jusqu'à la fin, les vers produits par cinq onces d'œufs.

1813. DÉPENSES :

	liv. M.	sous.
5 onces d'œufs..................	15	»
Bois pour les faire éclore (Chap. V)..	1.	15
82 quint. 50 liv. de feuille à 4 liv. 13 s. 6 d. le quintal, prix moyen.........	385	»
Dépense pour cueillir la susdite feuille, à raison de 22 s. 8 d. par quintal.....	96	5
18 quint. 75 liv. de copeaux, bois gros et menu, à 1 l. 1 s. 4 d. le quintal.....	20	»
Rameaux pour faire monter les vers.	18	»
Papier pour mettre sur les claies....	14	»
Huile pour les lampes...........	9	»
Bouteille pour purifier l'air.......	1	10
100 journées d'homme et de femme payées, celles d'homme, à 25 sous, et celles de femme, à 15 sous. Quand les hommes passent quelques heures de la nuit à travailler, on leur donne 10 sous de plus et 5 sous aux femmes ; le tout monte à........................	103	10
Afferme des locaux et intérêt du capital employé pour l'achat des claies et autres petits objets....................	90	»
TOTAL...........	754 liv. M.	» sous.

La plus grande partie du papier et des rameaux sert pour les années suivantes.

On a retiré 613 liv. 8 onc. de cocons, qui, vendus à 34 sous 6 d., font à peu près la somme de................... 1,063 »

Profit pour celui qui a élevé les vers à soie pour son compte.............. 309 8

1814. DÉPENSES :

	liv. M.	sous.
5 onces d'œufs.................	15	„
Bois pour les faire éclore...	1	15
8,250 liv. de feuille à 4 l. 13 s. 6 d. environ les 100 liv..............	385	„
Dépenses pour cueillir la feuille.....	96	5
Copeaux, bois gros et menu, 15 quint. à 1 liv. 1 s. 4 d. le quint..........	16	„
Rameaux pour faire monter les vers, en sus de ceux de l'année 1813.......	4	10
Papier de plus que celui de 1813...	4	„
Huile pour les lampes............	9	„
Bouteille pour purifier l'air........	1	10
Pour journées de travail..........	109	„
TOTAL............	642	„
Afferme et intérêt du capital......	90	„

	liv. M.	sous.
	732	„

	liv. M.	sous.
On a retiré 601 liv. 8 onces de cocons, qui se sont vendus à 52 sous la livre, et ont produit....................	1,563	18
Profit net...........	831	18

Il résulte de ce compte que le fermier retire toujours un bénéfice sensible pour avoir seulement fourni son travail. Ce bénéfice a été très grand cette année pour ceux qui ont bien élevé les vers.

Par ce que j'ai dit, on s'aperçoit évidemment que le fermier n'a fourni en journées qu'à peu près 200 livres, et 50 livres à peu près en déboursés, y compris la valeur de la moitié des œufs. Si on compare cette dépense avec le gain, il résulte qu'en 1814 il a retiré 781 livres 19 sous, qui sont la moitié de 1,563 livres 18 sous, montant total du revenu de cette année. Il me semble que ce bénéfice, obtenu en peu de jours, est bien grand pour un fermier.

Il est vrai de dire que le haut prix des cocons, en 1814, a beaucoup contribué à augmenter le bénéfice. En 1813, s'étant vendus à bas prix, le gain ne fut que de 309 livres 8 sous. Cette somme me paraît cependant suffisante pour encourager un fermier.

Revenons à l'objet de ce paragraphe, et concluons que, d'après les comptes que j'ai faits plus haut, il résulte qu'en supposant que 20 ou 21 livres de feuille donnent une livre et demie de cocons, le gain est grand pour qui que ce soit qui entreprenne d'élever des vers à soie.

Que dans 35 jours à peu près, pendant la plus grande partie desquels il y a bien peu à faire, un chef de famille peut gagner assez pour vivre quelques mois.

Qu'une famille un peu nombreuse, s'en occupant avec soin et assiduité, peut épargner presque toute la dépense en journées, et gagner par conséquent beaucoup plus que les personnes qui font tout faire.

Que le particulier qui dispose d'un atelier spacieux et de beaucoup de feuille, peut, dans peu d'années, avec la seule valeur des cocons, obtenir un revenu égal à celui d'une assez bonne propriété : je dis assez bonne, parce que j'entends toujours parler des petits propriétaires, qui, par besoin, sont obligés de bien cultiver leurs fonds. En général, les propriétaires riches ne s'occupent pas d'augmenter ou d'améliorer leurs productions.

§. IV.

Augmentation annuelle de richesses que produiraient à la nation les seules premières améliorations générales de l'art d'élever les vers à soie, que j'ai indiquées dans cet ouvrage.

Une nation peut, comme une famille, augmenter ses richesses chaque année, de deux manières :

La première, en augmentant la valeur des productions annuelles, sans accroître celle des consommations;

La seconde, en diminuant annuellement les consommations ordinaires, s'il est difficile d'augmenter la valeur des productions annuelles.

On obtient le premier but en perfectionnant l'industrie nationale, et le second en économisant ou diminuant les consommations inutiles.

Ces deux manières d'augmenter les richesses montrent que la richesse croissante ou décroissante d'une nation et d'une famille dépend, en général, des individus qui la composent, et non de la nature du gouvernement. Il n'y a que les actes de l'administration qui aient une part directe à l'augmentation et à la diminution des productions et de leur valeur annuelle, en ce qu'ils peuvent encourager ou diminuer la vente, et conséquemment encourager ou diminuer aussi le zèle et la quantité de bras qu'emploieraient ceux qui font produire ou qui vendent.

Je crois pouvoir démontrer que l'Italie peut produire, dans peu d'années, pour plus de quarante millions de soie exportable.

Je vais mettre cette vérité sous les yeux de tout le monde. Aujourd'hui, la seule quantité de soies gréges, filées et teintes, qui passent à l'étranger (sans parler de tout le reste), appartenant aux provinces qui composaient le ci-devant royaume d'Italie, monte à 80 millions, valeur moindre que celle à laquelle elles se portèrent en 1810 (§. I). En voici le compte :

1°. Je suppose qu'on obtienne d'une once d'œufs 90 liv. de cocons au lieu de 45 liv. que, pour terme moyen, on en obtient aujourd'hui, on épargnera la moitié des cocons destinés à produire les œufs (Chap. IX). Cette moitié de cocons qui donneront de la soie exportable, a une valeur d'à peu près. . . . .   800,000 liv.

2°. Si on élève les vers de manière à ce qu'à peu près 21 liv. de feuille produisent une livre et demie de cocons, tandis qu'actuellement on consomme à peu près 25 liv. de feuille, parce qu'il faut, pour terme

D'autre part.   8oo,ooo liv.

moyen , plus de 1,o5o liv. de feuille pour
obtenir 6o liv. de cocons, on en a alors une
quantité qui équivaut à un quart de plus ; sa
valeur montera donc à peu près à 20,000,000

3°. Je suppose que, par une bonne éducation, les pertes diminuent seulement d'un
dixième par cent ; cela produira dans plus
ou moins de temps. 8,000,000

4°. Si on admet ensuite qu'on cultivera
mieux les mûriers et qu'on en plantera davantage [1], on peut supposer que , dans dix
ans, la production de la feuille ait augmenté
seulement d'un 10ᵉ par cent.

On aura alors une augmentation de pro-
duction en cocons de 8,000,000

5°. En supposant l'amélioration dans l'art
d'élever les vers à soie, les cocons qu'on
obtiendra , à poids égal à ceux des ateliers
mal soignés, donneront pour le moins un 10ᵉ
de plus par cent de soie, comme l'expérience
le démontre tous les jours (Chap. XIV,
§. V).

La valeur de cette amélioration montera
au moins à 6,000,000

La totalité de la production annuelle
échangeable pourrait donc aisément se por-
ter à la somme de . . . . 42,8oo,ooo liv.

---

[1] M. le comte Dandolo s'occupait depuis plusieurs années
de faire des expériences sur les mûriers, lorsqu'il fut frappé
d'une apoplexie foudroyante dans sa belle maison de campagne de Varèse. Il fut pleuré du peuple, dont il était le père,
et sera long-temps regretté de ceux qui savent apprécier les

Ce calcul pourra d'abord paraître exorbitant ; mais si on y veut bien réfléchir, je me plais à croire qu'on le trouvera au contraire modéré.

J'ai dû dans ce compte partir de la valeur de la soie exportée, la confondant avec celle de la production des cocons ; je ne pouvais pas faire différemment. On exporte les soies et non les cocons.

D'après tout ce que j'ai dit et démontré, on pourrait assurer qu'en augmentant la production annuelle et l'exportation de soie seulement pour quarante millions, il y aurait un bénéfice net, pour la nation, de plus des deux tiers, c'est-à-dire de plus de 26 millions par an.

Jusqu'à présent je n'ai considéré la soie que comme une production exportable ; on s'apercevra aisément que sa valeur annuelle devient encore plus gigantesque, si on y joint la quantité qui s'en

---

hommes utiles à l'économie domestique. Il m'avait dit, au sujet des mûriers, et M. le docteur Grossi, son beau-frère, m'a confirmé, il y a peu de mois, qu'il n'espérait pas d'obtenir des résultats plus satisfaisans sur leur culture, que ceux qu'avait publiés, quelques années avant, M. le comte Verri son ami. J'ai dit dans mon avertissement que j'espère de publier dans peu, en français, cet ouvrage qui, n'étant qu'un petit volume, sera aussi d'un prix modique. J'y ajouterai quelques notes trouvées dans les manuscrits de M. Dandolo que m'a données M. le docteur Grossi.

Cette note est de la seconde édition. L'ouvrage a été publié en 1826.

(*Le Traducteur.*)

consomme dans l'intérieur pour nos besoins et nos usages.

Il n'est certainement pas aisé de prévoir jusqu'à quelle somme peut se monter la valeur de la soie exportable, si on suppose que l'art de la faire produire deviendra un art national vers lequel se dirigeront les soins des hommes intelligens, instruits, et amis de leur patrie. Jusqu'à présent cet art si précieux n'a présenté qu'un amas de diverses pratiques dont la plupart sont incertaines et souvent absurdes.

La manière de manufacturer la soie pourra bien varier chez les divers peuples policés, selon que la mode variera, mais elle ne cessera d'être avidement recherchée de toutes les nations. Aucun des produits naturels et artificiels que l'homme connaît, n'équivaut à la soie pour la somptuosité et la splendeur. Les cours et les grands chercheraient en vain des ornemens plus magnifiques pour satisfaire leur vanité et leur luxe. Les temples de la religion ne trouveraient rien de plus noble pour les grandes solennités.

Il faut donc tâcher d'obtenir beaucoup de soie, soit grége, soit filée, soit manufacturée, afin d'en pourvoir tout le globe.

Les divers comptes et calculs que j'ai faits l'ont été sur des données authentiques prises de l'administration du ci-devant royaume d'Italie ; chaque province italienne qui n'a pas fait partie de ce royaume pourrait calculer le montant de ses exportations en soie à l'étranger; de cette manière on connaîtrait l'immense valeur de la soie que toute l'Italie exporte.

Heureux si, ayant examiné dans tout son détail ce grand objet d'industrie nationale, je puis, en inspirant le désir de bien élever les vers à soie, contribuer à rendre meilleure la condition des familles!

FIN.

DESCRIPTION DES FIGURES.

PLANCHE PREMIÈRE.

Fig. 1. Grand atelier avec une salle antérieure.

a. Six portes, trois desquelles conduisent à la salle antérieure et trois au grand atelier

b. Six fenêtres ayant chacune un soupirail placé au niveau du pavé, et qui s'ouvre à volonté.

c. Petite chambre où est au milieu une ouverture demi-circulaire qui s'ouvre et se ferme, par où on jette le fumier et on fait monter la feuille.

d. Six soupiraux au pavé du grand atelier pour faciliter la circulation de l'air.

e. Fenêtres sous lesquelles il y a des soupiraux comme à la salle antérieure.

f. Ces figures donnent une idée de la disposition des tables ou claies en trois lignes.

g. Poêle.

h. Six cheminées.

1°. Grands poêles pour sécher la feuille dans cette chambre.

2°. Soupapes avec une ficelle au milieu, et deux nœuds qui soutiennent la soupape ouverte ; la ficelle se fixe à un clou à grosse tête ronde au milieu de l'accoudoir de la fenêtre.

3°. Signe qui indique le lieu où on place les thermomètres et les quinquets. Les premiers se mettent au tiers inférieur du mur entre les deux fenêtres, et les seconds au tiers supérieur.

Fig. 2. Atelier qui donne à peu près 600 liv. de cocons. On y voit quatre cheminées dans les angles, deux

24

poêles dans le milieu, et un autre en face de la
porte.

FIG. 3. Petit atelier avec une cheminée aux deux angles
et un poêle.

FIG. 4. On voit que les tables ou claies sont placées l'une
après l'autre, de manière que plusieurs qui ont de
15 à 18 pieds de longueur en peuvent former une
seule longue de 55 à 75 pieds de long et même plus.

PLANCHE II.

FIG. 10. On voit que les soupiraux qui sont placés dans les
divers points de l'atelier peuvent s'ouvrir plus ou
moins à volonté.

FIG. 13. Petite boîte de transport. Chaque planchette, qui se
tire et se remet facilement, est assez grande pour
y placer une feuille de papier pouvant contenir une
once d'œufs. Si on n'a à transporter que peu d'onces
de vers, on peut ôter toutes les planchettes qu'il y
a de trop. On la porte comme une hotte.

FIG. 23. *Bouteille pour purifier l'air.* En ouvrant la vis, on
hausse aussi le couvercle de la bouteille, qui est
une pièce de verre poli à l'émeri, enchâssée dans la
bouteille, et qui la bouche hermétiquement. La
bouteille a aussi ses bords polis à l'émeri. Lorsqu'elle est ouverte, sortant la tablette sur laquelle
elle est appuyée, on la porte où l'on veut.

Toutes les autres figures sont des objets faciles
à distinguer (Chap. XIII, §. IV).

TABLE DES MATIÈRES

CONTENUES DANS CET OUVRAGE.

CHAPITRE QUATRIÈME.

CHAPITRE CINQUIÈME.

CHAPITRE SIXIÈME.

CHAPITRE SEPTIÈME.

CHAPITRE HUITIÈME.

CHAPITRE NEUVIÈME.

CHAPITRE QUINZIÈME.

FIN DE LA TABLE.

www.ingramcontent.com/pod-product-compliance
Lightning Source LLC
Chambersburg PA
CBHW061000220326
41599CB00023B/3774